电 子 技 术

吉培荣　李海军　魏业文　编著

科 学 出 版 社

北 京

内 容 简 介

　　本书按照教育部高等学校电子电气基础课程教学指导分委员会制定的"电工学"课程教学基本要求(电子技术部分)编写而成,共 10 章,分别为常用半导体器件、基本放大电路、集成运算放大器、电子电路中的反馈、直流稳压电源和晶闸管应用电路、门电路和组合逻辑电路、触发器和时序逻辑电路、半导体存储器和可编程逻辑器件、数模与模数转换器、电子实验。第 1～9 章配有习题,书末附有部分习题参考答案。

　　本书可作为高等学校"电工学""电子技术"等课程的教材,也可供相关工程技术人员参考。

图书在版编目(CIP)数据

电子技术 / 吉培荣,李海军,魏业文编著. —北京:科学出版社,2021.8
ISBN 978-7-03-069562-8

Ⅰ. ①电… Ⅱ. ①吉…②李…③魏… Ⅲ. ①电子技术 Ⅳ. ①TN

中国版本图书馆 CIP 数据核字(2021)第 158516 号

责任编辑:余 江 / 责任校对:王 瑞
责任印制:张 伟 / 封面设计:迷底书装

科 学 出 版 社 出版
北京东黄城根北街 16 号
邮政编码:100717
http://www.sciencep.com

北京虎彩文化传播有限公司 印刷
科学出版社发行　各地新华书店经销
*
2021 年 8 月第 一 版　开本:787×1092　1/16
2023 年 1 月第二次印刷　印张:18 1/2
字数:450 000

定价:**66.00 元**
(如有印装质量问题,我社负责调换)

前　言

　　"电工学"是高等学校非电类工科专业的一门重要技术基础课程，该课程由电工技术和电子技术两大部分组成。通过该课程的学习，学生获得电工电子技术必要的基本理论、基本知识和基本技能，为今后学习和从事与电工电子技术有关的工作打下一定的基础。

　　本书按照教育部高等学校电子电气基础课程教学指导分委员会制定的"电工学"课程教学基本要求(电子技术部分)，并结合编者多年来从事"电工学"课程的教学经验编写而成。全书由模拟电子技术、数字电子技术、电子实验三个方面的内容组成。

　　本书与吉培荣等编著的《电工技术》(科学出版社，2019)配套，构成"电工学"课程的完整教材。

　　本书内容比较全面，概念准确、论述清晰。读者通过学习，能够掌握电子技术相关的概念和方法，并对工程应用有所了解，为进一步学习和应用电子技术奠定必要的基础。

　　本书由三峡大学电气与新能源学院的吉培荣、李海军、魏业文合作编写。第1、2、3、4、5、10章由吉培荣编写；第6、7、8、9章的主要内容由李海军编写，部分内容由吉培荣、魏业文编写；吉博文协助完成了一些相关工作。

　　编者在编写本书的过程中，参考了一些文献的相关内容，在此对这些文献的作者表示衷心感谢。

　　限于编者水平，书中难免存在不足之处，敬请读者批评指正。联系邮箱：jipeirong@163.com(吉培荣)，756372811@ctgu.edu.cn(李海军)，411203983@qq.com(魏业文)。

　　本书配有电子教案，选用本书作为教材的教师可与编者联系。

编　者

2020 年 11 月

目　　录

第1章 常用半导体器件

本章介绍常用半导体器件，具体内容为半导体基础知识、二极管及基本应用电路、特殊二极管、三极管、场效应管、电力电子器件。

1.1 半导体基础知识

自然界的各种物质，按导电性能的不同，可分为导体、绝缘体和半导体三类。金属(如银、铜、铝等)因为内部存在可自由移动的带电粒子，都是良好的导体。塑料、橡胶、陶瓷等物质因为内部几乎没有带电粒子，即使外加很高的电压也无电流通过，都是绝缘体。而导电能力介于导体和绝缘体之间的物质，如硅(Si)、锗(Ge)等就称为半导体。

1.1.1 半导体的特性

目前用来制造电子器件的材料主要是硅(Si)、锗(Ge)和砷化镓(GaAs)等，它们的导电能力会随温度、光照或掺入某些杂质而发生显著变化。

当半导体的温度升高时，它的导电性能就会随着温度的升高而增强，这种特性称为热敏性。利用半导体的热敏性可制成热敏元件，如热敏电阻。

当半导体受到光的照射时，导电性能会随着光照的增强而增强，这种特性称为光敏性。利用半导体的光敏性可制成光敏元件，如光敏电阻、光敏二极管等。

当有目的地往纯净半导体中掺入微量五价或三价元素时，其导电能力可提高几十万乃至几百万倍，这种特性称为掺杂特性。利用半导体的掺杂特性可以制成晶体二极管、晶体三极管、晶体场效应管等半导体器件。

1.1.2 本征半导体

将锗、硅等半导体材料提纯后形成的具有晶体结构的半导体称为本征半导体。半导体的内部结构和导电机理决定了它与导体和绝缘体具有截然不同的导电特性。

硅和锗都是四价元素，其原子结构中最外层轨道上有四个价电子，其简化模型如图 1-1 所示。图中圆圈内的数字，表示原子核具有的正电荷数；虚线上的黑点表示电子。

在本征硅和锗的单晶中，原子按一定间隔排列成有规律的空间点阵(称为晶格)。由于原子间相距很近，电子不仅受到自身原子核的约束，还受到相邻原子核的吸引，使每个电子为相邻原子所共有，从而形成共价键。这样，四个价电子与相邻的四个原子中的价电子分别组成四对共价键，依靠共价键使晶体中的原子紧密地结合在一起。图 1-2 是单晶硅和锗的共价键结构，

图 1-1　原子的简化模型

图中表示的是晶体的二维结构，实际上半导体晶体的结构是三维的。共价键中的电子受到其原子核的吸引，不能在晶体中自由移动，是束缚电子，不能参与导电。

在–273℃时，所有价电子都被束缚在共价键内，晶体中没有自由电子，半导体不能导电。当温度升高时，电子因热激发而获得能量，部分价电子挣脱共价键的束缚，离开原子而成为自由电子，同时在共价键内留下了空位，如图1-3所示。

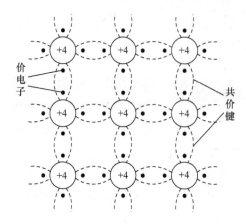

图1-2　单晶硅和锗的共价键结构

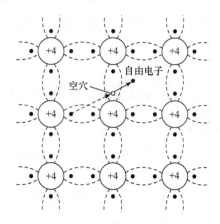

图1-3　本征激发产生自由电子和空穴

由图1-2可知，完整的共价键，价电子数等于原子核的正电荷数，所以原子不显电性。现在空位处没有电子，使该处所属原子核多出了一个未被抵消的正电荷，于是空位呈现出一个正电荷的电性。由于相邻共价键内的电子在正电荷的吸引下会填补这个空位，因而空位又会移到别处。因此，空位便可在晶体内自由移动。当有电场作用时，价电子定向地填补空位，使空位做相反方向的移动，这与带正电荷的粒子做定向运动的效果完全相同。由此可见，空位相当于带有一个电子电量的正电荷，能在电场作用下做定向运动。因此，可把空位视为一种带正电荷的粒子，称为空穴。这样，由于热激发，本征半导体内就存在两种极性的载流子：带负电荷的自由电子(简称电子)和带正电荷的空穴。

本征半导体受外界能量(热能、电能和光能等)激发，同时产生电子、空穴对的过程，称为本征激发。

在本征半导体中，由于本征激发，不断地产生电子、空穴对，使载流子浓度增加。与此同时，又会有相反的过程发生。由于正负电荷的相互吸引，当电子和空穴在运动过程中相遇时，电子会填入空位成为价电子，同时释放出相应的能量，从而电子、空穴消失，这一过程称为复合。显然，载流子浓度越大，复合的机会就越多。这样，在一定温度下，当没有其他能量存在时，电子、空穴对的产生与复合最终会达到一种热平衡状态，使本征半导体中载流子的浓度保持一定。

本征半导体中本征载流子的浓度随温度升高近似按指数规律增大，所以其导电性能对温度的变化非常敏感。

1.1.3　杂质半导体

在本征半导体中，有选择地掺入少量其他元素，会使其导电性能发生显著的变化。

这些少量元素称为杂质，掺入杂质的半导体称为杂质半导体。根据掺入杂质的不同，有 N 型半导体和 P 型半导体两种。

1. N 型半导体

在本征硅(或锗)中掺入少量的五价元素，如磷、砷、锑等，就得到了 N 型半导体，N 来自英文 Negative。这时，杂质原子替代了晶格中的某些硅原子，它的四个价电子和周围四个硅原子组成共价键，而多出的一个价电子只能位于共价键之外，如图 1-4 所示。由于杂质原子对键外电子的束缚力很弱，只需很小的激发能量，键外电子便可挣脱杂质原子的束缚，成为自由电子。因此，室温下几乎每个杂质原子都能提供一个自由电子，从而使 N 型半导体中的电子数大大增加。因为这种杂质原子能"施舍"出一个电子，所以称为施主原子。

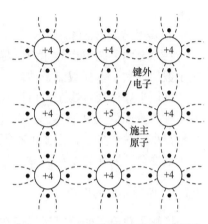

图 1-4　N 型半导体原子结构示意图

施主原子失去一个价电子后，便成为正离子。由于施主离子被束缚在晶格中，不能自由移动，因此不能参与导电。

在杂质半导体中，本征激发照旧进行，产生电子、空穴对。但由于掺入施主杂质后电子数目大大增加，空穴与电子复合的机会也相应增多，从而使空穴浓度值远低于它的本征浓度值。因此，在 N 型半导体中，电子浓度远大于空穴浓度。由于电子占多数，故称为多数载流子，简称多子；而空穴占少数，故称为少数载流子，简称少子。因为 N 型半导体主要靠电子导电，所以又称为电子型半导体。

应当指出，在 N 型半导体中，虽然自由电子数远大于空穴数，但由于施主离子的存在，正、负电荷数相等，即自由电子数等于空穴数加正离子数，因此整个半导体仍然是电中性的。

2. P 型半导体

在本征硅(或锗)中掺入少量的三价元素，如硼、铝、铟等，就得到了 P 型半导体，P 来自英文 Positive。这时杂质原子替代了晶格中的某些硅原子，它的三个价电子和相邻的四个硅原子组成共价键时，只有三个共价键是完整的，第四个共价键因缺少一个价电子而出现一个空位，如图 1-5 所示。由于空位的存在，邻近共价键内的电子只需很小的激发能量便能填补这个空位，使杂质原子多一个价电子而成为负离子，同时在邻近产生一个空穴。由于这种杂质原子能够接受价电子，因此称为受主原子。在室温下，几乎每个受主原子都能接受一个价电子而成为负离子，同时产生相同数目的空穴，所以在 P 型半导体中，空穴浓度大大增加。

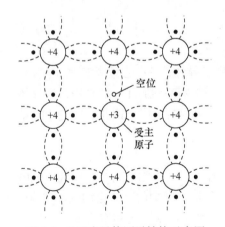

图 1-5　P 型半导体原子结构示意图

与 N 型半导体中的情况相反，P 型半导体中，空穴浓度远大于电子浓度。空穴为多数载流子，而电子为少数载流子，因 P 型半导体主要靠空穴导电，所以又称为空穴型半导体。

在 P 型半导体中，空穴数等于自由电子数加受主负离子数，整个半导体也是电中性的。

3. 杂质半导体的载流子

在以上两种杂质半导体中，尽管掺入的杂质浓度很小，但通常由杂质原子提供的载流子数却远大于本征载流子数。

本征半导体通过掺杂，可以大大改变半导体内载流子的浓度，并使一种载流子多而另一种载流子少。对于多子，通过控制掺杂浓度便可严格控制其浓度，而温度变化对其影响很小；对于少子，主要由本征激发决定，掺杂使其浓度大大减小，但温度变化时，少子浓度会有明显的变化。

1.1.4　半导体中的电流

了解了载流子的情况后，现在来讨论半导体中的两种电流。

1. 漂移电流

在电场作用下，半导体中的载流子做定向漂移运动形成的电流，称为漂移电流，它类似于金属导体中的传导电流。

半导体中有两种载流子——电子和空穴，当外加电场时，自由电子逆电场方向做定向运动，形成电子电流 I_N，而空穴顺电场方向做定向运动(实际是由电子逆电场方向依次与旧的空穴结合进而产生新的空穴形成)，形成空穴电流 I_p。由于 I_N 和 I_p 的方向一致，因此，半导体中的总电流为两者之和，即 $I=I_N+I_p$。

漂移电流的大小由半导体中载流子浓度、迁移速度及外加电场的强度等因素决定。

2. 扩散电流

在半导体中，因某种原因使载流子的浓度分布不均匀时，载流子会从浓度大的区域向浓度小的区域做扩散运动，从而形成扩散电流。

半导体中某处的扩散电流主要取决于该处载流子的浓度差(即浓度梯度)。浓度差越大，扩散电流也就越大，与该处的浓度值并无关系。

1.1.5　PN 结及其特性

通过掺杂工艺，把本征硅(或锗)片的一边做成 P 型半导体，另一边做成 N 型半导体，这样在它们的交界面处会形成一个很薄的特殊物理层，称为 PN 结。PN 结是构造半导体器件的基本单元。其中，最简单的晶体二极管就由一个 PN 结构成。因此，讨论 PN 结的特性实际上就是讨论晶体二极管的特性。

1. PN 结的形成

P 型半导体和 N 型半导体有机地结合在一起时，因为 P 区一侧空穴多，N 区一侧电子多，所以在它们的界面处存在空穴和电子的浓度差。于是 P 区中的空穴会向 N 区扩散，并在 N 区被电子复合。而 N 区中的电子也会向 P 区扩散，并在 P 区被空穴复合。这样在 P 区和 N 区分别留下了不能移动的受主负离子和施主正离子。上述过程如图 1-6(a)所示。结果在界面的两侧形成了由等量正、负离子组成的空间电荷区，如图 1-6(b)所示。

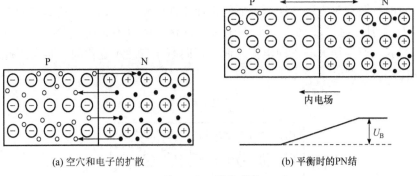

(a) 空穴和电子的扩散　　　　　　　(b) 平衡时的PN结

图 1-6　PN 结的形成

由于空间电荷区的出现，在界面处产生了电位差 U_B，形成了一个方向由 N 区指向 P 区的内电场。该电场一方面会阻止多子的扩散，另一方面会引起少子的漂移，即 P 区中的电子向 N 区漂移，N 区中的空穴向 P 区漂移。少子漂移会使界面两侧的正、负离子成对减少。因此，在界面处发生多子扩散和少子漂移两种对立的运动趋向。

开始时，扩散运动占优势，随着扩散运动的不断进行，界面两侧显露出的正、负离子逐渐增多，空间电荷区展宽，使内电场不断增强，于是漂移运动随之增强，而扩散运动相对减弱。最后，因浓度差而产生的扩散力被电场力所抵消，使扩散和漂移运动达到动态平衡。这时，虽然扩散和漂移仍在不断进行，但通过界面的净载流子数为零。平衡时，空间电荷区的宽度一定，U_B 也保持一定，如图 1-6(b)所示。

由于空间电荷区内没有载流子，所以空间电荷区也称为耗尽区(层)。又因为空间电荷区的内电场对扩散有阻挡作用，好像壁垒一样，所以又称它为阻挡区或势垒区。

如果 P 区和 N 区的掺杂浓度相同，则耗尽区相对于界面两侧对称，称为对称结，如图 1-6(b)所示。如果一边掺杂浓度大(重掺杂)，另一边掺杂浓度小(轻掺杂)，则称为不对称结，用 P^+N 或 PN^+ 表示(+号表示重掺杂区)。这时耗尽区主要伸向轻掺杂区一边，如图 1-7(a)、(b)所示。

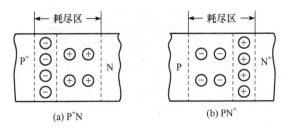

(a) P^+N　　　　　　　　　(b) PN^+

图 1-7　不对称 PN 结

2. PN 结的单向导电特性

1) PN 结加正向电压

使 P 区电位高于 N 区电位的接法，称为 PN 结加正向电压或正向偏置(简称正偏)，如图 1-8 所示。由于耗尽区相对 P 区和 N 区为高阻区，因此外加电压绝大部分都降在耗尽区。在外加电压作用下，多子被强行推向耗尽区中和部分正、负离子，使耗尽区变窄，内电场削弱。这样就破坏了原来扩散与漂移的平衡，从而有利于多子的扩散。此时，多子源源不断地扩散到对方，并通过外回路形成正向电流。正偏后，耗尽区两端的电位差变为 U_B-U，但因为 U_B 较小，一般只有零点几伏，所以不大的正向电压就可使内电场有明显的削弱，产生很大的正向电流。而当正向电压有微小变化时，也会引起正向电流较大的变化。

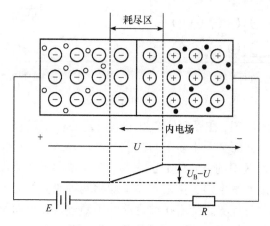

图 1-8　正向偏置的 PN 结

2) PN 结加反向电压

使 P 区电位低于 N 区电位的接法，称为 PN 结加反向电压或反向偏置(简称反偏)。由于反向电压与 U_B 的极性一致，因此耗尽区两端的电位差变为 U_B+U，如图 1-9 所示。此时，外电场强行将多子推离耗尽区，让更多的正、负离子显露出来，使耗尽区变宽，内电场增强。结果多子的扩散很难进行，而有助于少子的漂移。越过界面的少子，通过外回路形成反向(漂移)电流。因为少子浓度很低，靠近耗尽区边界处的少子数目不多，所以反向电流很小。而且当反向电压增大，耗尽区向外扩展时，其边界处少子的数目并无多大变化，所以反向电流几乎不随外加电压的增大而增大。

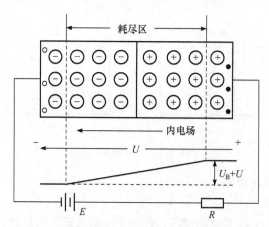

图 1-9　反向偏置的 PN 结

综上所述，PN 结加正向电压时，电流很大，并随外加电压变化有显著的变化；而加反向电压时，电流极小，且不随外加电压变化。因此，PN 结具有单向导电的特性。

3) PN 结电流方程

研究表明，流过 PN 结的电流 i 与外加电压 u 之间的关系为

$$i=I_S(e^{qu/(kT)}-1)=I_S(e^{u/U_T}-1) \tag{1-1}$$

式中，I_S 为反向饱和电流，其大小与 PN 结的材料、制作工艺、温度等有关；$U_T=kT/q$，称为温度的电压当量或热电压。常温下，即在 T=300K 时，U_T=26mV，这是一个今后常用到的参数。

由式(1-1)可知，加正向电压时，只要 u 大于 U_T 几倍以上，就有 $i \approx I_S e^{u/U_T}$，即 i 随 u 呈指数规律变化；加反向电压时，只要 $|u|$ 大于 U_T 几倍以上，则 $i \approx -I_S$(负号表示与正向参考电流方向相反)。由式(1-1)可得出 PN 结的伏安特性曲线，如图 1-10 所示。图中还给出了反向电压达到一定值时，反向电流突然增大的情况。

3. PN 结的击穿特性

由图 1-10 看出，当反向电压超过 U_{BR} 后稍有增加时，反向电流会急剧增大，这种现象称为 PN 结击穿，U_{BR} 定义为 PN 结的击穿电压。PN 结发生反向击穿的情况可以分为雪崩击穿和齐纳击穿两种，具体情况可参考其他资料，这里不做进一步介绍。

4. PN 结的温度特性

PN 结的伏安特性对温度变化敏感，温度升高时，正向特性左移，反向特性下移，如图 1-10 中的虚线所示。

当温度升高到一定程度时，由本征激发产生

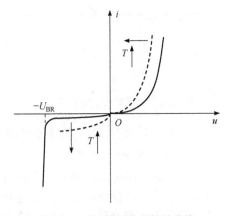

图 1-10　PN 结的伏安特性曲线

的少子浓度有可能超过掺杂浓度，使杂质半导体变得与本征半导体一样，这时 PN 结就无法存在了。为保证 PN 结的存在，必须对最高工作温度有一个限制，硅材料为 150～200℃，锗材料为 75～100℃。

1.2　二极管及基本应用电路

1.2.1　二极管结构

晶体二极管由 PN 结加上电极引线和管壳构成，其结构示意图和电路符号分别如图 1-11(a)、(b)所示。符号中，接到 P 区的引线称为正极(或阳极)，接到 N 区的引线称为负极(或阴极)。

利用 PN 结的特性，可以制造出多种不同功能的晶体二极管，如普通二极管、稳压二极管、发光二极管、光电二极管等。其中，具有单向导电特性的普通二极管应用最广。

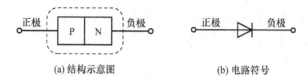

(a) 结构示意图　　　　(b) 电路符号

图 1-11　晶体二极管的结构示意图及电路符号

1.2.2　二极管特性曲线

二极管的典型伏安特性曲线如图 1-12 所示。

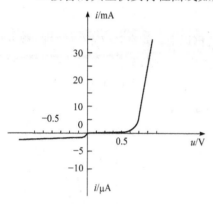

图 1-12　二极管伏安特性曲线

实际二极管由于引线的接触电阻、P 区和 N 区体电阻以及表面漏电流等的影响,其伏安特性与 PN 结的伏安特性略有差异。由图 1-12 可以看出,实际二极管的伏安特性有如下特点。

1. 正向特性

正向电压只有超过某一数值时,才有明显的正向电流。这一电压称为导通电压或死区电压,用 $U_{D(on)}$ 表示。室温下,硅管的 $U_{D(on)} = 0.5\sim0.6V$,锗管的 $U_{D(on)} = 0.1\sim0.2V$。

正向特性在小电流时按指数规律变化,电流较大以后近似呈直线上升。这是因为大电流时,P 区、N 区的体电阻和引线接触电阻的作用明显了,能使电压、电流呈近似的线性关系。

2. 反向特性

由于表面漏电流的影响,二极管的反向电流要比 PN 结的 I_S 大得多。而且反向电压增大时,反向电流也略有增大。尽管如此,对于小功率二极管,其反向电流仍很小,硅管一般为几微安或更小,锗管一般为几十微安。

二极管的反向击穿以及温度对二极管特性的影响,均与 PN 结相同。

1.2.3　二极管的主要参数

除了用伏安特性曲线表示二极管的特性外,还可用参数表征二极管的特性。

1. 最大整流电流 I_{FM}

最大整流电流是指二极管长期使用时,允许流过二极管的最大正向平均电流。当电流超过允许值时,PN 结会过热从而导致二极管损坏。

2. 反向工作峰值电压 U_{RM}

反向工作峰值电压是指保证二极管不被击穿所能承受的最高反向电压峰值。为了确保二极管安全工作,相关手册中给出的 U_{RM} 一般是反向击穿电压的一半或三分之二,实际应用时要注意保证二极管所承受的最大反向电压不超过 U_{RM}。

3. 反向峰值电流 I_{RM}

反向峰值电流是指室温条件下二极管加上最大反向电压时的反向电流。其值越大,说明二极管的单向导电性越差。反向电流由价电子获得热能挣脱共价键的束缚而产生,受温度影响较大，温度越高，反向电流越大。

1.2.4　二极管的电路模型

1. 电路模型分析法的一般过程

对电子线路进行定量分析时，通常有三个步骤：①通过模型化过程构建出电路模型；②对电路模型列写方程并求解；③将计算结果应用于实际。这一过程称为电路模型分析法，可用图 1-13 进行说明。

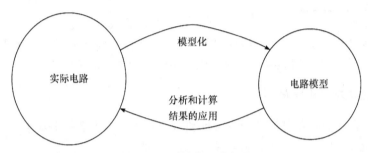

图 1-13　电路模型分析法

图 1-13 中，模型化是关键的环节，只有构建出正确的电路模型，才可能得到正确的分析结果。对一个具体的实际电路，其模型化的结果可有多种，分析时具体采用何种模型需根据实际电路的工作状况及分析的精度要求而定。

2. 二极管的三种电路模型

二极管是一种非线性电阻(导)元件，在大信号工作时，其非线性主要表现为单向导电性，而导通后所呈现的非线性往往是次要的。因此，实际二极管的特性曲线可以用两条直线 AB 和 BC 来近似，如图 1-14(a)所示。其中，AB 段表示二极管导通，BC 段表示二极管截止，而交点 B 处所对应的电压 $U_{D(on)}$ 为导通与截止的分界点电压。实际二极管的等效电路模型如图 1-14(b)所示。该电路模型表明，二极管截止($u<U_{D(on)}$)时等效为开路，导通($u \geqslant U_{D(on)}$)时等效为 $U_{D(on)}$ 和 $r_{D(on)}$ 的串联。其中 $U_{D(on)}$ 为二极管导通时的管压降，通常硅管取 0.7V，锗管取 0.3V；$r_{D(on)}$ 为二极管的导通电阻(对应直线 AB 的斜率)，一般为几十欧。

从另外一个角度看，图 1-14(b)所示的电路模型相当于一个开关。二极管截止时相当于开关打开，导通时相当于开关闭合。而 $U_{D(on)}$ 和 $r_{D(on)}$ 则分别是该二极管开关在闭合时的损耗电压和损耗电阻。当损耗电阻 $r_{D(on)}$ 与电路中其他电阻相比可忽略时，电路模型又可以近似为图 1-14(c)，即简化电路模型。而当损耗电压 $U_{D(on)}$ 也能忽略时，电路模型就变为理想开关，如图 1-14(d)所示。这时，二极管的特性曲线相当于图 1-14(a)中的折线 A_1B_1C，具有这种特性的二极管称为理想二极管。

图 1-14 中的三种电路模型，模拟了大信号作用下二极管的特性，不同的模型是在不同的近似条件下得到的。实际情况中，图 1-14(c)、(d)所示的两种模型最常用。

由于大信号工作时的二极管相当于开关，因此在分析二极管电路时，必须首先判断二极管是正向导通还是反向截止，然后根据结果确定二极管的等效电路模型，从而把二极管电路转变为特定条件下的线性电路，以方便进行理论分析和计算。

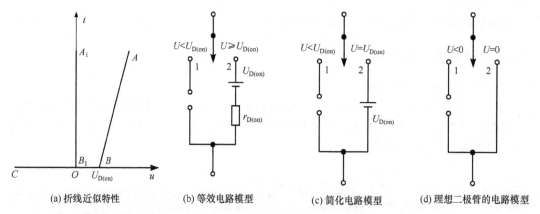

(a) 折线近似特性　　　(b) 等效电路模型　　　(c) 简化电路模型　　　(d) 理想二极管的电路模型

图 1-14　二极管特性的折线近似及其电路模型

1.2.5　二极管基本应用电路

利用二极管的单向导电特性，可实现整流、限幅及电平选择等功能。

1. 整流电路

把交流电变为直流电，称为整流。一个简单的二极管半波整流电路如图 1-15(a)所示。若二极管为理想二极管，当输入一个正弦波时，由图可知：正半周时，二极管导通(相当于开关闭合)，$u_o = u_i$；负半周时，二极管截止(相当于开关打开)，$u_o = 0$。其输入、输出波形见图 1-15(b)。整流电路可用于信号检测，也是直流电源的一个组成部分。

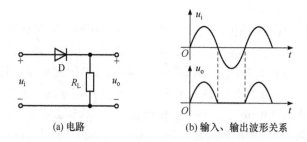

(a) 电路　　　　　　　(b) 输入、输出波形关系

图 1-15　二极管半波整流电路及波形

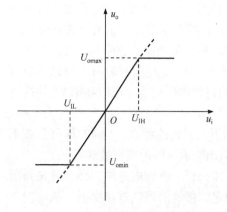

图 1-16　限幅电路的传输特性

2. 限幅电路

限幅电路是一种能把输入电压的变化范围加以限制的电路，常用于波形变换和整形。限幅电路的传输特性如图 1-16 所示，图中 U_{IH}、U_{IL} 分别称为上门限电压和下门限电压。可见，当 $U_{IH} \geqslant u_i \geqslant U_{IL}$ 时，输出电压正比于输入电压。当 $u_i > U_{IH}$ 或 $u_i < U_{IL}$ 时，输出电压将被限制在最大值 U_{omax} 或最小值 U_{omin} 上。换言之，电路会把输入信号中超出 U_{IH}、U_{IL} 的部分削去。由于有两个门限电压，对应于该特性的电路称为双向限幅电路，还存在单向限幅电路。

一个简单的上限幅电路如图 1-17(a)所示。通过图 1-14(c)的二极管模型可知，当 $u_i \geqslant E + U_{D(on)} = 2.7V$ 时，二极管 D 导通，$u_o = 2.7V$，即将 u_i 的最大电压限制在 2.7V 上；当 $u_i < 2.7V$ 时，二极管 D 截止，对应支路开路，$u_o = u_i$。图 1-17(b)给出了输入最大值为 5V 的正弦波时电路的输出波形，可见，上限幅电路将输入信号中高出 2.7V 的部分削平了。

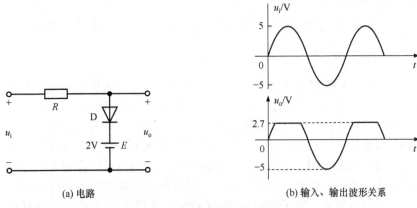

(a) 电路　　　　　　　　　　　(b) 输入、输出波形关系

图 1-17　二极管上限幅电路及波形

3. 电平选择电路

从多路输入信号中选出最低电平或最高电平的电路，称为电平选择电路。一种二极管低电平选择电路如图 1-18(a)所示。设两路输入信号 u_1、u_2 均小于 E。表面上看似乎 D_1、D_2 都能导通，但实际上若 $u_1 < u_2$，则 D_1 导通后将把 u_o 限制在低电平 u_1 上，使 D_2 截止。反之，若 $u_2 < u_1$，则 D_2 导通，使 D_1 截止。只有当 $u_1 = u_2$ 时，D_1、D_2 才能都导通。可见，该电路能选出任意时刻两路信号中的低电平信号。图 1-18(b)画出了当 u_1、u_2 为方波时，输出端选出的低电平波形。如果把高于 2.3V 的电平当作高电平，并作为逻辑 1，把低于 0.7V 的电平当作低电平，并作为逻辑 0，由图 1-18(b)可知，输出与输入之间是逻辑与的关系。因此，当输入为数字量时，该电路也称为与门电路。

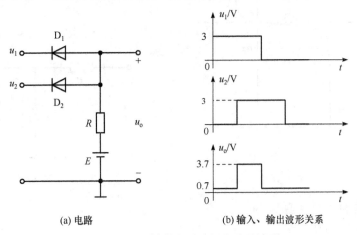

(a) 电路　　　　　　　　　　　(b) 输入、输出波形关系

图 1-18　二极管低电平选择电路及波形

将图 1-18(a)电路中的 D_1、D_2 反接，将 E 改为负值，则变为高电平选择电路。如果输入也为数字量，则该电路就变为或门电路。

1.3　特殊二极管

1.3.1　稳压二极管及稳压电路

利用 PN 结的反向击穿特性可制成稳压二极管。稳压二极管除了在限幅电路中应用外，主要用于稳压电路中。

1. 稳压二极管的特性

稳压二极管的电路符号及伏安特性如图 1-19 所示，其正向特性与普通二极管基本相同，但反向特性有所不同。与普通二极管相比，稳压二极管有两个显著的不同点，一是其反向击穿电压即稳压值比较低，反向特性曲线比较陡；二是其反向击穿可逆，当外加电压去掉后又恢复常态，故可长期工作于反向击穿状态下。从反向特性曲线可以看出，稳压二极管的反向电压达到击穿电压后，其流过的反向电流可以在很宽的范围内变化，而电压几乎不变，稳压二极管就是利用这一特性在电路中起稳定电压作用的。稳压二极管击穿后，电流急剧增大，管耗相应增大。因此必须限制击穿电流，以保证稳压二极管的安全。

2. 稳压二极管稳压电路

稳压二极管稳压电路如图 1-20 所示。图中 U_i 为有波动的单极性输入电压，并满足 $U_i > U_Z$。R 为限流电阻，R_L 为负载。只要输入电压 U_i 在超过 U_Z 的范围内变化，负载电压 U_o 就一直稳定在 U_Z 上。即当电源电压波动或其他原因造成电路各点电压变动时，稳压二极管可保证负载两端的电压基本不变。

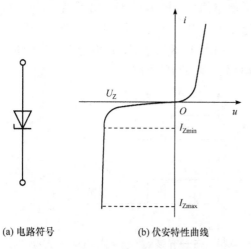

(a) 电路符号　　　　(b) 伏安特性曲线

图 1-19　稳压二极管及其特性曲线

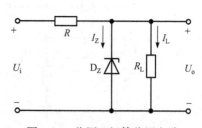

图 1-20　稳压二极管稳压电路

3. 稳压二极管的主要参数

1) 稳定工作电压 U_Z

U_Z 为稳压二极管正常工作时管子两端的电压，即反向击穿电压。击穿与制造工艺、环境温度及工作电流有关,因此在相关手册中只能给出某一型号稳压二极管的稳压范围。

2) 稳定电流 I_Z、最小稳定电流 I_{Zmin}、最大稳定电流 I_{Zmax}

稳定电流 I_Z 是指稳压二极管工作在稳压状态时流过的电流。当稳压二极管的工作电流小于最小稳定电流 I_{Zmin} 时,没有稳压作用;当稳压二极管的工作电流大于最大稳定电流 I_{Zmax} 时,稳压二极管会因过流而损坏。

3) 动态电阻 r_Z

动态电阻是指稳压二极管进入稳压状态后,两端电压的变化量与相应的电流变化量的比值,即 $r_Z = \dfrac{\Delta U_Z}{\Delta I_Z}$。$r_Z$ 的大小反映了稳压二极管性能的优劣,r_Z 越小,曲线越陡,稳压性能越好。

4) 最大允许耗散功率 P_{ZM}

最大允许耗散功率是指管子不致发生热击穿的最大功率损耗,$P_{ZM} = U_Z \cdot I_{Zmax}$。

5) 电压温度系数

电压温度系数是表示稳压二极管温度稳定性的参数,为温度每升高 1℃时稳定电压值的相对变化量,该系数越小,则稳压二极管的温度稳定性越好。

1.3.2　发光二极管

发光二极管是一种将电能转换为光能的半导体器件,其电路符号如图 1-21 所示。发光二极管在正偏条件下,注入 N 区和 P 区的载流子被复合时,会发出可见光和不可见光。发光二极管的种类很多,包括普通发光二极管、红外线发光二极管、激光二极管等。

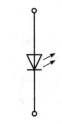

图 1-21　发光二极管电路符号

1.3.3　光电二极管

图 1-22　光电二极管电路符号

光电二极管是一种很常用的光电子器件,其结构与普通二极管相似,只是在管壳上留有一个能入射光线的窗口,其电路符号如图 1-22 所示,其中,与光照区相连的一端为前级,不与光照区相连的一端为后级。

光电二极管的 PN 结在反向偏置状态下运行,它的反向电流随光照强度的增加而上升,反向电流与照度成正比。受光面积大的光电二极管能将光能直接转换成电能从而成为一种能够提供能源的器件,即光电池。

1.4　三　极　管

1.4.1　三极管结构

双极型三极管(Bipolar Junction Transistor, BJT)是一种由三层杂质半导体构成的器件。因为它有三个电极，所以又称为半导体三极管、晶体三极管、三极管等，也常称为晶体管，后面统称为三极管。

　　三极管的原理结构如图 1-23(a)所示。由图可见，组成三极管的三层杂质半导体是 N 型-P 型-N 型，所以称为 NPN 管。三极管的中间层称为基区，基区两侧分别称为发射区和集电区。三个区各引出一个电极，分别为基极(b)、发射极(e)和集电极(c)。基区与发射区之间形成的 PN 称为发射结(简称 e 结)，基区与集电区之间形成的 PN 结称为集电结(简称 c 结)。与 NPN 管对偶的是 PNP 管，三层杂质半导体是 P 型-N 型-P 型。两种类型管的电路符号见图 1-23(b)。

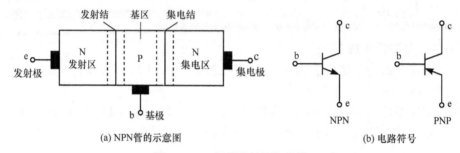

(a) NPN管的示意图　　　　　　　　　(b) 电路符号

图 1-23　三极管的结构与符号

　　三极管的制造主要由氧化、光刻、扩散等工序组成，其结构剖面图如图 1-24 所示。图中，衬底若用硅材料，则为硅管；若用锗材料，则为锗管。为了得到性能优良的三极管，不论哪种制造方法，都应保证管内结构有如下特点：发射区相对基区重掺杂(即 e 结为 PN$^+$结)；基区很薄(零点几到数微米)；集电结面积大于发射结面积。

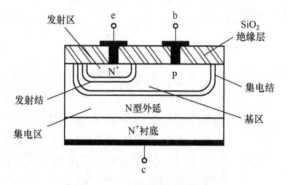

图 1-24　三极管的结构剖面图

1.4.2　三极管的放大作用

　　本书后面主要以 NPN 管为例讨论三极管的相关情况，所得结论对 PNP 管同样适用。

　　1. 三极管实现放大的外部条件

　　三极管要实现放大作用的外部条件是发射结正偏、集电结反偏。对于 NPN 管，从电位的角度来看，三个电极间的电位关系为 $U_C > U_B > U_E$；而 PNP 管，极性正好相反，即 $U_E > U_B > U_C$。

2. 放大状态下三极管中载流子的传输过程

当三极管处在放大状态下，即发射结正偏、集电结反偏时，管内载流子的运动情况可用图 1-25 说明，主要有以下几个过程。

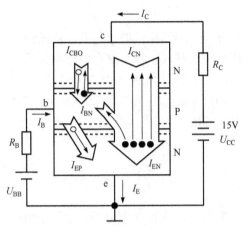

图 1-25　三极管内载流子的运动和各极电流

1) 发射区向基区注入电子

由于 e 结正偏，因而结两侧多子的扩散占优势，这时发射区电子源源不断地越过 e 结注入基区，形成电子注入电流 I_{EN}。与此同时，基区空穴也向发射区注入，形成空穴注入电流 I_{EP}。因为发射区相对基区是重掺杂，基区空穴浓度远低于发射区的电子浓度，满足 $I_{EP} \ll I_{EN}$，所以 I_{EP} 可忽略不计。因此，发射极电流 $I_E \approx I_{EN}$，其方向与电子注入方向相反。

2) 电子在基区中边扩散边复合

注入基区的电子，成为基区中的非平衡少子，它在 e 结处浓度最大，而在 c 结处浓度最小(因 c 结反偏，电子浓度近似为零)。因此，在基区中形成了非平衡电子的浓度差。在该浓度差的作用下，注入基区的电子将继续向 c 结扩散。在扩散过程中，非平衡电子会与基区中的空穴相遇，使部分电子因复合而失去。但由于基区很薄且空穴浓度又低，因此被复合的电子数极少，而绝大部分电子都能扩散到 c 结边沿。基区中与电子复合的空穴由基极电源提供，形成基区复合电流 I_{BN}，它是基极电流 I_B 的主要部分。

3) 扩散到集电结的电子被集电区收集

由于集电结反偏，在结内形成了较强的电场，因此，使扩散到 c 结边沿的电子在该电场作用下漂移到集电区，形成集电区的收集电流 I_{CN}。该电流是构成集电极电流 I_C 的主要部分。另外，集电区和基区的少子在 c 结反向电压的作用下，向对方漂移形成 c 结反向饱和电流 I_{CBO}，并流过集电极和基极支路，构成 I_C、I_B 的另一部分电流。

通过以上讨论可以看出，在三极管中，薄的基区将发射结和集电结紧密地联系在一起。三极管能够通过反偏的 c 结传输绝大部分 e 结的正向电流，这是它能实现放大功能的关键。

3. 三个电极上电流的分配关系

由以上分析可知，三极管三个电极上的电流与内部载流子传输形成的电流之间有如下关系：

$$\begin{cases} I_E \approx I_{EN} = I_{BN} + I_{CN} \\ I_B = I_{CN} - I_{CBO} \\ I_C = I_{CN} + I_{CBO} \end{cases} \tag{1-2}$$

式(1-2)表明，在 e 结正偏、c 结反偏的条件下，三极管三个电极上的电流不是孤立的，它们能够反映非平衡少子在基区扩散与复合的比例关系。这一比例关系主要由基区宽度、掺杂浓度等因素决定，三极管做好后就基本确定了。反之，一旦知道了这个比例关系，就不难得到三极管三个电极电流之间的关系，从而为定量分析三极管电路提供方便。

为了反映扩散到集电区的电流 I_{CN} 与基区复合电流 I_{BN} 之间的比例关系，定义共发射极直流电流放大系数 $\bar{\beta}$ 为

$$\bar{\beta} = \frac{I_{CN}}{I_{BN}} = \frac{I_C - I_{CBO}}{I_B + I_{CBO}} \tag{1-3}$$

其含义是：基区每复合一个电子，就有 $\bar{\beta}$ 个电子扩散到集电区。$\bar{\beta}$ 值一般为 20～200。

确定了 $\bar{\beta}$ 值之后，由式(1-2)、式(1-3)可得

$$\begin{cases} I_C = \bar{\beta} I_B + (1+\bar{\beta}) I_{CBO} = \bar{\beta} I_B + I_{CEO} \\ I_E = (1+\bar{\beta}) I_B + (1+\bar{\beta}) I_{CBO} = (1+\bar{\beta}) I_B + I_{CEO} \\ I_B = I_E - I_C \end{cases} \tag{1-4}$$

式中，$I_{CEO} = (1+\bar{\beta}) I_{CBO}$ 称为穿透电流。因 I_{CBO} 很小，在忽略其影响时，则有

$$\begin{cases} I_C \approx \bar{\beta} I_B \\ I_E \approx (1+\bar{\beta}) I_B \end{cases} \tag{1-5}$$

式(1-5)是今后电路分析中常用的关系式。

为了反映扩散到集电区的电流 I_{CN} 与发射极注入电流 I_{EN} 的比例关系，定义共基极直流电流放大系数 $\bar{\alpha}$ 为

$$\bar{\alpha} = \frac{I_{CN}}{I_{EN}} = \frac{I_C - I_{CBO}}{I_E} \tag{1-6}$$

显然，$\bar{\alpha} < 1$，一般为 0.97～0.99。

由式(1-2)、式(1-6)，不难求得

$$\begin{cases} I_C = \bar{\alpha} I_E + I_{CBO} \approx \bar{\alpha} I_E \\ I_B = (1-\bar{\alpha}) I_E - I_{CBO} \approx (1-\bar{\alpha}) I_E \\ I_E = I_C + I_B \end{cases} \tag{1-7}$$

由于 $\bar{\beta}$、$\bar{\alpha}$ 都是反映三极管基区扩散与复合的比例关系，只是选取的参考量不同，因此两者之间必有内在联系。由 $\bar{\beta}$、$\bar{\alpha}$ 的定义可得

$$\bar{\beta} = \frac{I_{CN}}{I_{BN}} = \frac{I_{CN}}{I_E - I_{CN}} = \frac{\bar{\alpha} I_E}{I_E - \bar{\alpha} I_E} = \frac{\bar{\alpha}}{1-\bar{\alpha}} \tag{1-8}$$

$$\overline{\alpha} = \frac{I_{CN}}{I_{EN}} = \frac{I_{CN}}{I_{BN}+I_{CN}} = \frac{\overline{\beta}I_{BN}}{I_{BN}-\overline{\beta}I_{BN}} = \frac{\overline{\beta}}{1+\overline{\beta}} \tag{1-9}$$

1.4.3　三极管的伏安特性曲线

三极管的伏安特性曲线是指各电极间电压和电流之间的关系曲线，也称为特性曲线，它能直观、全面地反映三极管的性能，是分析放大电路的依据。

三极管有三个电极，通常用其中的两个作为输入端和输出端，第三个作为公共端，这样可以构成输入和输出两个回路。实际中，在放大电路中可有三种基本接法(组态)：共发射极(简称共射极)、共集电极、共基极，即分别把发射极、集电极、基极作为输入和输出的公共端，如图 1-26 所示。但无论哪种接法，要使三极管有放大作用，都要保证三极管能够满足放大的外部条件，即发射结正偏、集电结反偏。

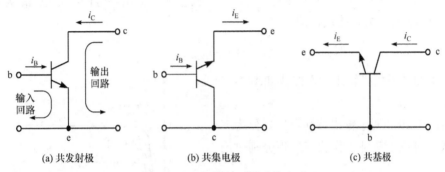

(a) 共发射极　　　　(b) 共集电极　　　　(c) 共基极

图 1-26　三极管的三种连接方式

由于三极管在不同连接方式时具有不同的端电压和电流，它们的特性曲线各不相同。共集与共射的特性曲线相似，下面以 NPN 管为例，讨论常用的共发射极接法的特性曲线。

因为有两个回路，所以三极管特性曲线包括输入和输出两组特性曲线。这两组曲线可以通过图 1-27 所示的电路采用逐点测量的方式绘出，也可以通过三极管特性图示仪得到。

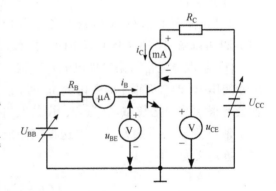

图 1-27　共发射极特性曲线测量电路

1. 共发射极输入特性曲线

共发射极输入特性曲线是以 u_{CE} 为参变量时，i_B 与 u_{BE} 间的关系曲线，即

$$i_B = f(u_{BE})\Big|_{u_{CE}=常数} \tag{1-10}$$

典型的共发射极输入特性曲线如图 1-28 所示。

特性曲线有如下特点：

(1) 在 $u_{CE} \geqslant 1V$ 的条件下，当 $u_{BE} < U_{BE(on)}$ 时，$i_B \approx 0$。$U_{BE(on)}$ 为三极管的导通电压或死区电压，硅管为 0.5～0.6V，锗管约为 0.1V。当 $u_{BE} > U_{BE(on)}$ 时，随着 u_{BE} 的增大，i_B 开始按指数规律增加，而后近似按直线上升。

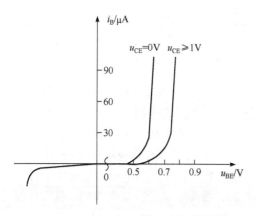

图 1-28　共发射极输入特性曲线

(2) 当 $u_{CE} = 0\,V$ 时，三极管相当于两个并联的二极管，所以 b、e 间加正向电压时，i_B 很大，对应的曲线明显左移。

(3) 当 u_{CE} 为 0~1V 时，随着 u_{CE} 的增加，曲线右移。特别是在 $0 < u_{CE} \leqslant U_{CE(sat)}$ 的范围内，即工作在饱和区时，移动量会更大些。

(4) 当 $u_{BE} < 0\,V$ 时，三极管截止，i_B 为反向电流。若反向电压超过某一值，e 结也会发生反向击穿。

2. 共发射极输出特性曲线

共发射极输出特性曲线是以 i_B 为参变量时，i_C 与 u_{CE} 间的关系曲线，即

$$i_C = f(u_{CE})\Big|_{i_B = 常数} \qquad (1\text{-}11)$$

典型的共发射极输出特性曲线如图 1-29 所示。

由图 1-29 可见，输出特性可以划分为三个区域，对应于三种工作状态。现分别讨论如下。

1) 放大区

e 结正偏而 c 结反偏的区域为放大区。由图 1-29 可以看出，放大区有以下两个特点。

(1) 基极电流 i_B 对集电极电流 i_C 有很强的控制作用，即 i_B 有很小的变化量 Δi_B 时，i_C 就会有很大的变化量 Δi_C。为此，用共发射极交流电流放大系数 β 来表示这种控制能力。β 定义为

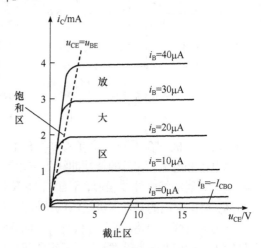

图 1-29　共发射极输出特性曲线

$$\beta = \frac{\Delta i_C}{\Delta i_B}\Big|_{u_E = 常数} \qquad (1\text{-}12)$$

反映在特性曲线上，为两条不同 i_B 曲线的间隔。

(2) u_{CE} 变化对 i_C 的影响很小。在特性曲线上表现为：i_B 一定而 u_{CE} 增大时，曲线略有上翘(i_C 略有增大)。这是因为 u_{CE} 增大，c 结反向电压增大，使 c 结展宽，所以有效基区宽度变窄，这样基区中电子与空穴复合的机会减少，即 i_B 要减小。而要保持 i_B 不变，i_C 将略有增大。这种现象称为基区宽度调制效应，或简称基调效应。另外，由于基调效应很微弱，u_{CE} 在很大范围内变化时 i_C 基本不变。因此，当 i_B 一定时，集电极电流具有恒流特性。

2) 饱和区

e 结和 c 结均处于正偏的区域为饱和区。通常把 $u_{CE} = u_{BE}$ (即 c 结零偏)的情况称为临界饱和，对应点的轨迹为临界饱和线。当 $u_{CE} < u_{BE}$ 时，三极管进入饱和区。此时，由于 c 结正偏，不利于集电区收集电子，造成基极复合电流增大。这样，一方面当 i_B 一定时，i_C 的数值比放大时要小；另一方面，当 u_{CE} 一定而 i_B 增大时，i_C 基本不变。因此，在饱和区，i_C 不受 i_B 的控制。在特性上表现为，不同 i_B 时的曲线在饱和区汇集。三极管饱和时，c、e 之间的电压称为饱和压降，记作 $U_{CE(sat)}$。深度饱和时，$U_{CE(sat)}$ 很小，对小功率硅管约为 0.3V。可见，三极管饱和后，三个电极间的电压很小，这时各极电流主要由外电路决定。

3) 截止区

e 结和 c 结均为反偏，且 $i_B \leqslant -I_{CBO}$ 的区域为截止区。当 $i_B = -I_{CBO}$ 时，则 $i_C = I_{CEO}$，这表示发射极开路时流过 c、b 极间的反向饱和电流。因为当 $i_B = 0$ 时，$i_C = I_{CEO} = (1 + \bar{\beta}) \cdot I_{CBO}$。这时虽然 e 结仍有正向受控作用，但是对于小功率管，I_{CEO} 通常很小。实际应用中忽略其影响时，可以认为 $i_B \leqslant 0$ 时，三极管便处于截止状态。反映在特性上，即为 $i_B \leqslant 0$ 的曲线基本重合在水平轴上。但是对于大功率管，由于 I_{CEO} 很大，不能忽略其影响，此时应强调 $i_B \leqslant -I_{CBO}$ 为截止条件。总之，三极管截止时，三个电极上的电流均为反向电流，相当于极间开路，这时各极的电位主要由外电路确定。

3. 温度对三极管特性曲线的影响

温度对三极管的 u_{BE}、I_{CBO} 和 β 有不容忽视的影响。其中，u_{BE}、I_{CBO} 随温度变化的规律与 PN 结相同，即温度每升高 1℃，u_{BE} 减小 2~2.5mV；温度每升高 10℃，I_{CBO} 增大一倍。温度对 β 的影响表现为，β 随温度的升高而增大，变化规律是：温度每升高 1℃，β 值增大 0.5%~1%。

1.4.4　三极管的主要参数

三极管参数可用来表示其特性和适用范围，是评价三极管质量及正确选用的依据。三极管的参数很多，这里介绍几个主要的参数。

1. 电流放大系数

电流放大系数是表征三极管电流放大能力的参数，当三极管为共发射极接法时，可用静态(直流)电流放大系数 $\bar{\beta}$ 和动态(交流)电流放大系数 β 来表示。

$\bar{\beta}$ 和 β 分别由式(1-3)、式(1-12)定义，其数值可以从输出特性曲线上求出。在常用工作范围内 $\beta \approx \bar{\beta}$ 并且基本不变。

2. 极间反向电流

1) 集电极-基极反向饱和电流 I_{CBO}

I_{CBO} 指当发射极开路时，集电结在反向电压作用下形成的反向饱和电流，它受温度影响较大。I_{CBO} 的大小反映了三极管的热稳定性，I_{CBO} 越小，其稳定性越好。硅管的热稳定性比锗管好，在温度变化范围较大的工作环境中，应尽可能地选用硅管。

2) 集电极-发射极反向饱和电流 I_{CEO}

I_{CEO} 指当三极管基极开路、集电结反偏和发射结正偏时的集电极电流，也叫穿透电流。它与 I_{CBO} 的关系为 $I_{CEO} = (1 + \beta)I_{CBO}$。$I_{CEO}$ 受温度影响也很大，温度上升，I_{CEO} 增大。穿透电流 I_{CEO} 也是衡量三极管质量的重要参数，硅管的 I_{CEO} 比锗管的小。

选用三极管时，一般希望反向饱和电流尽量小些，以减小温度对其性能的影响。小功率硅管的 I_{CEO} 在几微安以下，锗管的 I_{CEO} 在几十微安以下。

3. 极限参数

1) 集电极最大允许电流 I_{CM}

当 i_C 超过一定数值时，三极管交流电流放大系数 β 值下降，β 下降到正常值的 2/3 时所对应的集电极电流称为集电极最大允许电流 I_{CM}。实际使用时为保证三极管正常工作，流过集电极的电流要小于 I_{CM}。当 $i_C > I_{CM}$ 时，并不一定会使三极管损坏，但会以降低 β 值为代价。

2) 反向击穿电压 $U_{(BR)CEO}$、$U_{(BR)CBO}$、$U_{(BR)EBO}$

$U_{(BR)CEO}$ 是指基极开路时集电结不致击穿而施加在集电极-发射极之间允许的最高反向电压。$U_{(BR)CBO}$ 是指发射极开路时集电结不致击穿而施加在集电极-基极之间允许的最高反向电压。$U_{(BR)EBO}$ 是指集电极开路时发射结不致击穿而施加在发射极-基极之间允许的最高反向电压。

3) 集电极最大允许耗散功率 P_{CM}

集电极最大允许耗散功率是指三极管正常工作时集电结上最大允许损耗的功率。三极管损耗的功率会转化为热量，使集电结温度升高，引起三极管参数的变化，使三极管性能变差甚至会烧坏三极管。

由 $P_{CM} = i_C \cdot u_{CE}$ 可知，P_{CM} 限定了 i_C 和 u_{CE} 乘积的大小。由极限参数 I_{CM}、$U_{(BR)CEO}$ 和 P_{CM} 所限定的区域称为三极管的安全工作区，如图 1-30 所示，使用时不应超出这个区域。

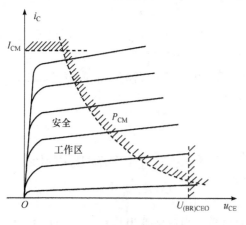

图 1-30　三极管的安全工作区

1.5　场 效 应 管

场效应管(Field Effect Transistor，FET)是一种单极型三极管，和双极型三极管不同，它是一种电压控制电流型半导体器件，它利用改变外加电压产生的电场效应来控制其电流大小。

　　根据结构的不同,场效应管分为结型和绝缘栅型两大类。按导电沟道的不同,又分为 N 沟道和 P 沟道两种。若按导电方式来分,场效应管又分为耗尽型与增强型,结型场效应管均为耗尽型,绝缘栅型场效应管既有耗尽型也有增强型。场效应管的分类如图 1-31 所示。

　　下面主要以绝缘栅型场效应管为例,对场效应管进行介绍。

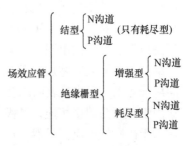

图 1-31　场效应管分类

1.5.1　绝缘栅型场效应管结构

　　如图 1-32 所示,其中图 1-32(a)为立体结构示意图,图 1-32(b)为平面结构示意图。

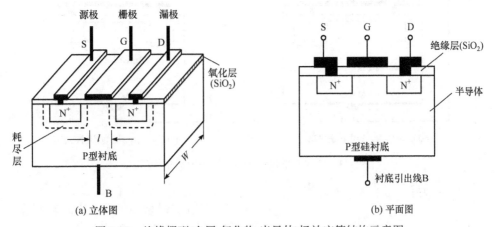

图 1-32　绝缘栅型(金属-氧化物-半导体)场效应管结构示意图

　　由图 1-32 可见,在一块 P 型硅半导体基片(称为衬底)上,扩散两个浓掺杂 N^+ 区,分别作为源区和漏区,引出线为源极(S 极)和漏极(D 极),衬底引出线为 B 极。在源区和漏区之间的衬底表面覆盖一层很薄(约 $0.1\mu m$)的绝缘层(SiO_2),在此绝缘层上再覆盖一层金属薄层并引线作为栅极(G 极)。从垂直衬底的角度看,这种场效应管由金属(铝)-氧化物(SiO_2)-半导体构成,故又称为 MOSFET(Metal Oxide Semiconductor Field Effect Transistor)。

1.5.2　N 沟道增强型 MOS 场效应管

　　1. 导电沟道的形成及工作原理

　　N 沟道增强型 MOS 场效应管英文名为 Enhancement NMOSFET,将其源极与衬底相连并接地,在栅极和源极之间施加正压 U_{GS},在漏极与源极之间施加正压 U_{DS},如图 1-33 所示,观察 u_{GS} 变化时管子的工作情况。

　　当 $U_{GS}=0$ 时,N^+ 源区与漏区之间被 P 型衬底所隔开,就好像两个背靠背的 PN 结,不论 U_{DS} 为何值,电流总为零,相当于 MOSFET 处于关断状态。但当 $U_{GS}\neq 0$,且为正值时,该电压就会在栅极和衬底之间产生垂直于表面的电场。这一电场使 P 型衬底表面的多子空穴受到排斥,而少子电子受到吸引。随着 U_{GS} 的增大,表面的空穴越来越少,而自由电子越来越多，当 U_{GS} 大于某一门限值(称为开启电压 U_{GSth})时，P 型硅表面由原来空穴占绝对多数的 P 型表面层转变为电子占绝对多数的 N 型表面层，称为"反型层"。正是由于反型层的出现，将源区和漏区连在一起，形成了沿表面的导电沟道。此时，若在漏极和源极之间施加正压 U_{DS}，则在表面横向电场作用下，电子将源源不断地由源极向漏极运动，形成沿表面流动的漏极电流 i_D。而栅极与沟道之间隔了绝缘层，故 $i_G = 0$。又由于衬底与源极相连，源极、沟道、漏极与衬底之间的 PN 结总是反偏，所以不存在垂直于衬底的电流。显然，U_{GS} 越大，沟道越宽，沟道电阻越小，漏极电流越大。

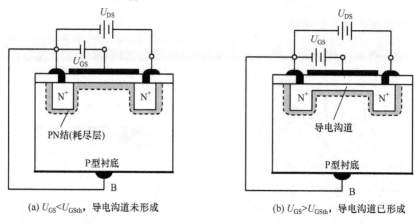

(a) $U_{GS} < U_{GSth}$，导电沟道未形成   (b) $U_{GS} > U_{GSth}$，导电沟道已形成

图 1-33 N 沟道增强型 MOS 场效应管的沟道形成

2. 转移特性

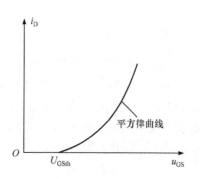

图 1-34 N 沟道增强型 MOSFET 的转移特性

N 沟道增强型 MOSFET 的转移特性如图 1-34 所示。其主要特点如下：

(1) 当 $u_{GS} < U_{GSth}$ 时，$i_D = 0$。

(2) 当 $u_{GS} > U_{GSth}$ 时，$i_D > 0$，u_{GS} 越大，i_D 也随之增大，二者符合平方律关系，如式(1-13)所示：

$$i_D = \frac{\mu_n C_{ox}}{2} \frac{W}{L} (u_{GS} - U_{GSth})^2 \qquad (1-13)$$

式中，U_{GSth} 为开启电压(或阈值电压)；μ_n 为沟道电子运动的迁移率；C_{ox} 为单位面积栅极电容；W 为沟道宽度；L 为沟道长度，见图 1-32(a)；W/L 为 MOS 管的宽长比。在 MOS 集成电路设计中，宽长比是一个极为重要的参数。

3. 输出特性

N 沟道增强型 MOSFET 的输出特性如图 1-35 所示。

MOSFET 的输出特性分为恒流区、可变电阻区、截止区和击穿区。其特点如下：

(1) 截止区。$U_{GS} \leqslant U_{GSth}$，导电沟道未形成，$i_D = 0$。

(2) 恒流区。

①曲线间隔均匀，u_{GS} 对 i_D 控制能力强。

②u_{DS} 对 i_D 的控制能力弱，曲线平坦。

③进入恒流区的条件，即预夹断条件为

$$U_{DS} \geqslant U_{GS} - U_{GSth} \tag{1-14}$$

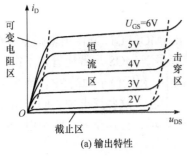

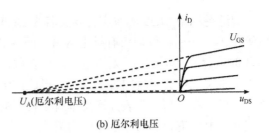

(a) 输出特性　　　　　　　　　　　　　　(b) 厄尔利电压

图 1-35　N 沟道增强型 MOSFET 的输出特性

因为 $U_{GD} = U_{GS} - U_{DS}$，当 U_{DS} 增大，使 $U_{GD} < U_{GSth}$ 时，靠近漏极的沟道被首先夹断，如图 1-36 所示。此后，U_{DS} 再增大，电压大部分将降落在夹断区(此处电阻大)，而对沟道的横向电场影响不大，沟道也从此基本恒定下来。所以随 U_{DS} 的增大，i_D 增大很小，曲线从此进入恒流区。

④沟道调制系数 λ。不同 U_{GS} 对应的恒流区输出特性延长会交于一点，见图 1-35(b)，该点电压称为厄尔利电压 U_A。定义沟道调制系数：

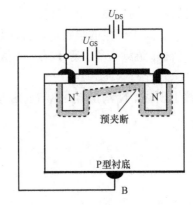

图 1-36　u_{DS} 增大，沟道被局部夹断(预夹断)情况

$$\lambda = \frac{1}{U_A} \ll 1 \tag{1-15}$$

来表达 u_{DS} 对沟道及电流 i_D 的影响。显然，曲线越平坦，$|U_A|$ 越大，λ 越小。

⑤考虑 u_{DS} 对 i_D 微弱影响后的恒流区电流方程为

$$i_D = \frac{\mu_n C_{ox}}{2} \frac{W}{L} (u_{GS} - U_{GSth})^2 (1 + \lambda u_{DS}) \tag{1-16}$$

但由于 $\lambda \ll 1$，沟道调制效应可忽略，则

$$i_D \approx \frac{\mu_n C_{ox}}{2} \frac{W}{L} (u_{GS} - U_{GSth})^2 \tag{1-17}$$

(3) 可变电阻区：可变电阻区的电流方程为

$$i_D = \frac{\mu_n C_{ox}}{2} \frac{W}{L} [2(u_{GS} - U_{GSth})u_{DS} - u_{DS}^2] \tag{1-18}$$

可见，当 $u_{DS} \ll u_{GS} - U_{GSth}$ 时(即预夹断前)：

$$i_D \approx \frac{\mu_n C_{ox}}{2} \frac{W}{L} (u_{GS} - U_{GSth})U_{DS} \tag{1-19}$$

那么，可变电阻区的输出电阻 r_{DS} 为

$$r_{DS} = \frac{du_{DS}}{di_D} = \frac{L}{\mu_n C_{ox} W} \frac{1}{u_{GS} - U_{GSth}} \tag{1-20}$$

1.5.3 N 沟道耗尽型 MOS 场效应管

N 沟道耗尽型 MOS 场效应管英文名为 Depletion NMOSFET。N 沟道增强型 MOS 场效应管在 $u_{GS} = 0$ 时，管内没有导电沟道。而 N 沟道耗尽型 MOS 场效应管则不同，它在 $u_{GS} = 0$ 时就存在导电沟道。因为这种器件在制造过程中，在栅极下面的 SiO_2 绝缘层中掺入了大量碱金属正离子(如 Na^+ 或 K^+)，形成许多正电中心。这些正电中心的作用如同加正栅压一样，在 P 型衬底表面产生垂直于衬底的自建电场，排斥空穴，吸引电子，从而形成表面导电沟道，称为原始导电沟道。

由于 $u_{GS} = 0$ 时就存在原始沟道，因此只要此时 $u_{DS} > 0$，就有漏极电流。如果 $u_{GS} > 0$，指向衬底的电场加强，沟道变宽，漏极电流 i_D 将会增大。反之，若 $u_{GS} < 0$，则栅压产生的电场与正离子产生的自建电场方向相反，总电场减弱，沟道变窄，沟道电阻变大，i_D 减小。当 u_{GS} 继续变负，等于某一阈值电压时，沟道将全部消失，$i_D = 0$，场效应管进入截止状态。

综上所述，N 沟道耗尽型 MOS 场效应管的转移特性和输出特性如图 1-37(a)、(b) 所示。

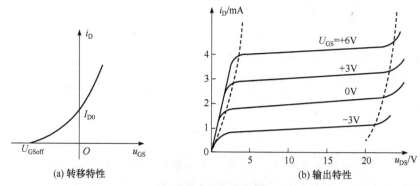

(a) 转移特性　　　　　　(b) 输出特性

图 1-37　N 沟道耗尽型 MOS 场效应管的特性

N 沟道耗尽型 MOS 场效应管的电流方程与 N 沟道增强型场效应管是一样的，不过其中的开启电压应换成夹断电压 U_{GSoff}。经简单变换，N 沟道耗尽型 MOS 场效应管的电流方程为

$$i_D = I_{D0}\left(1 - \frac{u_{GS}}{U_{GSoff}}\right)^2 \tag{1-21}$$

式中，$I_{D0} = \frac{\mu_n C_{ox}}{2}\frac{W}{L}(U_{GSoff}^2)$，$I_{D0}$ 表示 $u_{GS} = 0$ 时所对应的漏极电流。

1.5.4　场效应管的符号和主要参数

1. 符号

图 1-38 给出了各种场效应管的符号。图 1-39 给出了各种场效应管的转移特性和输

出特性。各种管子的输出特性形状是一样的，只是控制电压 U_{GS} 不同。

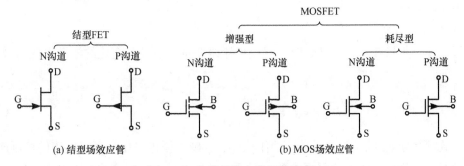

图 1-38　各种场效应管的符号对比

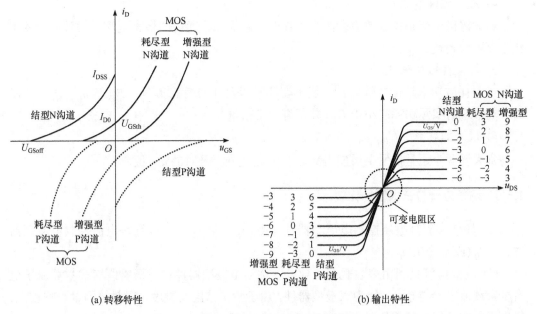

(a) 转移特性　　　　　　　　　　　(b) 输出特性

图 1-39　各种场效应管的转移特性和输出特性对比

2. 主要参数

场效应管的参数很多，包括直流参数、交流参数和极限参数，但一般使用时主要关注以下参数。

1) 开启电压和夹断电压

开启电压 U_{GSth} 是增强型 MOS 管参数，是使漏源间刚导通时的栅源电压。即当 $u_{GS} > U_{GSth}$ 时，导电沟道才形成，才有 $i_D \neq 0$。

夹断电压 U_{GSoff} 是耗尽型 MOS 管参数，是使漏源间刚截止时的栅源电压。当栅源电压 $u_{GS} \leqslant U_{GSoff}$ 时，$i_D = 0$。

2) 直流输入电阻 R_{GS}

直流输入电阻是指在漏源之间短路的情况下，栅源之间加一定电压时的栅源直流电阻。场效应管的值一般都高于 10MΩ，MOS 管可高达 $10^{10}\sim10^{15}\Omega$。电路分析时，通常可认为 $R_{GS}\to\infty$。

3) 低频互导 g_m

低频互导是指在 U_{DS} 为常数时，漏极电流微变量与引起该变化的栅源电压的微变量之比，即

$$g_m = \frac{\mathrm{d}i_D}{\mathrm{d}u_{GS}}\bigg|_{u_{DS}=常数} \tag{1-22}$$

式中，低频互导 g_m 的单位是 mS(毫西[门子])，反映了栅极电压对漏极电流的控制能力，是衡量场效应管放大能力的重要参数。低频互导越大，场效应管的放大能力越好。

4) 最大漏极电流 I_{DM}

最大漏极电流是指场效应管正常工作时，漏极允许通过的最大电流。场效应管的工作电流不应超过 I_{DM}。

5) 最大耗散功率 P_{DM}

最大耗散功率是指场效应管性能不变坏时所允许的耗散功率，$P_{DM}=u_{DS}\cdot i_D$。使用时，场效应管实际功耗应小于 P_{DM} 并留有一定裕量。

6) 最大漏源电压 $U_{(BR)DS}$

最大漏源电压是指发生雪崩击穿，i_D 开始急剧上升时的 u_{DS} 值。

1.5.5　场效应管与三极管的比较

(1) 场效应管是电压控制电流型器件，由 u_{GS} 控制 i_D；三极管是电流控制电流型器件，由 i_B(或 i_E)控制 i_C。

(2) 场效应管只利用多数载流子导电，称为单极型器件；三极管既有多数载流子也有少数载流子参与导电，称为双极型器件。由于少子浓度受温度、辐射等因素影响较大，所以场效应管比三极管的温度稳定性好、抗辐射能力强。

(3) 场效应管基本无栅极电流；而三极管工作时基极总要通入一定的电流，因此场效应管的输入电阻比三极管的输入电阻高得多。

(4) 有些场效应管的源极和漏极可以互换使用，栅源电压也可正可负，灵活性比三极管好。

(5) 场效应管的噪声系数很小，在低噪声放大电路的输入级及要求信噪比较高的电路中需选用场效应管。

(6) 场效应管和三极管均可组成各种放大电路和开关电路，但场效应管能在很小电流和很低电压的条件下工作，而且制造工艺简单、耗电少、热稳定性好，因此场效应管在大规模和超大规模集成电路中得到了广泛的应用。

1.6　电力电子器件

1.6.1　电力电子器件的分类

晶闸管是晶体闸流管的简称，旧称可控硅(Silicon-Controlled Rectifier, SCR)，1956年问世。由于它的出现，电子技术进入了强电领域，产生了电力电子技术这门学科。该学科是以电力电子器件为核心，融合电子技术和控制技术，通过控制电力电子器件的导通和关断，对强电电路进行电能变换和控制。

电力电子器件根据其开关特性可分为不控器件、半控器件、全控器件三类。不控器件的导通和关断无可控的功能，如整流二极管(D)等；半控器件利用控制信号可控制其导通而不能控制其关断，如普通晶闸管(T)等；全控器件利用控制信号既能控制其导通，又能控制其关断，如可关断晶闸管(GTO)、功率晶体管(GTR)、功率场效应晶体管(VDMOS)及绝缘栅双极晶体管(IGBT)等；它们的符号如图 1-40 所示。

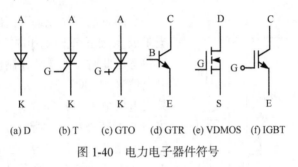

(a) D　　(b) T　　(c) GTO　　(d) GTR　(e) VDMOS　(f) IGBT

图 1-40　电力电子器件符号

电力电子器件以开关方式工作，要求具有开关速度快、承受电流和电压的能力强、工作损耗小等品质，其主要性能指标为电压、电流和工作频率。

1.6.2　晶闸管

晶闸管是一种能控制大电流通断的功率半导体器件，主要用于整流、逆变、调压、开关四个方面，应用最多的是整流。

1. 晶闸管的结构

晶闸管的内部结构及电路符号如图 1-41 所示，它是一个具有四层三 PN 结的三极器件。由 P_1 处引出的电极是阳极 A，由 N_2 处引出的电极是阴极 K，由中间 P_2 处引出的电极是控制极 G，G 也称为门极。

2. 晶闸管的工作原理

要使晶闸管导通，需在它的阳极 A 与阴极 K 之间外加正向电压，并在它的控制极 G 与阴极 K 之间输入一个正向触发电压。晶闸管导通后，去掉触发

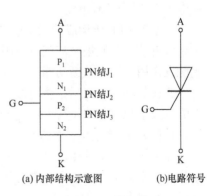

(a) 内部结构示意图　　　(b) 电路符号

图 1-41　晶闸管

电压，仍然维持导通状态。

晶闸管有三个 PN 结，可看作由一个 PNP 管 T_1 和一个 NPN 管 T_2 所组成，如图 1-42 所示。

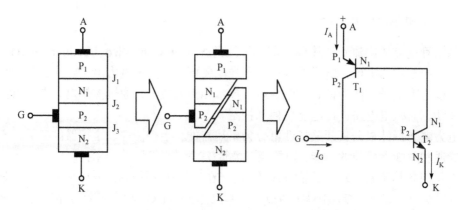

图 1-42　晶闸管相当于 PNP 型和 NPN 型两个晶体管的组合

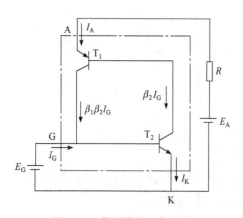

图 1-43　晶闸管的工作原理

晶闸管的工作原理可用图 1-43 加以说明。当阳极 A 加上正向电压时，T_1 和 T_2 管均处于放大状态。此时，如果从控制极 G 输入一个正向触发信号，T_2 便有基流 $I_{b2} = I_G$ 流过，经 T_2 放大，其集电极电流为 $I_{c2} = \beta_2 I_G$。因为 T_2 的集电极直接与 T_1 的基极相连，所以 $I_{b1} = I_{c2}$。此时，电流 I_{c2} 再经 T_1 放大，于是 T_1 的集电极电流 $I_{c1} = \beta_1 I_{c2} = \beta_1 \beta_2 I_G$。这个电流又流回 T_2 的基极，再一次被放大，形成正反馈。如此周而复始，使 I_{b2} 不断增大，这种正反馈循环的结果，使两个管子的电流剧增，晶闸管很快饱和导通。

晶闸管导通后，其管压降为 1V 左右，电源电压几乎全部加在负载上，晶闸管的阳极电流 I_A 即为负载电流。

鉴于 T_1 和 T_2 所构成的正反馈作用，所以晶闸管一旦导通，即使控制极电流消失，T_1 中始终有较大的基极电流流过，因此晶闸管仍然处于导通状态。即晶闸管的触发信号只起触发作用，没有关断功能。

若在晶闸管导通后，将电源电压 U_A 降低，使阳极电流 I_A 变小，这时等效晶体管的电流放大倍数 β 值将下降，当 I_A 低于某一值 I_H 时，β 值将变得小于 1，由于正反馈的作用，将使 I_A 越来越小，最终导致晶闸管关断，因此我们把 I_H 称为维持电流。

如果电源电压 U_A 反接，使晶闸管承受反向阳极电压，两个等效晶体管都会处于反偏状态，不能对控制极电流进行放大，这时无论是否加触发电压，晶闸管都不会导通，处于关断状态。

关断导通的晶闸管，可以断开阳极电源或使阳极电流小于维持导通的维持电流 I_H。

如果晶闸管阳极和阴极之间外加的是交流电压或脉动直流电压，那么在电压过零时，晶闸管会自行关断。

晶闸管只有导通和关断两种工作状态，这种开关特性需要在一定的条件下转化，其转化的条件见表 1-1。

表 1-1　晶闸管两种工作状态的转化条件

状态	条件	说明
从关断到导通	(1) 阳极电位高于阴极电位 (2) 控制极有足够的正向电压和电流	两者缺一不可
维持导通	(1) 阳极电位高于阴极电位 (2) 阳极电流大于维持电流	两者缺一不可
从导通到关断	(1) 阳极电位低于阴极电位 (2) 阳极电流小于维持电流	任一条件都可

3. 晶闸管的伏安特性

晶闸管的伏安特性如图 1-44 所示。

当晶闸管加正向阳极电压时，其特性曲线位于第一象限。当控制极未加触发电压而 $I_G = 0$ 时，PN 结 J_2 处于反向偏置状态，只有很小的正向漏电流，晶闸管处于正向阻断状态。随着正向阳极电压的不断升高，曲线开始上翘。当正向阳极电压超过临界极限即正向转折电压 U_{BO} 时，PN 结 J_2 被击穿，漏电流急剧增大，晶闸管便由阻断状态转变为导通状态，可以流过很大的电流，但晶闸管的通态管压降只有 1V 左右。

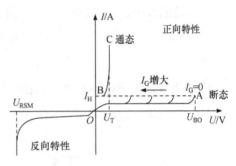

图 1-44　晶闸管的伏安特性

导通后的晶闸管特性和二极管的正向特性相仿。这种由击穿而导致的导通，很容易造成器件的永久性损坏，应避免。

如果控制极有触发电压加入，在控制极上就会有正向电流 I_G，即便只加较低的正向阳极电压，晶闸管也会导通，此时正向转折电压 U_{BO} 降低，随着控制极电流幅值的增大，正向转折电压 U_{BO} 降得更低。

晶闸管导通期间，如果控制极电流为零，并且阳极电流降至接近于零的维持电流 I_H 以下，则晶闸管又回到正向阻断状态。

当晶闸管上施加反向阳极电压时，其伏安特性曲线位于第三象限，此时电流很小，称为反向漏电流。当反向阳极电压大到反向击穿电压 U_{RSM} 时，反向漏电流急剧增加，晶闸管从阻断状态变为导通状态，称为反向击穿。显然，晶闸管的反向特性类似于二极管的反向特性。

4. 晶闸管的主要技术参数

晶闸管的主要技术参数有以下几个指标。

1) 正向峰值电压(断态重复峰值电压)U_{DRM}

正向峰值电压指在控制极断路、晶闸管处在正向阻断状态下，且管子结温为额定值时，允许"重复"加在晶闸管上的正向峰值电压。而所谓的"重复"是指这个大小的电压重复施加时晶闸管不会损坏。此参数取正向转折电压的 80%，即 $U_{\mathrm{DRM}} = 0.8U_{\mathrm{DSM}}$。

2) 反向重复峰值电压 U_{RRM}

反向重复峰值电压指在控制极开路状态下，结温为额定值时，允许重复加在器件上的反向峰值电压。此参数通常取反向击穿电压的 80%，即 $U_{\mathrm{RRM}} = 0.8U_{\mathrm{RSM}}$。一般反向重复峰值电压 U_{RRM} 与正向峰值电压 U_{DRM} 这两个参数是相等的。

3) 额定通态平均电流 I_{T}

额定通态平均电流 I_{T} 是指晶闸管在环境温度为 40℃ 和规定的冷却状态下，稳定结温不超过额定结温时所允许流过的最大工频正弦半波电流的平均值。使用时应按实际电流与通态平均电流有效值相等的原则来选取晶闸管，应留一定的裕量，一般取 1.5～2 倍。

4) 维持电流 I_{H}

维持电流 I_{H} 指能使晶闸管维持导通状态时所需的最小电流，一般为几十到几百毫安，与结温有关，结温越高，则 I_{H} 值越小。额定通态平均电流 I_{T} 越大，I_{H} 越大。

在选择晶闸管时，主要选择额定通态平均电流 I_{T} 和反向重复峰值电压 U_{RRM} 这两个参数。

1.6.3　可关断晶闸管和双向可控晶闸管

1. 可关断晶闸管

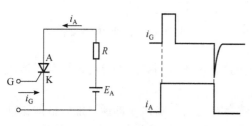

图 1-45　GTO 全控示意图

前述的普通晶闸管是半控器件，只能通过控制极正信号使之触发导通，而不能通过控制极负信号使之关断。在某些设备中要想关断晶闸管，必须设置专门的换流电路，这就造成线路复杂、体积庞大、能耗增大。可关断晶闸管(GTO)既能用控制极正信号使之触发导通，又能用控制极负信号使之关断，是全控器件，其全控示意图如图 1-45 所示。

GTO 和普通晶闸管都是 PNPN 四层结构，都可用两个晶体管相互作用来说明它们的工作原理(图 1-43)。普通晶闸管的控制极加正信号后，形成强烈的正反馈，使它处于深度饱和状态，控制极加负信号后不能改变它的饱和状态，因此无法关断。而 GTO 两个晶体管的放大参数和前者有所不同，控制极加正信号后，只能使晶体管处于临界导通状态，当控制极加负信号后，两个晶体管的基极电流和集电极电流连锁循环减小，最后导致关断。

2. 双向可控晶闸管

双向可控晶闸管是具有四个 PN 结的 NPNPN 五层结构的器件，相当于前述的两个晶闸管反向并联,图 1-46 所示是双向可控晶闸管的结构示意图、符号和伏安特性。A_1、A_2 和 G 分别为第一电极、第二电极和控制极。G 与 A_1 间加触发脉冲,能双向触发导通。当 A_2 为高电位,A_1 为低电位时,加正触发脉冲 ($u_{GA1} > 0$),使晶闸管正向导通,电流从 A_2 流向 A_1;当 A_1 为高电位,A_2 为低电位时,加负触发脉冲 ($u_{GA1} < 0$),使晶闸管反向导通,电流从 A_1 流向 A_2。

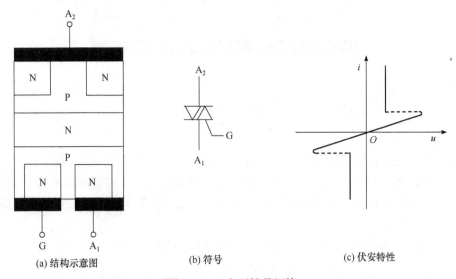

(a) 结构示意图　　　(b) 符号　　　(c) 伏安特性

图 1-46　双向可控晶闸管

1.6.4　功率晶体管、功率场效应晶体管和绝缘栅双极晶体管

全控器件除了可关断晶闸管外,还有功率晶体管、功率场效应晶体管和绝缘栅双极晶体管等。

1. 功率晶体管

功率晶体管(GTR)的符号如图 1-40(d)所示,其基本结构、工作原理和参数意义与前面已经介绍过的晶体管相同。普通晶体管的主要用途是放大小功率信号,而 GTR 是作为功率开关使用的,因此要求它具有大的容量(高电压、大电流)、较高的开关速度、较低的功率损耗,饱和压降 U_{CE} 要低,穿透电流 I_{CEO} 要小,直流电流放大系数要大。为了提高电流放大系数,可采用复合管结构,但因饱和压降增大,故开关速度会变低。

2. 功率场效应晶体管

功率场效应晶体管(VDMOS)的符号如图 1-40(e)所示,其结构与前面已经介绍过的绝缘栅场效应晶体管有所不同,漏极被安置到和源极与栅极相反的一侧,如图 1-47 所示。

功率场效应晶体管属于 N 沟道增强型,具有下列特点:①垂直导电,硅片面积得以充分利用,可获得较大电流,漏极电流可达几百安;②漏-源电压可达千伏;③导电沟道较短,这有利于提高工作效率和开关速度。

需要指出,图 1-47 中示出的只是功率场效应晶体管的一个单元,实际上一个芯片上有成千上万个单元并联集成在一起。

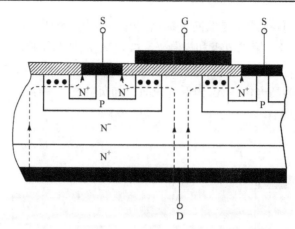

图 1-47　功率场效应晶体管(VDMOS)结构示意图

3. 绝缘栅双极晶体管

绝缘栅双极晶体管(IGBT)符号如图 1-40(f)所示，其结构如图 1-48 所示，与图 1-47 所示的 VDMOS 结构相比，只多了一个 P^+ 区。它综合了功率晶体管和功率场效应晶体管的优点，具有良好的特性，如具有较高的电压与电流和工作频率，其关断时间可缩短到 40ns。

需要指出，实际的 IGBT 芯片也是由许多单元并联集成的。

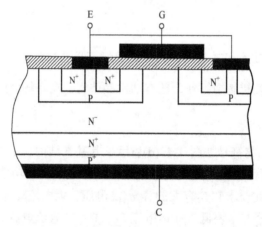

图 1-48　绝缘栅双极晶体管(IGBT)结构示意图

习　　题

1-1　设二极管的导通压降为 0.7V，写出题 1-1 图所示各电路的输出电压值。

1-2　在题 1-2 图所示的各电路图中，$E=5V$，$u_i = 10\sin\omega t$ V，二极管的正向压降可忽略不计，试分别画出输出电压 u_o 的波形。

1-3　将两只稳压值分别为 5V 和 8V、正向导通压降为 0.7V 的稳压管串联使用，共有几种稳压值? 并联使用时，共有几种稳压值?

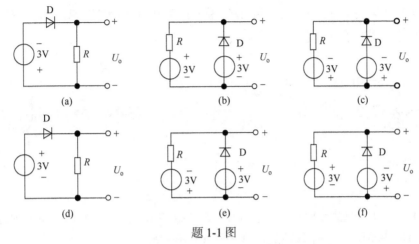

题 1-1 图

1-4　在题 1-4 图中，试求下列几种情况下各元件中通过的电流及输出端对地的电压 U_Y。

(1) $U_A = 10\text{V}$，$U_B = 0\text{V}$；(2) $U_A = 6\text{V}$，$U_B = 5\text{V}$；(3) $U_A = U_B = 5\text{V}$。设二极管为理想二极管。

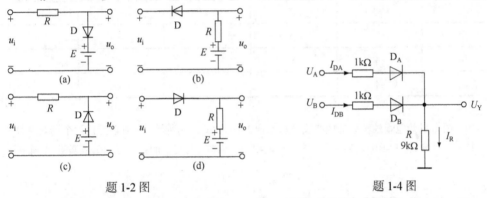

题 1-2 图　　　　　　　　　　　　　　　题 1-4 图

1-5　有两个稳压管 D_{Z1} 和 D_{Z2}，其稳定电压分别为 5.5V 和 8.5V，正向压降都是 0.5V。如果要得到 0.5V、3V、6V、9V 和 14V 几种稳定电压，问这两个稳压管(还有限流电阻)应如何连接？画出各个电路。

1-6　在两个放大电路中，测得三极管各极电流分别如题 1-6 图(a)、(b)所示，求另一个电极的电流，并在图中标出其实际方向及各电极 e、b、c。试分别判断它们是 NPN 管还是 PNP 管。

1-7　在某放大电路中，晶体管三个电极的电流如题 1-7 图所示，试确定晶体管各电极的名称；说明它是 NPN 型，还是 PNP 型；计算晶体管的共射电流放大系数 β。

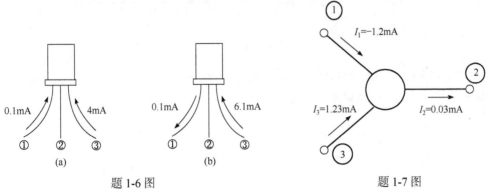

题 1-6 图　　　　　　　　　　　　　　　题 1-7 图

1-8 用万用表直流电压挡测得电路中晶体管各极对地电压如题 1-8 图所示，试判断晶体管分别处于哪种工作状态(饱和、截止、放大)。

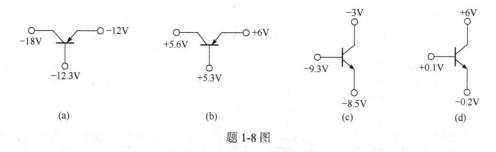

(a)　　　　　　　　　　(b)　　　　　　　　(c)　　　　　　(d)

题 1-8 图

1-9 T_1、T_2、T_3 为某放大电路中的三个 MOS 管，现测得 G、S、D 三个电极的电位如题 1-9 表所示，已知各管开启电压 U_T 。试判断 T_1、T_2、T_3 的工作状态如何。

题 1-9 表

管号	U_T/V	U_S/V	U_G/V	U_D/V	工作状态
T_1	4	−5	1	3	
T_2	−4	3	3	10	
T_3	−4	6	0	5	

1-10 两个场效应管的转移特性曲线分别如题 1-10 图(a)、(b)所示，分别确定这两个场效应管的类型，并求其主要参数(开启电压或夹断电压，低频互导)。测试时电流 i_D 的参考方向为从漏极 D 到源极 S。

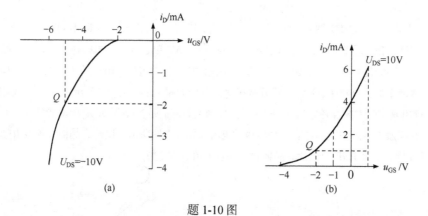

(a)　　　　　　　　　　　　　　(b)

题 1-10 图

1-11 用万用表直流电压挡测得电路中场效应管各极对地电压如题 1-11 图所示，试判断各场效应管分别处于哪种工作状态(可变电阻区、恒流区、截止区)。

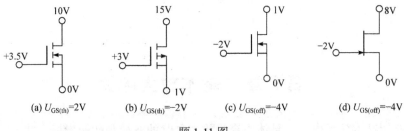

(a) $U_{GS(th)}$=2V　　　(b) $U_{GS(th)}$=−2V　　　(c) $U_{GS(off)}$=−4V　　　(d) $U_{GS(off)}$=−4V

题 1-11 图

1-12　使晶闸管导通的条件是什么?

1-13　维持晶闸管导通的条件是什么? 怎样才能使晶闸管由导通变为关断?

1-14　GTO 和普通晶闸管同为 PNPN 结构，为什么 GTO 能够自关断，而普通晶闸管不能?

第 2 章　基本放大电路

本章介绍基本放大电路，具体内容为放大电路的概念和性能指标、共射放大电路的图解法分析、共射放大电路的模型法分析、共集放大电路、多级放大电路、差动放大电路、功率放大电路、场效应管放大电路。

2.1　放大电路的概念和性能指标

2.1.1　放大电路的概念

在生产和科学实验中，电子电路输入的信号往往很小，所提供的能量不能直接推动负载工作，因此，需要将微弱信号进行放大，也就是将微弱信号不失真地放大到所需要的数值。即需要放大电路。

一般情况下需要既放大电压又放大电流，如果不能做到对电压、电流同时放大，也应做到放大后的信号能量比放大前的大。表面上看放大是指将微弱的信号放大成较大的信号，但放大的实质是能量控制的过程。例如，人讲话的声音一般只有毫瓦级的功率，传输的距离非常有限，经过扩音设备后，声信号的功率可达几十瓦甚至几百瓦，传输的距离大大增加。显然，放大的过程中，信号的能量增加了。增加的能量是放大电路自己创造的吗？不是。放大电路之所以能够把较小能量的信号转变成较大能量的信号，是通过转换直流电源的能量而达成的。放大电路可以用三极管、电阻、电容构成，电路中的三极管就是一种能量转换控制元件，场效应管也具有这样的作用。

放大电路也常称为放大器，功能包括电压放大、电流放大、功率放大等。按工作频率可分为低频放大、高频放大和超高频放大等。而低频放大又可分为音频放大、宽带放大、直流放大等。还可按工作状态对放大器进行分类。

对放大电路有两个基本要求：一是要有足够的放大倍数(电压、电流、功率)；二是输出信号的波形失真要尽可能小。也就是说电路工作在放大状态时，不仅要能使信号从输入端输入，还要能将放大后的信号从输出端不失真地输出。描述放大电路性能优劣的指标有多项。

2.1.2　电压、电流符号说明

在对放大电路进行分析时涉及三种形式的电路，第一种是放大电路本身，也可称为原电路，既包含直流偏置电源，又包含信号输入；第二种是直流通路，只包含直流偏置电源；第三种是交流通路，只包含信号输入。三种电路中使用的电压、电流符号有所不同，后面将会对三种形式的电路进行深入讨论。三种形式电路中的电压、电流符号按以下规则给出。

(1) 纯直流用大写符号、大写下标表示，如 U_{CC}、I_B、I_C、U_{CE} 等。当大写下标中增加了 Q 符号时，强调的是表达工作点的情况，如 I_{CQ}、U_{BEQ} 等。

(2) 纯正弦或变化分量用小写符号、小写下标表示，如 u_s、u_i、u_o、i_b、i_c、u_{ce} 等。纯正弦也可表示为相量，如 $\dot{U}_i$、$\dot{U}_o$、$\dot{I}_i$、$\dot{I}_o$ 等。

(3) 既包含直流成分又包含正弦或变化分量成分的用小写符号、大写下标表示，如 u_B、u_{CE}、i_B、i_C 等。

在直流工作点基础上表示微小变化量这一概念时，需要用到增量表示，如 Δu_B、Δu_{CE} 等。对线性电路而言，存在关系式 $\Delta u_B = u_b$、$\Delta u_{CE} = u_{ce}$。

除了本章中的电压、电流符号按以上规则给出，本书模拟电路部分其他章节中的电压、电流符号也遵循上述规则给出。

2.1.3　放大电路的主要性能指标

放大电路有两个端口，一个为输入端口，一个为输出端口。假设输入信号是正弦，端口电压、电流的参考方向均按照二端口网络的约定标出，并用相量表示，可得图 2-1。

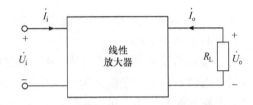

图 2-1　放大器的二端口网络框图

1. 放大倍数 A

放大倍数又称为增益，定义为放大器的输出量与输入量的比值。根据电路输入量和输出量的不同，放大倍数有如下四种不同的定义。

(1) 电压放大倍数：

$$A_u = \frac{\dot{U}_o}{\dot{U}_i} \tag{2-1}$$

(2) 电流放大倍数：

$$A_i = \frac{\dot{I}_o}{\dot{I}_i} \tag{2-2}$$

(3) 互导放大倍数：

$$A_g = \frac{\dot{I}_o}{\dot{U}_i} \tag{2-3}$$

(4) 互阻放大倍数：

$$A_r = \frac{\dot{U}_o}{\dot{I}_i} \tag{2-4}$$

式中，A_u 和 A_i 为无量纲的数，而 A_g 的单位为西门子(S)，A_r 的单位为欧姆(Ω)。有时为了方便，用分贝(dB)作为 A_u 和 A_i 的单位，此时有 $A_u = 20\lg\left|\dfrac{\dot{U}_o}{\dot{U}_i}\right|$ dB，$A_i = 20\lg\left|\dfrac{\dot{I}_o}{\dot{I}_i}\right|$ dB。

2. 输入电阻 R_i

输入电阻是从放大器输入端看进去的电阻，定义为

$$R_i = \frac{\dot{U}_i}{\dot{I}_i} \tag{2-5}$$

在图 2-1 的框图中，对信号源来说，放大器相当于它的负载，R_i 用于表征该负载从信号源获取信号的能力。

式(2-5)实际是输入阻抗的定义式，由于在正常工作频率范围内可把放大电路视为纯电阻电路，因此将输入阻抗称为输入电阻，后面的输出电阻也是如此处理的。

3. 输出电阻 R_o

输出电阻是从放大器输出端口看进去的电阻。在图 2-1 的框图中，对负载 R_L 来说，放大器相当于它的信号源，而输出电阻 R_o 则是该信号源的内阻。根据戴维南定理，设二端口输出端开路电压为 $\dot{U}_{OC}$（方向与 $\dot{U}_o$ 相同），端口短路电流为 $\dot{I}_{SC}$（方向与 $\dot{I}_o$ 相反），则该二端口网络的输出阻抗也即输出电阻定义为

$$R_o = \frac{\dot{U}_{OC}}{\dot{I}_{SC}} \tag{2-6}$$

R_o 是一个表征放大器带负载能力的参数。

4. 频率特性

实际的放大电路中总存在一些电抗性元件，放大电路输出和输入之间的关系必然和信号的频率有关。在输入为正弦信号的情况下，输出随输入信号频率变化的特性称为放大电路的频率特性，包括幅频特性和相频特性。

5. 非线性失真

由于放大电路器件的非线性特性，放大电路的输出波形不可避免地会产生非线性失真。具体表现为，当输入某一频率的正弦信号时，其输出电流波形中除基波成分之外，还包含一定数量的谐波。为此，定义放大器非线性失真系数为

$$\text{THD} = \frac{\sqrt{\sum_{n=2}^{\infty} I_{nm}^2}}{I_{1m}} \tag{2-7}$$

式中，I_{1m} 为输出电流的基波幅值；$I_{nm}(n = 2, 3, \cdots)$ 为二次及以上各谐波分量的幅值。由于小信号放大时非线性失真很小，所以只有在大信号工作时才考虑 THD 指标。

根据放大电路输入和输出信号的不同，利用放大倍数、输入电阻、输出电阻这三个指标，由图 2-1 所示的框图可导出四种二端口网络模型，如图 2-2 所示。图中，A_{uo}、A_{ro} 分别表示负载开路时的电压、互阻放大倍数，而 A_{is}、A_{gs} 则分别表示负载短路时的电流、互导放大倍数。

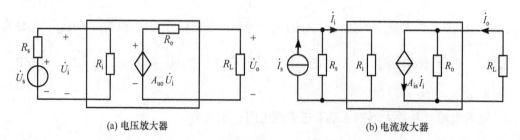

(a) 电压放大器　　　　　　　　　　　　　　　　　(b) 电流放大器

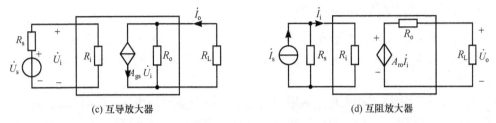

(c) 互导放大器   (d) 互阻放大器

图 2-2 放大器的二端口网络模型

2.2 共射放大电路的图解法分析

2.2.1 基本共射放大电路的组成

用三极管组成放大器时应该遵循以下原则。

(1) 将三极管设置在放大状态,并且具有合适的工作点。当输入为双极性信号(如正弦波)时,工作点应选在放大区的中间区域;在放大单极性信号(如脉冲波)时,工作点可适当靠向截止区或饱和区。

(2) 输入信号加在基极-发射极回路。由于正偏的发射结的 i_E 与 u_{BE} 的关系满足式(1-1),即

$$i_E = I_s(e^{\frac{u_{BE}}{U_T}} - 1) \approx I_s e^{\frac{u_{BE}}{U_T}} \tag{2-8}$$

而 $i_C \approx i_E$,所以, u_{BE} 对 i_C 有极为灵敏的控制作用。因此,只有将输入信号加到基极-发射极回路,使其成为控制电压 u_{BE} 的一部分,才能有效地放大信号。具体连接时,若发射极作为公共支路(端),则信号加到基极;反之,信号加到发射极。因为反偏的 c 结对 i_C 几乎没有控制作用,所以输入信号不能加到集电极上。

(3) 设置合理的信号通路。当信号源和负载与放大器相接时,一方面不能破坏已设定好的直流工作点,另一方面应尽可能地减小信号通路中的损耗。

基本共射放大电路如图 2-3 所示。图中,采用固定偏置方式将三极管设定在放大状态,其中虚线支路的 U_{CC} 为直流电源, R_B 为基极偏置电阻, R_C 为集电极电阻。输入信号通过电容 C_1 输入基极输入端,放大后的信号经电容 C_2 由集电极输出给负载 R_L ,电容旁的 "+" 号用来表明电解电容的正极。因为放大器的分析通常采用稳态法,所以可以以正弦波作为放大器的基本输入信号。图中用内阻为 R_s 的正弦电压源 u_s 为放大器提供输入电压 u_i 。电容 C_1 、 C_2 称为隔直电容或耦合电容,其作用是阻隔直流而导通交流,即在保证交流信号正常传输的情况下,使直流相互隔离而互不影响。按这种方式制作的放大器,就是阻容耦合放大器。实际中,当输入信号的频率在几百赫以上时,采用阻容耦合是最佳的方式。

由于直流电源的一端通常是电路的公共端(接地端),为表示方便,电源可不必完整画出,只需在非接地端的节点处标明电源的极性和大小即可。例如,对图 2-3,可将虚线所示的电源移走,上端标出 $+U_{CC}$ 即可,有时符号 "+" 也可省略。

2.2.2　分压偏置共射放大电路的组成

图 2-3 所示的固定偏置基本共射极放大电路的工作点稳定性差，图 2-4 所示的分压偏置共射放大电路的工作点稳定性好。该电路在三极管的基极接有两个电阻 R_{B1}、R_{B2}，在发射极还接有电阻 R_E。

图 2-4 所示电路工作点稳定的原因有两个，一个原因是增加了电阻 R_{B2}，可固定基极电位 U_B，这样由 I_C 引起的 U_E 的变化就是 U_{BE} 的变化，因而增强了对 I_{CQ} 的自动调节作用。

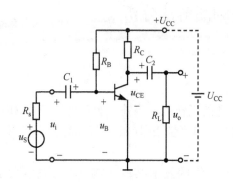

图 2-3　基本共射放大电路

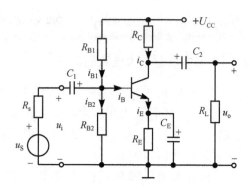

图 2-4　分压偏置共射放大电路

为确保 U_B 固定，应保证流过 R_{B1}、R_{B2} 的静态电流 I_{B1}、I_{B2} 远大于三极管基极静态电流 I_B，这时有 $U_B \approx \dfrac{R_{B2}}{R_{B1}+R_{B2}}U_{CC}$，这就要求 R_{B1}、R_{B2} 的取值越小越好。但是 R_{B1}、R_{B2} 过小将增大电源 U_{CC} 的无谓损耗，因此要二者兼顾。通常选取：

$$I_{B2} = \begin{cases} (5\sim10)I_{BQ} \text{（硅管）} \\ (10\sim20)I_{BQ} \text{（锗管）} \end{cases}$$

并兼顾 R_E 和工作点电压 U_{CEQ} 而取：

$$U_B = \left(\frac{1}{5}\sim\frac{1}{3}\right)U_{CC}$$

依据以上两式，可确定 R_{B1}、R_{B2}、R_E 的阻值。

此外，还应要求 R_{B1}、R_{B2} 具有相同的温度系数，这样温度的变化就不会对 U_B 造成影响，从而有利于工作点的稳定。

图 2-4 所示电路工作点稳定的另一个原因是在电路中引入了自动调节机制，用静态电流 I_B 的反向变化去自动抑制静态电流 I_C 的变化，从而使工作点电流 I_{CQ} 稳定。这种机制通常称为负反馈。由图 2-4 可知，如果 I_C 增大，电路会产生如下的自动调节过程：

$$I_C\uparrow \to I_E\uparrow \to U_E(=I_E R_E)\uparrow \to U_{BE}(=U_B-U_E)\downarrow \to I_B\downarrow \to I_C\downarrow$$

结果，I_B 的减小抑制了 I_C 的增大，这样，就能使 I_{CQ} 稳定；反之亦然。可见，通过 R_E 对 I_C 的取样和调节，实现了工作点的稳定。显然，R_E 的阻值越大，调节作用越强，工作点越稳定。但 R_E 过大时，因 U_{CE} 过小会使 Q 点靠近饱和区。因此，要二者兼顾，合理选择 R_E 的阻值。

2.2.3　直流通路和交流通路

对一个放大器进行定量分析时，其分析的内容无外乎两个方面：一是直流(静态)工作点分析，即在没有信号输入时，估算三极管的各个极上的直流电流和极间的直流电压；二是交流(动态)性能分析，即在输入信号的作用下，确定三极管在工作点处各极的电流和极间电压的变化量，进而计算放大器的各项交流指标。因此，两者分析的对象是不同的，前者是直流成分，后者则是交流成分。由于放大电路中可能存在电抗性元件(如阻容耦合放大器中的耦合电容)，所以直流通路和交流通路是不同的。为了分别进行直流分析和交流分析，首先需要确定直流通路和交流通路。

确定直流通路的方法是：将原放大电路中的所有电容开路，电感短路，而直流电源保留，即得直流通路。确定交流通路的方法是：根据输入信号的频率，将电抗极小的大电容和小电感短路，电抗极大的小电容、大电感开路，电抗不容忽略的电容、电感保留，直流电源短路(因为其内阻极小)，所得即为交流通路。

以图 2-3 所示的基本共射放大器为例，按照上述方法，将电路中的耦合电容 C_1、C_2 开路，便可得直流通路，如图 2-5(a)所示；将 C_1、C_2 短路，直流电源 U_{CC} 对地也短路，便可得交流通路，如图 2-5(b)所示。

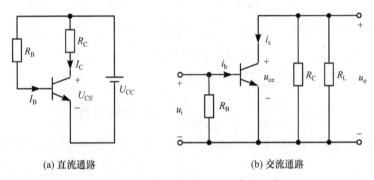

(a) 直流通路　　　　　　　　　　　　　(b) 交流通路

图 2-5　共射放大器的交、直流通路

2.2.4　直流图解分析

直流图解分析是在三极管特性曲线上，用作图的方法确定直流工作点，求出 I_{BQ}、U_{BEQ} 和 I_{CQ}、U_{CEQ}。

对于图 2-5(a)所示的共射放大器的直流通路，在集电极输出回路中，输出特性方程为

$$i_C = f(u_{CE})\Big|_{i_B = I_{BQ}} \tag{2-9}$$

直流负载线方程为

$$u_{CE} = U_{CC} - i_C R_C \tag{2-10}$$

式(2-9)是由三极管内部特性决定的 i_C 与 u_{CE} 之间的关系式,反映在输出特性曲线上,是一条对应于 $i_B = I_{BQ}$ 的曲线,如图 2-6(a)所示。式(2-10)是由三极管外部电路确定的 i_C 与 u_{CE} 的关系式,画在图上是一条直线,称为直流负载线。该负载线可以通过两个特殊点画出,即当 $U_{CC} = 0$ 时, $i_C = U_{CC}/R_C$ 为纵坐标上的 M 点,当 $i_C = 0$ 时, $u_{CE} = U_{CC}$ 为横坐标上的 N 点。连接以上两点,即得直流负载线 MN ,其斜率为 $-1/R_C$,如图 2-6(a)所示。图中,直流负载线 MN 与 $i_B = I_{BQ}$ 的输出特性曲线相交于 Q 点,该点就是满足式(2-9)和式(2-10)的解(即直流工作点)。因而,可得工作点 Q 的纵坐标 I_{CQ} 、横坐标 U_{CEQ} 。

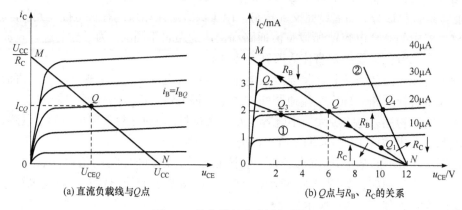

(a) 直流负载线与Q点　　　　　　　　　(b) Q点与 R_B 、 R_C 的关系

图 2-6　放大器的直流图解分析

【例 2.1】　在图 2-3 电路中,若 $R_B = 560\text{k}\Omega$, $R_C = 3\text{k}\Omega$, $U_{CC} = 12\text{V}$,三极管的输出特性曲线如图 2-6(b)所示,试用图解法确定直流工作点。

解　取 $U_{BEQ} = 0.7\text{V}$,用估算的方式可得

$$I_{BQ} = \frac{U_{CC} - U_{BEQ}}{R_B} = \frac{12 - 0.7}{560} \approx 0.02(\text{mA}) = 20(\mu\text{A})$$

在输出特性上找两个特殊点:当 $u_{CE} = 0$ 时, $i_C = U_{CC}/R_C = 12/3 = 4(\text{mA})$,得 M 点;当 $i_C = 0$ 时, $u_{CE} = U_{CC} = 12\text{V}$,得 N 点。连接以上两点便得到图 2-6(b)中的直流负载线 MN ,它与 $I_B = 20\mu\text{A}$ 的这条特性曲线相交于 Q 点,此即直流工作点。由 Q 点的坐标可得 $I_{CQ} = 2\text{mA}$, $U_{CEQ} = 6\text{V}$ 。

图 2-6(b)还示出了 R_B 和 R_C 分别改变时 Q 点的变化规律。当 R_B 增大时, I_{BQ} 减小, Q 点将沿着直流负载线下移,靠向截止区,见 Q_1 点;反之, R_B 减小,则 I_{BQ} 增大, Q 点上移,当 I_{BQ} 大到某一值(图中约为 40μA)时,三极管将进入饱和区,见 Q_2 点。当 R_C 增大时,因斜率 $|-1/R_C|$ 减小,负载线将围绕 N 点向下转动,则 Q 点沿 $I_B = I_{BQ}$ 的特性曲线左移,靠向饱和区,见图中负载线①及 Q_3 点;反之, R_C 减小,负载线向上转动, Q 点则沿特性曲线左移,见图中负载线②及 Q_4 点。

2.2.5　交流图解分析

交流图解分析是在输入信号作用下,通过作图来确定放大管各极电流和极间电压的

变化量。此时，放大器的交流通路如图 2-5(b)所示。由图可知，由于输入电压连同 U_{BEQ} 一起直接加在发射结上，因此，瞬时工作点将围绕 Q 点沿输入特性曲线上下移动，从而产生 i_B 的变化，如图 2-7(a)所示。为了确定因 i_B 引起的 i_C 和 U_{CE} 的变化，必须先在输出特性曲线上画出 i_B 变化时瞬时工作点移动的轨迹，即交流负载线。由于工作点移动时，一方面，当输入电压过零时必然通过直流工作点 Q；另一方面，由图 2-5(b)可知，集电极输出回路中的 i_c 和 u_{ce} 满足关系式 $u_{ce} = -i_c R'_C$，若用增量表示，则为 $\Delta u_{CE} = -\Delta i_C R'_C$，其中 $R'_C = R_C // R_L$。因而，瞬时工作点移动的斜率为

$$k = \frac{\Delta i_C}{\Delta u_{CE}} = -\frac{1}{R'_C}$$

由此可见，交流负载线是一条过 Q 点且斜率为 $-1/R'_C$ 的直线。具体做法为：令 $\Delta i_C = I_{CQ}$，在横坐标上从 U_{CEQ} 点处向右量取一段数值为 $I_{CQ} R'_L$ 的电压，得 A 点，则连接 AQ 的直线即为交流负载线，如图 2-7(b)所示。

画出交流负载线之后，根据电流 i_B 的变化规律，可画出对应的 i_C 和 u_{CE} 的波形。在图 2-7(b)中，当输入正弦电压使 i_B 围绕 I_{BQ} 按图示的正弦规律变化时，在一个周期内 Q 点沿交流负载线在 Q_1 到 Q_2 之间上下移动，从而引起 i_C 和 u_{CE} 分别围绕 I_{CQ} 和 U_{CEQ} 做相应的正弦变化。由图可以看出，两者的变化正好相反，即 i_C 增大，u_{CE} 减小；反之，i_C 减小，则 u_{CE} 增大。

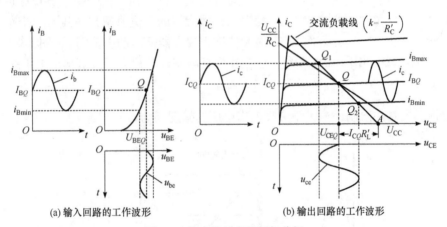

(a) 输入回路的工作波形　　　　　　　(b) 输出回路的工作波形

图 2-7　放大器的交流图解分析

根据上述交流图解分析，可以画出输入为正弦电压时放大管各极电流和极间电压的波形，如图 2-8 所示。

观察图 2-8 所示波形，可得出以下几点结论。

(1) 放大器输入交变电压时，三极管各极电流的方向和极间电压的极性始终不变，只是围绕各自的静态值，按输入信号规律近似呈线性变化。

(2) 三极管的电流和电压的瞬时波形中，只有交流分量才能反映输入信号的变化，因此，放大器输出的应该是交流量。

(3) 将输出与输入的波形对照，可知两者的变化规律正好相反，通常称这种波形关

系为反相或倒相。

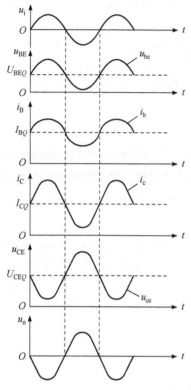

图 2-8 共射放大器的电压、电流波形

2.2.6 直流工作点与非线性失真

直流工作点的位置如果设置不当，会使放大器输出波形产生明显的非线性失真。在图 2-9(a) 中，Q 点设置过低，在输入电压负半周的时间范围内，动态工作点进入截止区，使 i_B、i_C 不能跟随输入变化而恒为零，从而引起 i_B、i_C 和 u_{CE} 的波形发生失真，这种失真称为截止失真。由图可知，对于 NPN 管的共射放大器，当发生截止失真时，其输出电压波形的顶部被限幅在某一数值上。

若 Q 点设置过高，如图 2-9(b) 所示，则在输入电压正半周的时间范围内，动态工作点进入饱和区。此时，当 i_B 增大时，i_C 不能随之增大，因而也将引起 i_C 和 u_{CE} 波形的失真，这种失真称为饱和失真。由图可见，当发生饱和失真时，其输出电压波形的底部将被限幅在某一数值上。

通过以上分析可知，由于受三极管截止和饱和的限制，放大器的不失真输出电压有一个范围，其最大值称为放大器输出动态范围。由图 2-9 可知，因受截止失真限制，其最大不失真输出电压的幅度为

$$U_{om} = I_{CQ} R_L' \qquad (2-11)$$

而因受饱和失真的限制，最大不失真输出电压的幅度则为

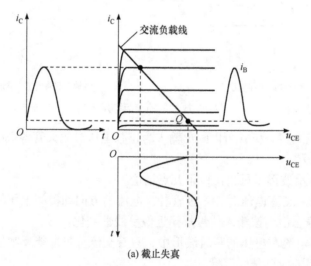

(a) 截止失真

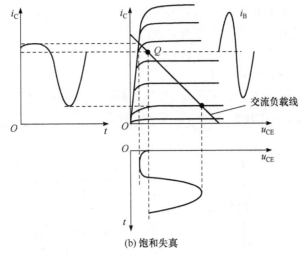

(b) 饱和失真

图 2-9　Q 点不合适产生的非线性失真

$$U_{om} = U_{CEQ} - U_{CES} \tag{2-12}$$

式中，U_{CES} 表示三极管的临界饱和压降，一般取为 1V。比较式(2-11)和式(2-12)所确定的数值，其中较小的即为放大器最大不失真输出电压的幅度，而输出动态范围 U_{opp} 则为该幅度的两倍，即

$$U_{opp} = 2U_{om} \tag{2-13}$$

显然，为了充分利用三极管的放大区，使输出动态范围最大，直流工作点应设定在交流负载线的中点处。

2.3　共射放大电路的模型法分析

2.3.1　三极管三种状态的直流模型

三极管有三种截然不同的工作状态，即放大、截止和饱和，对应有三种直流模型，如图 2-10 所示。图中，$U_{BE(on)}$ 为三极管导通电压，硅管 $U_{BE(on)} = 0.7\ V$，锗管 $U_{BE(on)} = 0.3\ V$；$U_{CE(sat)}$ 为集射极间饱和电压，硅管 $U_{CE(sat)} = 0.3V$，锗管 $U_{CE(sat)} = 0.1V$。

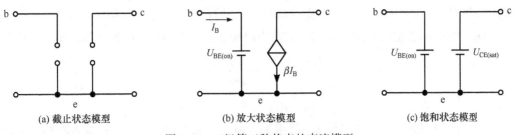

(a) 截止状态模型　　　　　(b) 放大状态模型　　　　　(c) 饱和状态模型

图 2-10　三极管三种状态的直流模型

三极管电路分析过程中使用何种模型要事先进行判断，方法是先假定电路处于某种

状态，得出结果，然后再把结果代回到电路中，看是否符合假定情况。若符合则假定正确，若不符合则改变假定状态后再重新处理。

　　对放大状态下三极管电路进行分析时，将其中的三极管用放大状态模型表示后，即可通过列方程的方法求出直流工作点。

　　【例2.2】　电路如图2-11(a)所示，三极管为硅管，$\beta = 100$，计算三极管的I_{BQ}、I_{CQ}和U_{CEQ}，判断电路的工作状态。

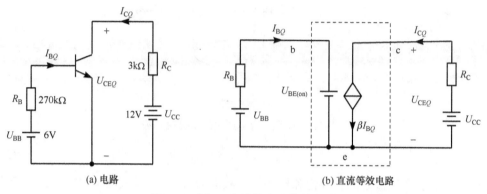

图2-11　例2.2电路及直流等效电路

　　解　根据电路可知，U_{BB}使e结正偏，U_{CC}和U_{BB}使c结反偏，所以三极管既可能工作在放大状态，也可能工作在饱和状态。假定三极管工作在放大状态，用图2-10(b)所示的模型代替三极管，便可得到图2-11(b)所示的直流等效电路。由图可知

$$U_{BB} = I_{BQ}R_B + U_{BE(on)}$$

故有

$$I_{BQ} = \frac{U_{BB} - U_{BE(on)}}{R_B} = \frac{6 - 0.7}{270} \approx 0.02(mA)$$

$$I_{CQ} = \beta I_{BQ} = 100 \times 0.02 = 2(mA)$$

$$U_{CEQ} = U_{CC} - I_{CQ}R_C = 12 - 2 \times 3 = 6(V)$$

　　由于$U_{CEQ} = 6V$远大于硅管饱和电压$U_{CE(sat)} = 0.3V$，可知电路确实工作于放大状态。

　　【例2.3】　电路如图2-12(a)所示，三极管工作在放大状态。已知$\beta = 100$，$U_{CC} = 12V$，$R_{B1} = 39k\Omega$，$R_{B2} = 25k\Omega$，$R_C = R_E = 2k\Omega$，试计算工作点I_{CQ}和U_{CEQ}。

　　解　将三极管基极端的电路用戴维南电路等效，可得如图2-12(b)所示的电路。图中：

$$U_{BB} = \frac{R_{B2}}{R_{B1} + R_{B2}}U_{CC} = \frac{25}{39 + 25} \times 12 \approx 4.7\,(V)$$

$$R_B = R_{B1} // R_{B2} = 39 // 25 \approx 15(k\Omega)$$

　　将三极管用放大状态模型代入，可得等效电路如图2-12(c)所示。对输入回路列KVL方程可得

$$-U_{BB} + R_B I_B + U_{BE(on)} + R_E(I_B + I_C) = 0$$

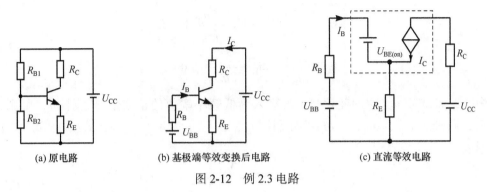

(a) 原电路　　　　　　(b) 基极端等效变换后电路　　　　　　(c) 直流等效电路

图 2-12　例 2.3 电路

对输出回路列 KVL 方程可得

$$-U_{CC} + R_C I_C + U_{CE} + R_E(I_B + I_C) = 0$$

并有

$$I_C = \beta I_B$$

将相关参数代入以上三式，联立求解得 $I_B = 0.019 \text{ mA}$，$I_C = 1.9 \text{ mA}$，$U_{CE} = 4.4\text{V}$，所以，工作点为 $I_{CQ} = 1.9 \text{ mA}$，$U_{CEQ} = 4.4\text{V}$。

由于三极管的直流模型很简单，所以在实际电路分析中，可不必画出直流等效电路，而直接在计算式中反映出等效的情况或采用估算的方法计算工作点。

2.3.2　三极管的低频小信号模型

使用小信号等效电路模型分析放大电路，有三个步骤：①根据直流通路估算直流工作点；②确定放大电路的交流通路，并将其中的三极管用交流小信号电路模型表示；③根据交流通路计算放大器的各项交流指标。

三极管的交流小信号电路模型可分为两类：一类是物理模型，它是模拟三极管结构及放大过程导出的电路模型，有多种形式；另一类是网络参数模型(黑箱模型)，其中应用最广的是 h 参数等效电路模型，简称 h 参数模型，这是一种低频小信号模型，是视三极管为二端口网络后根据其端口的电压、电流关系导出的。

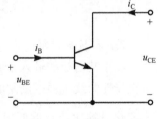

图 2-13　共射极三极管

1. h 参数模型的导出

对于图 2-13 所示的共射极三极管，在低频小信号的工作条件下，视其为一个二端口网络，若取 i_B 和 u_{CE} 为自变量，则有

$$\begin{cases} u_{BE} = f_1(i_B, u_{CE}) \\ i_C = f_2(i_B, u_{CE}) \end{cases} \tag{2-14}$$

在工作点处，对式(2-14)取全微分，得

$$
\begin{cases}
du_{BE} = \dfrac{\partial u_{BE}}{\partial i_B}\bigg|_Q \cdot di_B + \dfrac{\partial u_{BE}}{\partial u_{CE}}\bigg|_Q \cdot du_{CE} \\[3mm]
di_C = \dfrac{\partial i_C}{\partial i_B}\bigg|_Q \cdot di_B + \dfrac{\partial i_C}{\partial u_{CE}}\bigg|_Q \cdot du_{CE}
\end{cases}
\tag{2-15}
$$

式中，du_{BE} 表示 u_{BE} 中的变化量，若输入为低频小幅值的正弦信号，则 du_{BE} 可用 u_{be} 表示；同理，di_B、du_{CE}、di_C 可分别用 i_b、u_{ce}、i_c 表示，于是，式(2-15)可写为下列形式：

$$
\begin{cases}
u_{be} = h_{ie}i_b + h_{re}u_{ce} \\[2mm]
i_c = h_{fe}i_b + h_{oe}u_{ce}
\end{cases}
\tag{2-16}
$$

式中，$h_{ie} = \dfrac{\partial u_{BE}}{\partial i_B}\bigg|_Q$ 为输出端口交流短路时的输入电阻；$h_{re} = \dfrac{\partial u_{BE}}{\partial u_{CE}}\bigg|_Q$ 为输入端口交流开路时的反向电压传输系数；$h_{fe} = \dfrac{\partial i_C}{\partial i_B}\bigg|_Q$ 为输出端口交流短路时的电流放大系数；$h_{oe} = \dfrac{\partial i_C}{\partial u_{CE}}\bigg|_Q$ 为输入端口交流开路时的输出电导。可见，四个参数具有不同的量纲，而且是在输入开路或输出短路的条件下求得的。

由式(2-16)并根据四个参数的意义，可得出低频小信号 h 参数等效电路模型如图2-14所示。

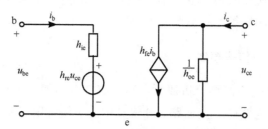

图 2-14　共射极三极管 h 参数等效电路模型

2. h 参数的求解

由于共射极的输入、输出特性曲线本身就是描述三极管端口特性的一种方式，因此，可在特性曲线上通过图解的方式求出电路模型中的每个参数值，方法是用工作点附近微小变化量的比值来近似偏导数，即令 $h_{ie} = \dfrac{\partial u_{BE}}{\partial i_B}\bigg|_Q \approx \dfrac{\Delta u_{BE}}{\Delta i_B}\bigg|_Q$、$h_{re} = \dfrac{\partial u_{BE}}{\partial u_{CE}}\bigg|_Q \approx \dfrac{\Delta u_{BE}}{\Delta u_{CE}}\bigg|_Q$、

$h_{fe} = \dfrac{\partial i_C}{\partial i_B}\bigg|_Q \approx \dfrac{\Delta i_C}{\Delta i_B}\bigg|_Q$、$h_{oe} = \dfrac{\partial i_C}{\partial u_{CE}}\bigg|_Q \approx \dfrac{\Delta i_C}{\Delta u_{CE}}\bigg|_Q$，如图 2-15(a)~(d)所示。

对于 h_{oe}，还可采用下述方法估算。由于基区调宽效应，当 i_B 一定时，i_C 随 u_{CE} 的增大略有上翘。若将每条共射极输出特性曲线向左方延长，都会与 u_{CE} 负轴相交于一点，其交点折合的电压称为厄尔利电压，用 U_A 表示，如图 2-16 所示。显然，U_A 越大，表示基区调宽效应越弱。对于小功率三极管，U_A 一般大于 100V。由图 2-16 不难求出在 Q

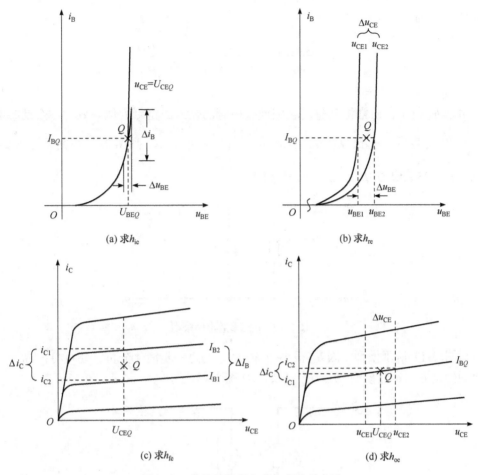

图 2-15　在特性曲线上求 h 参数的方法

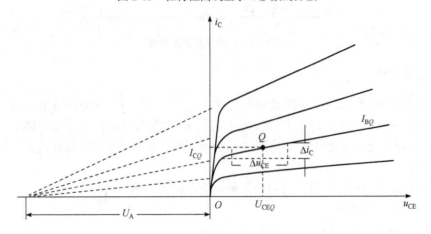

图 2-16　利用厄尔利电压求 h_{oe}

点处的 h_{oe}，即

$$h_{oe} = \frac{\Delta i_C}{\Delta u_{CE}}\bigg|_Q = \frac{I_{CQ}}{U_A + U_{CEQ}}\bigg|_{I_{BQ}} \approx \frac{I_{CQ}}{U_A} \tag{2-17}$$

3. 简化 h 参数模型

由于 h_{re} 很小，通常将其忽略，因此三极管的输入回路可近似等效为一个动态电阻 h_{ie}，可用 r_{be} 表示。另外，h_{fe} 可用 β 表示，$\dfrac{1}{h_{oe}}$ 可用 r_{ce} 表示，则图 2-14 可简化为图 2-17，这就是 h 三参数模型(β、r_{be}、r_{ce} 模型)。

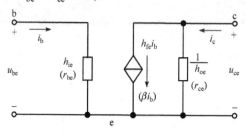

图 2-17　h 三参数电路模型

对图 2-17 所示模型，因 h_{oe} 很小(r_{ce} 很大)，为进一步简化分析，还可将 r_{ce} 断开，这时得到的是 h 两参数模型(β、r_{be} 模型)，如图 2-18 所示。

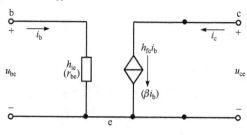

图 2-18　h 两参数电路模型

2.3.3　电路分析

这里对图 2-4 所示的分压偏置共射极放大电路进行分析。为分析方便，重画该电路如图 2-19(a)所示。由于电容 C_E 将 R_E 交流短路，故发射极交流接地。当电路工作于放大状态时，可画出交流等效电路如图 2-19(b)所示。图中虚线框包围的部分就是三极管简化 h 参数模型。

根据图 2-19(b)所示电路，可对共射极放大电路各个指标进行分析。

1) 电压放大倍数 A_u

由图 2-19(b)可知，输入交流电压可表示为

$$u_i = i_b r_{be}$$

输出交流电压为

$$u_o = -i_c(R_C /\!/ R_L) = -\beta i_b(R_C /\!/ R_L)$$

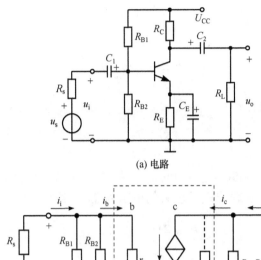

(a) 电路

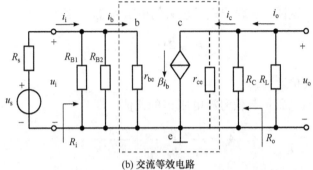

(b) 交流等效电路

图 2-19　共射极放大电路及其交流等效电路

故得电压放大倍数为

$$A_{\mathrm{u}} = \frac{u_{\mathrm{o}}}{u_{\mathrm{i}}} = -\frac{\beta(R_{\mathrm{C}}//R_{\mathrm{L}})}{r_{\mathrm{be}}} = -\frac{\beta R_{\mathrm{L}}'}{r_{\mathrm{be}}} \tag{2-18}$$

式中，$r_{\mathrm{be}} = r_{\mathrm{bb}'} + (1+\beta)r_{\mathrm{e}} = r_{\mathrm{bb}'} + \beta\dfrac{26(\mathrm{mV})}{I_{CQ}(\mathrm{mA})}$ (Ω)。

2) 电流放大倍数 A_{i}

由图 2-19(b)可以看出，流过 R_{L} 的电流 i_{o} 为

$$i_{\mathrm{o}} = i_{\mathrm{c}}\frac{R_{\mathrm{C}}}{R_{\mathrm{C}} + R_{\mathrm{L}}} = \beta i_{\mathrm{b}}\frac{R_{\mathrm{C}}}{R_{\mathrm{C}} + R_{\mathrm{L}}}$$

而

$$i_{\mathrm{i}} = i_{\mathrm{b}}\frac{R_{\mathrm{B}} + r_{\mathrm{be}}}{R_{\mathrm{B}}}$$

式中，$R_{\mathrm{B}} = R_{\mathrm{B1}}//R_{\mathrm{B2}}$。由此可得

$$A_{\mathrm{i}} = \frac{i_{\mathrm{o}}}{i_{\mathrm{i}}} = \beta\frac{R_{\mathrm{B}}}{R_{\mathrm{B}} + r_{\mathrm{be}}} \cdot \frac{R_{\mathrm{C}}}{R_{\mathrm{C}} + R_{\mathrm{L}}} \tag{2-19}$$

若满足 $R_{\mathrm{B}} \gg r_{\mathrm{be}}$，$R_{\mathrm{L}} \ll R_{\mathrm{C}}$，则有

$$A_{\mathrm{i}} \approx \beta \tag{2-20}$$

3) 输入电阻

由图 2-19(b)，易见

$$R_i = \frac{u_i}{i_i} = R_{B1} /\!/ R_{B2} /\!/ r_{be} \tag{2-21}$$

若 $R_{B1} /\!/ R_{B2} \gg r_{be}$，则有

$$R_i \approx r_{be} \tag{2-22}$$

4) 输出电阻

按照 R_o 的定义，将图 2-19(b)电路中的 u_s 短路，在输出端加一个电压 u_o，可知 $i_b = 0$，则受控源 $\beta i_b = 0$。这时，从输出端看进去的电阻为 R_C，因此

$$R_o = \frac{u_o}{i_o}\bigg|_{u_s=0} = R_C \tag{2-23}$$

5) 源电压放大倍数 A_{us}

A_{us} 定义为输出电压 u_o 与信号源电压 u_s 的比值，即

$$A_{us} = \frac{u_o}{u_s} = \frac{u_i}{u_s} \cdot \frac{u_o}{u_i} = \frac{R_i}{R_s + R_i} A_u \tag{2-24}$$

可见，$|A_{us}| < |A_u|$。若满足 $R_i \gg R_s$，则 $A_{us} \approx A_u$。

发射极接有电阻 R_E 但不存在电容 C_E，会是什么情况呢？这时，无论对直流偏置还是对交流信号而言，发射极均通过电阻 R_E 接地。交流等效电路如图 2-20 所示。由图可知

$$u_i = i_b r_{be} + (1+\beta) i_b R_E$$

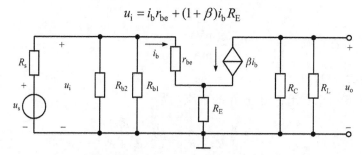

图 2-20　旁通电容 C_E 开路时的交流等效电路

而 u_o 仍为 $-\beta i_b R_L'$，则电压放大倍数变为

$$A_u = \frac{u_o}{u_i} = -\frac{\beta R_L'}{r_{be} + (1+\beta) R_E}$$

可见放大倍数减小了。这是因为 R_E 的自动调节(负反馈)作用，使输出随输入的变化受到抑制，从而导致 A_u 减小。当 $(1+\beta) R_E \gg r_{be}$ 时，则有

$$A_u \approx -\frac{R_L'}{R_E}$$

与此同时，从 b 极看进去的输入电阻 R_i' 变为

$$R_i' = \frac{u_i}{i_b} = r_{be} + (1+\beta)R_E$$

即射极电阻 R_E 折合到基极支路应扩大 $1+\beta$ 倍。因此，放大器的输入电阻为

$$R_i = R_{B1}//R_{B2}//R_i'$$

显然，与接有电容 C_E 相比，输入电阻明显增大了。但输出电阻不变，仍为 R_C，即 $R_o = R_C$。

【例 2.4】 在图 2-19(a)的电路中，若 $R_{B1}=75\text{k}\Omega$，$R_{B2}=25\text{k}\Omega$，$R_C=R_L=2\text{k}\Omega$，$R_E=1\text{k}\Omega$，$U_{CC}=12\text{V}$，三极管采用 3DG6 管，$\beta=80$，$r_{bb'}=100\Omega$，$R_s=0.6\text{k}\Omega$，试求该放大器的直流工作点 I_{CQ}、U_{CEQ} 及 A_u、R_i、R_o 和 A_{us} 等指标。

解 (1)按估算法计算直流工作点：

$$U_B \approx \frac{R_{B2}}{R_{B1}+R_{B2}}U_{CC} = \frac{25}{75+25}\times 12 = 3(\text{V})$$

$$I_{CQ} \approx I_E = \frac{U_B - U_{BE}}{R_E} = \frac{3-0.7}{1} = 2.3(\text{mA})$$

$$U_{CEQ} = U_{CC} - I_{CQ}(R_C + R_E) = 12 - 2.3\times(2+1) = 5.1(\text{V})$$

(2) 计算交流指标。

因为

$$r_{be} = r_{bb'} + \beta \times \frac{26}{I_{CQ}} = 100 + 80\times\frac{26}{2.3} \approx 1(\text{k}\Omega)$$

$$R_L' = R_C//R_L = 2//2 = 1(\text{k}\Omega)$$

根据图 2-19(b)的相关分析结果，可得

$$A_u = \frac{u_o}{u_i} = -\frac{\beta R_L'}{r_{be}} = -\frac{80\times 1}{1} = -80$$

$$R_i = R_{B1}//R_{B2}//r_{be} = 75//15//1 \approx 1(\text{k}\Omega)$$

$$R_o = R_C = 2\text{k}\Omega$$

$$A_{us} = \frac{u_o}{u_s} = \frac{R_i}{R_s + R_i}A_u = \frac{1}{0.6+1}\times(-80) = -50$$

【例 2.5】 将例 2.4 中的 R_E 变为两个电阻 R_{E1} 和 R_{E2} 串联，且 $R_{E1}=100\Omega$，$R_{E2}=900\Omega$，而电容 C_E 接在 R_{E2} 两端，其他条件不变，试求此时的交流指标。

解 由于 $R_E=R_{E1}+R_{E2}=1\text{k}\Omega$，所以直流工作点不变。对于交流通路，现发射极通过 R_{E1} 接地。因而，交流等效电路变为图 2-20 所示电路，只是图中 $R_E=R_{E1}=100\Omega$。此时，各项指标分别为

$$A_u = \frac{u_o}{u_i} = -\frac{\beta R_L'}{r_{be} + (1+\beta)R_{E1}} = -\frac{80\times 1}{1 + 81\times 0.1} \approx -8.8$$

$$R_i = R_{B1} // R_{B2} // \left[r_{be} + (1+\beta) R_{E1} \right] = 75 // 25 // \left[1 + 81 \times 0.1 \right] = 6 (\text{k}\Omega)$$

$$R_o = R_C = 2\text{k}\Omega$$

$$A_{us} = \frac{u_o}{u_s} = \frac{R_i}{R_s + R_i} A_u = \frac{6}{0.6 + 6} \times (-8.8) = -8$$

可见，R_{E1} 的接入使 A_u 从 -80 变为 -8.8，减小为原来的九分之一左右。但是，由于输入电阻增大，A_{us} 与 A_u 的差异明显减小了。

2.4　共集放大电路

2.4.1　电路组成

共集放大电路如图 2-21 所示。图中采用分压式偏置电路使三极管工作在放大状态。基极为信号输入端，接内阻为 R_s 的信号源 u_s，发射极为信号输出端，集电极为输入、输出的公共端，交流接地。由于信号从发射极输出，所以该电路又称为射极输出器。

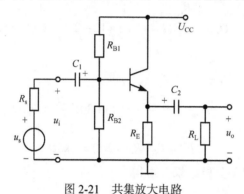

图 2-21　共集放大电路

2.4.2　电路分析

根据图 2-21 所示的共集放大电路，可得该电路的交流等效电路如图 2-22 所示。

根据图 2-22 所示等效电路，可对共集放大电路各个指标进行分析。

1. 电压放大倍数 A_u

由图 2-22 可得

$$u_o = i_e (R_E // R_L) = (1+\beta) i_b R_L'$$

$$u_i = i_b r_{be} + u_o = i_b r_{be} + (1+\beta) i_b R_L'$$

因而

$$A_u = \frac{u_o}{u_i} = \frac{(1+\beta) R_L'}{r_{be} + (1+\beta) R_L'} \tag{2-25}$$

式中

$$R_L' = R_E // R_L$$

式(2-25)表明，A_u 恒小于 1，但因一般情况下有 $(1+\beta)R_L' \gg r_{be}$，因而又接近于 1，且输出电压与输入电压同相。换句话说，输出电压几乎跟随输入电压变化。因此，共集放大器又称为射极跟随器。

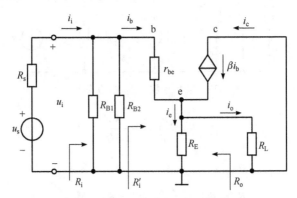

图 2-22　共集放大器的交流等效电路

2. 电流放大倍数 A_i

在图 2-22 中，流过 R_L 的输出电流 i_o 为

$$i_o = i_e \frac{R_E}{R_E + R_L} = (1+\beta)i_b \frac{R_E}{R_E + R_L}$$

当忽略 R_{B1}、R_{B2} 的分流作用时，有 $i_b = i_i$，则可得

$$A_i = \frac{i_o}{i_i} = \frac{i_o}{i_b} = (1+\beta)\frac{R_E}{R_E + R_L} \tag{2-26}$$

3. 输入电阻 R_i

由图 2-22 可知，从基极看进去的电阻 R_i' 为

$$R_i' = r_{be} + (1+\beta)R_L'$$

所以

$$R_i = R_{B1}//R_{B2}//R_i' \tag{2-27}$$

与共射电路相比，由于 R_i' 显著增大，因而共集电路的输入电阻大大提高了。

4. 输出电阻 R_o

在图 2-22 中，当输出端外加电压 u_o 而将 u_s 短路并保留内阻 R_s 时，可得图 2-23 所示电路。

由图 2-23 可知

$$i_o' = -i_e = -(1+\beta)i_b$$
$$R_s' = R_s//R_{B1}//R_{B2}$$
$$u_o = -i_b(r_{be} + R_s')$$

则由 e 极看进去的电阻 R_o' 为

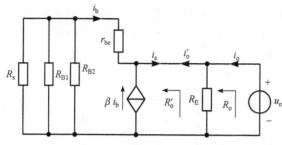

图 2-23　求共集放大器 R_o 的等效电路

$$R_o' = \frac{u_o}{i_o'} = \frac{r_{be} + R_s'}{1 + \beta}$$

所以，输出电阻为

$$R_o = \frac{u_o}{i_b}\bigg|_{u_s=0} = R_E /\!/ R_o' = R_E /\!/ \frac{r_{be} + R_s'}{1 + \beta} \tag{2-28}$$

2.4.3　共射放大电路与共集放大电路的比较

根据前面的分析，将共射放大电路与共集放大电路进行比较，两者的主要特点可归纳如下。

(1) 共射放大电路既能放大电压又能放大电流，输出电压与输入电压反相；输入电阻小，输出电阻大，频带较窄。适用于低频，常作为多级放大电路的中间级。

(2) 共集放大电路只能放大电流不能放大电压，具有电压跟随的特点；输入电阻大，输出电阻小，高频特性好。常作为多级放大电路的输入级、输出级或者起隔离作用的缓冲级。

2.5　多级放大电路

2.5.1　级间耦合方式

由一个三极管组成的基本放大电路，其电压放大倍数一般只能达到几十倍，往往不能满足实际应用的要求。为了获得足够的放大倍数或考虑输入电阻、输出电阻的特殊要求，实用放大电路通常由几级基本放大电路级联而成，这样就构成了多级放大电路。

多级放大电路各级间的连接方式称为放大器级间耦合方式。

常见的耦合方式有三种，即阻容耦合、变压耦合和直接耦合。不管采用何种耦合方式，都必须保证：前级的输出信号能顺利传递到后一级的输入端；各级放大电路都有合适的静态工作点。

1. 阻容耦合

阻容耦合是通过电容将后级电路与前级相连接，其框图如图 2-24 所示。由于电容隔直流、通交流，所以每一级的直流工作点相互独立，这样就给电路设计、调试和分析带来了很大方便。而且，只要耦合电容选得足够大，频率较低的信号也能由前级几乎不衰减地传输到后级，实现逐级放大。

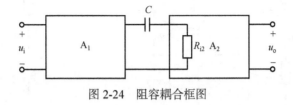

图 2-24　阻容耦合框图

2. 变压耦合

变压耦合是利用变压器做耦合元件，其连接方式如图 2-25 所示。

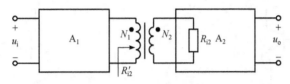

图 2-25　变压耦合框图

变压器耦合具有各级直流工作点相互独立和原、副边交流可不共地的优点，而且有阻抗变换作用。缺点是低频应用时变压器比较笨重，不利于小型化，更无法实现集成化。

3. 直接耦合

直接耦合是把前级的输出端直接或通过恒压器件接到下级的输入端。直接耦合方式的优点是：既能放大交流信号，也能放大缓慢变化的单极性信号，更重要的是，直接耦合方式便于集成化。实际的集成运算放大器内部，一般都采用直接耦合方式连接前后级放大电路。但是直接耦合使前后级之间的直流相互连通，造成各级直流工作点不能独立而互相影响。因此，必须考虑各级间直流电平的配置问题，以使每一级电路都有合适的工作点。图 2-26 示出了几种电平配置的具体做法。

图 2-26(a)的电路分别采用 R_{E2} 和二极管来垫高后级发射极的电位，从而抬高了前级集电极的电位。图 2-26(b)的电路是采用稳压管实现电平移动，使后级电位比前级低一个稳定电压值 U_Z。图 2-26(c)的电路采用了电阻和恒流源串接实现电平移位。图 2-26(d)的电路是采用 NPN 管和 PNP 管交替连接的方式。由于 PNP 管的集电极电位比基极电位低，因此，在多级耦合时，不会造成集电极电位逐级升高。所以，这种连接方式无论在分立元件还是集成的直接耦合电路中都被广泛采用。

直接耦合的另一个突出问题是零点漂移。即在没有输入信号时，输出存在无规律变化。引起零点漂移的原因很多，如三极管的参数随温度变化、电源电压的波动、电路元件参数的变化等，其中温度的影响是最严重的，因而零点漂移也称为温度漂移。在多级放大电路的各级漂移中，又以第一级的漂移影响最大，因为第一级的漂移会被逐级放大到输出端，所以，抑制漂移要着重于第一级。

采用差分放大电路作为输入级是一项措施，其他措施还有：①引入直流负反馈以稳定静态工作点，减小零点漂移；②利用温敏元件补偿放大管的零点漂移。

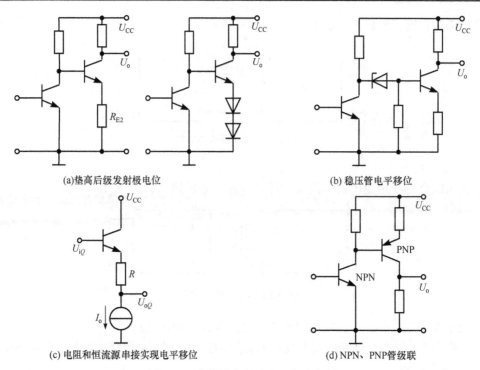

(a)垫高后级发射极电位　　　　　　　　　　(b) 稳压管电平移位

(c) 电阻和恒流源串接实现电平移位　　　　(d) NPN、PNP管级联

图 2-26　直接耦合电平配置方式实例

2.5.2　电路分析

分析级联放大器的性能指标，一般采用的方法是：通过计算每一级的指标来分析多级指标。在级联放大器中，由于后级电路相当于前级的负载，而该负载正是后级放大器的输入电阻，所以在计算前级输出时，只要将后级的输入电阻作为其负载，则该级的输出信号就是后级的输入信号。因此，一个 n 级放大器的总电压放大倍数 A_u 可表示为

$$A_\mathrm{u} = \frac{u_\mathrm{o}}{u_\mathrm{i}} = \frac{u_\mathrm{o1}}{u_\mathrm{i}} \cdot \frac{u_\mathrm{o2}}{u_\mathrm{o1}} \cdots \frac{u_\mathrm{o}}{u_{\mathrm{o}(n-1)}} = A_\mathrm{u1} \cdot A_\mathrm{u2} \cdots A_{\mathrm{u}n} \tag{2-29}$$

可见， A_u 为各级电压放大倍数的乘积。

级联放大器的输入电阻就是第一级的输入电阻 R_i1 。不过在计算 R_i1 时应将后级的输入电阻 R_i2 作为其负载，即

$$R_\mathrm{i} = R_\mathrm{i1} \big|_{R_\mathrm{L1}=R_\mathrm{i2}} \tag{2-30}$$

级联放大器的输出电阻就是最末级的输出电阻 $R_{\mathrm{o}n}$ 。不过在计算 $R_{\mathrm{o}n}$ 时应将前级的输出电阻 $R_{\mathrm{o}(n-1)}$ 作为其信号源内阻，即

$$R_\mathrm{o} = R_{\mathrm{o}n} \big|_{R_{\mathrm{s}n}=R_{\mathrm{o}(n-1)}} \tag{2-31}$$

【例 2.6】　图 2-27(a)给出了一个分别由 NPN 和 PNP 管构成的两极直接耦合的共射放大器，其交流通路如图 2-27(b)所示，试计算该电路的交流指标。

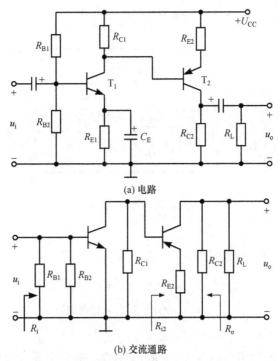

(a) 电路

(b) 交流通路

图 2-27　两级共射放大器

解　(1) 电压放大倍数 A_u：

$$A_u = \frac{u_o}{u_i} = A_{u1} \cdot A_{u2}$$

式中

$$A_{u1} = \frac{u_{o1}}{u_i} = -\frac{\beta_1 \left(R_{C1} // R_{i2} \right)}{r_{be1}} = -\frac{\beta_1 \left(R_{C1} // \left(r_{be2} + (1+\beta_2) R_{E2} \right) \right)}{r_{be1}}$$

$$A_{u2} = \frac{u_o}{u_{i2}} = -\frac{\beta_2 \left(R_{C2} // R_L \right)}{r_{be2} + (1+\beta_2) R_{E2}}$$

(2) 输入电阻 R_i：

$$R_i = R_{i1} \Big|_{R_{L1} = R_{i2}} = R_{B1} // R_{B2} // r_{be1}$$

(3) 输出电阻 R_o：

$$R_o = R_{o2} \Big|_{R_{s2} = R_{C1}} = R_{C2}$$

【例 2.7】　放大电路如图 2-28 所示。已知三极管 $\beta = 100$，$r_{be1} = 3\text{k}\Omega$，$r_{be2} = 2\text{k}\Omega$，$r_{be3} = 1.5\text{k}\Omega$，试求放大器的输入电阻、输出电阻及源电压放大倍数。

解　该电路为共集、共射和共集三级直接耦合放大器。为了保证输入和输出端的直流电位为零，电路采用了正、负电源，并且用稳压管 D_Z 和二极管 D_1 分别垫高 T_2、T_3 管的射极电位。因稳压管 D_Z 和二极管 D_1 的动态电阻很小，在交流分析时均视为短路。

套用前面分析得到的一些公式，可得以下结果。

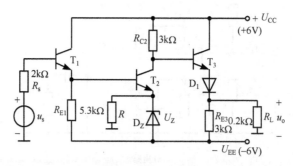

图 2-28　例 2.7 电路

(1) 输入电阻 R_i 。

因第 2 级放大器的输入电阻为 $R_{i2} = r_{be2} = 2\mathrm{k}\Omega$ ，故放大器输入电阻为

$$R_i = R_{i1}\big|_{R_{L1}=R_{i2}} = r_{be1} + (1+\beta)(R_{E1}//R_{i2})$$
$$= 3 + (1+100)(5.3//2) \approx 150(\mathrm{k}\Omega)$$

(2) 输出电阻 R_o 。

因第 2 级放大器的输出电阻为 $R_{o2} = R_{C2} = 3\mathrm{k}\Omega$ ，故放大器输出电阻为

$$R_o = R_{o3}\big|_{R_{s3}=R_{o2}} = R_{E3}//\frac{R_{C2}+r_{be3}}{1+\beta} = 3//\frac{3+1.5}{1+100} \approx 45(\Omega)$$

(3) 源电压放大倍数 A_{us} 。

第 1 级放大器的放大倍数为

$$A_{u1} = \frac{u_{o1}}{u_i} = \frac{(1+\beta)(R_{E1}//R_{i2})}{r_{be1}+(1+\beta)(R_{E1}//R_{i2})} = \frac{101\times(5.3//2)}{3+101\times(5.3//2)} \approx 0.98$$

因第 3 级放大器的输入电阻为

$$R_{i3} = r_{be3} + (1+\beta)(R_{E3}//R_L) = 1.5 + 101\times(3//0.2) \approx 20(\mathrm{k}\Omega)$$

故第 2 级放大器的放大倍数为

$$A_{u2} = \frac{u_{o2}}{u_{i2}} = -\frac{\beta(R_{C21}//R_{i3})}{r_{be2}} = -\frac{100\times(3//20)}{2} \approx -130$$

第 3 级放大器的放大倍数为

$$A_{u3} = \frac{u_o}{u_{i3}} = -\frac{(1+\beta)(R_{E3}//R_L)}{r_{be3}+(1+\beta)(R_{E3}//R_L)} = -\frac{101\times(3//0.2)}{1.5+101\times(3//0.2)} \approx 0.95$$

放大器的源电压放大倍数为

$$A_{us} = \frac{u_o}{u_s} = \frac{R_i}{R_s+R_i}\cdot A_{u1}\cdot A_{u2}\cdot A_{u3} = \frac{150}{2+150}\times 0.98\times(-130)\times 0.95 \approx -120$$

2.6　差动放大电路

除了交流信号外，在工业控制中还常遇到另外一些信号，例如，用传感器测量温度，由于温度信号变化很慢，因此传感器的输出端是一个变化缓慢的小信号，这种缓慢变化的信号输入放大器时，不能用阻容耦合，而只能用直接耦合这种形式连接。直接耦合最大的问题就是零点漂移。

当放大电路输入信号后，这种漂移就伴随着信号共同存在于放大电路中，两者都在缓慢地变化着，一真一假，互相纠缠在一起，难以分辨。由于漂移量能够大到和信号相比，放大电路就难以发挥作用，因此必须查明漂移产生的原因，并采取相应的抑制措施。其中最有效的措施就是采用差动放大电路。

2.6.1　基本差动放大电路的组成

1. 电路组成

基本差动放大电路如图 2-29 所示。它由两个共射放大电路组成，两个三极管的发射极连在一起并经公共电阻 R_E 接负电源 $-U_{EE}$，所以也称为射极耦合差动放大器。

差动放大电路具有两个输入端，其基本特点如下：

(1) 电路结构对称，电路中的两个三极管 T_1 和 T_2 的特性参数相同，对称位置上的电阻元件参数也相同。

(2) 电路采用正、负两个电源供电。T_1、T_2 的发射极经同一电阻 R_E 接至负电源 $-U_{EE}$，即电路是由两个完全对称的共射电路组合而成的。

由于其结构上的对称性，它们的静态工作点也必然相同。

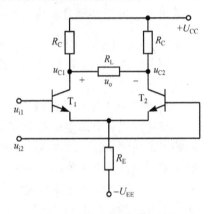

图 2-29　基本差动放大电路

2. 信号输入

当有信号输入时，对称差动放大电路的工作情况可按下列几种输入方式来分析。

1) 差模信号输入

若两个三极管的基极信号电压 u_{i1}、u_{i2} 大小相等且相位相反，即 $u_{i1} = -u_{i2}$，则这两个信号合称为差模信号，此时，电路输入为

$$u_{id} = u_{i1} - u_{i2}$$

u_{id} 称为差动输入信号。当差动放大电路工作在差动输入时，T_1 管和 T_2 管的集电极电位一增一减，呈现等值相异变化，若取两个管子集电极电位差为输出，则在差模信号作用下，差动放大电路两管集电极之间的输出电压为两管各自输出电压的两倍。

2) 共模信号输入

由于温度变化、电源电压波动等引起的零点漂移折合到放大电路输入端的漂移电压，相当于在差模放大电路的两个输入端同时加上了大小和极性完全相同的输入信号，即 $u_{i1}=u_{i2}$，这种大小和极性完全相同的信号称为共模信号。外界电磁干扰对放大电路的影响也相当于输入端加入了共模信号。

在共模信号作用下，对于完全对称的差动放大电路来说，两管集电极电位的变化呈等值同向变化，若取两管集电极电位差为输出，则输出电压为零，因而，差动放大电路对共模信号没有放大能力，即对共模信号放大倍数为零。

3) 比较输入

两个输入信号既非共模，也非差模，它们的大小和相对极性是任意的，这种输入常作为比较放大来运用，在控制测量系统中是常见的。

为了便于分析，可将比较信号分解为差模分量和共模分量。令 $u_d=\dfrac{u_{i1}-u_{i2}}{2}$，$u_c=\dfrac{1}{2}(u_{i1}+u_{i2})$，则有 $u_{i1}=u_c+u_d$，$u_{i2}=u_c-u_d$。因此，任意两个信号均可以分解成差模信号 u_d 和共模信号 u_c 的线性组合。

例如，两个输入信号为 $u_{i1}=-6\text{mV}$、$u_{i2}=2\text{mV}$，若将信号分解成差模信号和共模信号的组合，可得共模分量为 $u_c=\dfrac{-6+2}{2}=-2(\text{mV})$，差模分量为 $u_d=\dfrac{-6-2}{2}=-4(\text{mV})$，于是 $u_{i1}=u_c+u_d=(-2-4)\text{mV}$、$u_{i2}=u_c-u_d=(-2+4)\text{mV}$。

综上所述，无论差动放大电路的输入信号是何种类型，都可以认为是在差模信号和共模信号驱动下工作。

3. 抑制零点漂移的原理

温度变化和电源电压波动都将使集电极电流产生变化，且变化趋势是相同的，其效果相当于在两个输入端加入了共模信号。电路完全对称时，对共模信号没有放大作用。但在实际中，完全对称的理想情况并不存在，所以不能单靠对称性来抑制零点漂移。另外，差动电路的每个管子的集电极电位漂移并未受到抑制，如果采用单端输出(输出电压从一个管子的集电极与"地"之间取出)，漂移根本无法抑制，为此，在发射极增加了发射极电阻 R_E。

R_E 的主要作用是限制每个管子的漂移范围，进一步减小零点漂移，稳定电路的静态工作点，这一过程类似于分压式射极偏置电路的稳定过程。所以，即使电路处于单端输出方式，仍有较强的抑制零点漂移的能力。

2.6.2 基本差动放大电路的分析

1. 静态分析

首先来分析图 2-29 所示电路的静态工作点。为了使差动放大器输入端的直流电位为零，通常都采用正、负两路电源供电。由于 T_1、T_2 管参数相同，电路结构对称，所以两管工作点必然相同。由图可知，当 $u_{i1}=u_{i2}=0$ 时，有

$$U_E = -U_{BE} \approx -0.7\text{V}$$

则流过 R_E 的电流 I 为

$$I = \frac{U_E - (-U_{EE})}{R_E} = \frac{U_{EE} - 0.7}{R_E} \tag{2-32}$$

故有

$$
\begin{aligned}
&I_{C1Q} = I_{C2Q} \approx I_{E1Q} = I_{E2Q} = \frac{1}{2}I \\
&U_{CE1Q} = U_{CE2Q} \approx U_{CC} + 0.7 - I_{C1Q}R_C \\
&U_{C1Q} = U_{C2Q} = U_{CC} - I_{C1Q}R_C
\end{aligned}
\tag{2-33}
$$

可见，静态时，差动放大器两输出端之间的直流电压为零。

2. 动态分析

1) 差模放大特性

如果在图 2-29 所示差动电路的两个输入端加上一对大小相等、相位相反的差模信号，即 $u_{i1} = u_{id1}$，$u_{i2} = u_{id2}$，而 $u_{id1} = -u_{id2}$。由图可知，这时一个管子的发射极电流增大，另一个管子的发射极电流减小，且增大量和减小量相等。因此流过 R_E 的信号电流始终为零，公共射极端电位将保持不变。所以对差模输入信号而言，公共射极端可视为差模接地，即 R_E 相当于对地短路。

通过上述分析，可得出图 2-29 电路的差模等效通路如图 2-30 所示。图中还画出了输入为差模正弦信号时，输出端波形的相位关系。利用图 2-30 的等效通路，可计算差动放大器的各项差模性能指标。

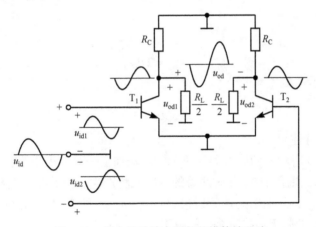

图 2-30　基本差动放大器的差模等效通路

(1) 差模电压放大倍数。

差模电压放大倍数定义为输出电压与输入差模电压之比。在双端输出时，输出电压为

$$u_{od} = u_{od1} - u_{od2} = 2u_{od1} = -2u_{od2}$$

输入差模电压为

$$u_{id} = u_{id1} - u_{id2} = 2u_{id1} = -2u_{id2}$$

所以

$$A_{ud} = \frac{u_{od}}{u_{id}} = \frac{u_{od1}}{u_{id1}} = \frac{u_{od2}}{u_{id2}} = -\frac{\beta R_L'}{r_{be}} \tag{2-34}$$

式中，$R_L' = R_C // \frac{1}{2} R_L$。可见，双端输出时的差模电压放大倍数等于单个共射放大器的电压放大倍数。

单端输出时，则有

$$A_{ud(单)} = \frac{u_{od1}}{u_{id}} = \frac{u_{od1}}{2u_{id1}} = \frac{1}{2} A_{ud} \tag{2-35}$$

或

$$A_{ud(单)} = \frac{u_{od2}}{u_{id}} = \frac{-u_{od1}}{2u_{id1}} = -\frac{1}{2} A_{ud} \tag{2-36}$$

可见，这时的差模电压放大倍数为双端输出时的一半，且两输出端信号的相位相反。需要指出，若单端输出时的负载 R_L 接在一个输出端到地之间，则计算 A_{ud} 时，总负载应改为 $R_L' = R_C // R_L$。

(2) 差模输入电阻。

差模输入电阻定义为差模输入电压与差模输入电流之比。由图 2-30 可得

$$R_{id} = \frac{u_{id}}{i_{id}} = \frac{2u_{id1}}{i_{id}} = 2r_{be} \tag{2-37}$$

(3) 差模输出电阻。

双端输出时为

$$R_{od} = 2R_C \tag{2-38}$$

单端输出时为

$$R_{od(单)} = R_C \tag{2-39}$$

2) 共模抑制特性

如果在图 2-30 所示差动放大器的两个输入端加上一对大小相等、相位相同的共模信号，即 $u_{i1} = u_{i2} = u_{ic}$，由图可知，此时两管的发射极将产生相同的变化电流 Δi_E，使流过 R_E 的变化电流为 $2\Delta i_E$，从而引起两管射极电位有 $2R_E \Delta i_E$ 的变化。因此，从电压等效的观点看，相当于每管的射极各接有 $2R_E$ 的电阻。

通过上述分析，可得图 2-30 电路的共模等效通路如图 2-31 所示。现在利用该电路来分析它的共模指标。

(1) 共模电压放大倍数。

双端输出时的共模电压放大倍数定义为

$$A_{uc} = \frac{u_{oc}}{u_{ic}} = \frac{u_{oc1} - u_{ic2}}{u_{ic}}$$

当电路完全对称时，$u_{oc1} = u_{oc2}$，所以双端输出的共模电压放大倍数为零，即 $A_{uc} = 0$。

单端输出时的共模电压放大倍数定义为

$$A_{uc(单)} = \frac{u_{oc1}}{u_{ic}} \quad 或 \quad A_{uc(单)} = \frac{u_{oc2}}{u_{ic}}$$

由图 2-31 可得

$$A_{uc(单)} = \frac{u_{oc1}}{u_{ic}} = \frac{u_{oc2}}{u_{ic}} = -\frac{\beta R_C}{r_{be} + (1+\beta)2R_E} \quad (2\text{-}40)$$

通常满足 $(1+\beta)2R_E \gg r_{be}$，所以式(2-40)可简化为

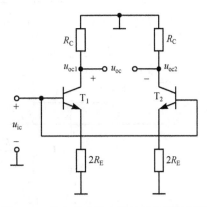

图 2-31 基本差动放大器的共模等效通路

$$A_{uc(单)} \approx -\frac{R_C}{2R_E} \quad (2\text{-}41)$$

可见，由于射极电阻 $2R_E$ 的自动调节(负反馈)作用，单端输出的共模电压放大倍数大为减小。实际电路均存在 $R_E > R_C$ 的情况，故 $|A_{uc}(单)| < 0.5$，即差动放大电路对共模信号不是放大而是抑制。共模负反馈电阻 R_E 越大，抑制作用越强。

(2) 共模输入电阻。

由图 2-31 不难看出，共模输入电阻为

$$R_{ic} = \frac{u_{ic}}{i_{ic}} = \frac{u_{ic}}{2i_{ic1}} = \frac{1}{2}[r_{be} + (1+\beta)2R_E] \quad (2\text{-}42)$$

(3) 共模输出电阻。

单端输出时为

$$R_{oc(单)} = R_C \quad (2\text{-}43)$$

2.6.3 具有恒流源的差动放大电路

为了衡量差动放大电路对差模信号的放大和对共模信号的抑制能力，人们引入了参数共模抑制比 K_{CMR}。它定义为差模放大倍数与共模放大倍数之比的绝对值，即

$$K_{CMR} = \left| \frac{A_{ud}}{A_{uc}} \right| \quad (2\text{-}44)$$

图 2-29 所示的基本差动放大电路存在两个缺点：一是共模抑制比不高；二是不允许输入端有较大的共模电压变化。用恒流源代替图 2-29 电路中的 R_E，可以有效地克服上述缺点。

一种具有恒流源的差动放大电路如图 2-32(a)所示。图中，恒流源为单管电流源。这是分立元件电路常用的形式。而集成电路中，多采用镜像电流源、小电流电流源等。

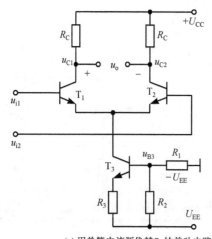 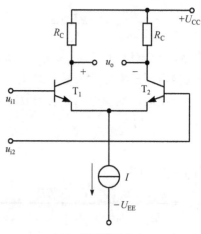

(a) 用单管电流源代替R_E的差动电路   (b) 电路的简化表示

图 2-32 具有恒流源的差动放大器电路

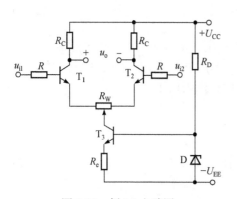

图 2-33 例 2.8 电路图

【**例 2.8**】 已知图 2-33 所示电路中 $+U_{CC}=12V$，$-U_{EE}=-12V$，三个三极管的电流放大倍数 β 均为 50，$R_e=33k\Omega$，$R_C=100k\Omega$，$R=10k\Omega$，$R_W=200\Omega$，$R_D=3k\Omega$，稳压管的 $U_Z=6V$。试估算：(1)该放大电路的静态工作点 Q；(2)差模电压放大倍数；(3)差模输入电阻和差模输出电阻。

解 （1）静态工作点的计算结果为

$$I_{CQ3} \approx I_{EQ3} = \frac{U_Z - U_{BE3}}{R_e} = \frac{6-0.7}{33} \approx 0.16(mA)$$

$$I_{CQ1} = I_{CQ2} = I_{CQ3}/2 \approx 0.08mA$$

$$U_{CQ1} = U_{CQ2} = U_{CC} - I_{CQ}R_C = 12 - 0.08 \times 100 = 4(V)$$

$$I_{BQ1} = I_{BQ2} \approx I_{CQ1}/\beta = 0.08/50 = 1.6 \times 10^{-3}(mA)$$

$$U_{BQ1} = U_{BQ2} = -I_{BQ1}R = -1.6 \times 10^{-3} \times 10 = -16(mV)$$

（2）当差模信号输入时，R_W 上的中点交流电位为零，其交流通路如图 2-34 所示。因为

$$r_{be} = 200 + (1+\beta)\frac{26}{I_{EQ}} = 200 + 51 \times \frac{26}{0.08} \approx 16.8(k\Omega)$$

可知差模电压放大倍数为

$$A_u = \frac{\beta R_C}{R + r_{be} + (1+\beta)R_W/2}$$

$$= -\frac{50 \times 100}{10 + 16.8 + 51 \times 0.1} \approx -157$$

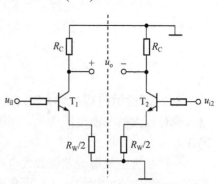

图 2-34 例 2.8 电路的交流通道

(3) 由单边电路的交流分析可得差模输入电阻为

$$r_{i1} = 2[R + r_{be} + (1+\beta)\frac{R_W}{2}] = 2 \times [10 + 16.8 + 51 \times 0.1] = 63.8(\text{k}\Omega)$$

差模输出电阻为

$$r_{o1} = 2R_C = 2 \times 100 = 200(\text{k}\Omega)$$

2.7　功率放大电路

多级放大电路的末级或末前级一般都是功率放大级，以对前级电压放大电路送来的低频信号进行功率放大，推动负载工作。功率放大电路用于驱动扬声器、电机、计算机显示器等，应用十分广泛。

对功率放大器的要求是：在效率高、非线性失真小、安全工作的前提下，为负载提供足够大的功率。

2.7.1　电路的特点及工作状态分类

1. 电路的特点

功率放大器具有以下一些特点。

(1) 为负载提供足够大的功率。

(2) 大信号工作。因为功率等于电压和电流乘积的积分平均，要求功率大，必然要使电压和电流摆幅大，而输出电压受电源电压限制，所以功率放大器的电流都比较大，一般达到安量级。

(3) 分析方法以图解法为主。因为是在大信号背景下工作，小信号等效电路模型已不适合，所以功率放大电路的分析以图解法为主。

(4) 非线性失真矛盾突出。因为是在大信号背景下工作，非线性失真较严重。如何既能减小非线性失真，又能得到大的交流功率，是重要的研究内容。

(5) 提高效率成为重要的关注点。从能量转换的观点看，功率放大器提供给负载的功率都是由直流电源的能量转换而来的。功率大，能量转换效率问题就变得十分重要，否则就会造成极大的能源浪费，甚至还会给功率管带来不安全问题。

例如，负载功率为 5W，若能量转换效率为 50%，则要求电源供给 10W 的功率，其中一半的功率被浪费，且会消耗在功率管的集电结上，转变成热能，使功率管管芯温度升高，从而带来不安全问题。所以，在功率放大器中，如何提高效率是研究的热点之一。

(6) 功率器件的安全问题必须考虑。为保证功率管安全运行，必须对功耗、最大电流和所能承受的反向电压加以限制，要有良好的散热条件和适当的保护措施。

2. 工作状态分类

根据直流工作点的位置不同，放大器的工作状态可分为甲类、乙类、丙类等，如图 2-35 所示。图 2-35(a)中，工作点 Q 较高(I_{CQ} 大)，信号在 360° 内变化，功率管均导通，称为甲类工作状态。图 2-35(b)中，工作点 Q 选在截止点，功率管只有半周导通，另外半周截止，称为乙类工作状态。而图 2-35(c)中，工作点 Q 选在截止点下面，信号导通角小于 180°，称为丙类工作状态。

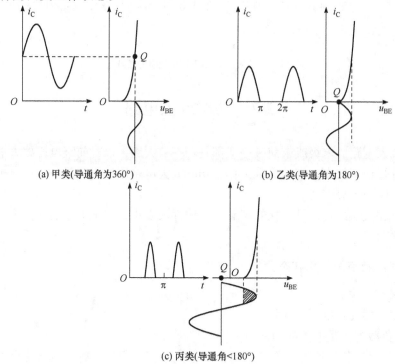

(a) 甲类(导通角为360°)　　　　　　　　　(b) 乙类(导通角为180°)

(c) 丙类(导通角<180°)

图 2-35　放大器的工作状态分类

分析表明，甲类方式虽非线性失真小，但效率低，且在没有信号时，电源仍在提供功率，而这些功率都成为无用的管耗，实际中该类方式很少采用。乙类方式虽然存在大的非线性失真，但静态功耗小、效率高，在电路结构上采取一定措施后可基本解决非线性失真问题。所以，改进的乙类方式(实际为甲乙类方式)放大器在实际中得到了广泛应用。

2.7.2　乙类双电源基本互补对称电路

1. 电路组成

工作在乙类方式的放大电路，虽然管耗小、效率高，但存在严重的失真，使输入信号的半个波形被削掉了。如果用两个管子，使之都工作在乙类放大状态，且一个工作在正半周，另一个工作在负半周，并使这两个输出波形都能加到负载上，从而在负载上得到一个完整的波形，这样就能解决效率与失真的矛盾。

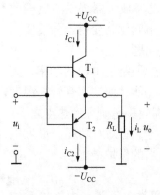

图 2-36　互补对称电路

实现上述设想的具体电路如图 2-36 所示，由一对 NPN、PNP 三极管组成，采用正、负双电源供电。该电路可实现静态时两管不导通，而有信号时 T_1 和 T_2 轮流导通，组成推挽式电路。由于两管具有互补作用，工作特性对称，所以这种电路通常称为互补对称电路。

2. 电路分析

图 2-37(a)表示图 2-36 电路在 u_i 为正半周时 T_1 的工作情况。图中假定只要 $u_{BE}>0$，T_1 就导通，则在正弦信号的一个周期内 T_1 的导通时间为半个周期。图 2-36 中 T_2 管的情况与 T_1 管类似，但在信号的另一半周期内导通。为了便于分析，将 T_2 的特性曲线倒置在 T_1 的右下方，并令二者在 Q 点即 $u_{CE}=U_{CC}$ 处重合，形成 T_1 和 T_2 的合成曲线，如图 2-37(b) 所示。这时负载线通过 U_{CC} 点形成一条斜线，其斜率为 $-1/R_L$。显然，允许的 i_C 的最大变化范围为 $2i_{C1max}=2i_{c1max}$，u_o 的最大变化范围为 $2(U_{CC}-U_{CES})=2u_{omax}=2i_{c1max}R_L$。如果忽略管子的饱和压降 U_{CES}，则 $u_{CE1max}=u_{ce1max}=u_{omax}=i_{c1max}R_L \approx U_{CC}$。

不难求出上述乙类互补对称电路的输出功率、管耗、直流电源供给的功率和效率。具体分析过程从略，具体结果如下。

最大不失真输出功率为

$$P_{omax} \approx \frac{U_{CC}^2}{2R_L}$$

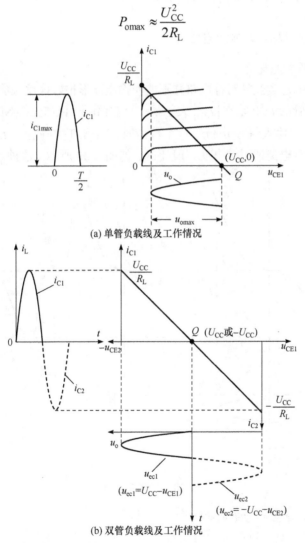

(a) 单管负载线及工作情况

(b) 双管负载线及工作情况

图 2-37　互补对称乙类功放负载线及工作情况

两管合计管耗为

$$P_T = \frac{2}{R_L}\left(\frac{U_{CC}U_{om}}{\pi} - \frac{U_{om}^2}{4}\right)$$

电源供给的功率为

$$P_{Vm} = \frac{2}{\pi} \cdot \frac{U_{CC}^2}{R_L}$$

效率为

$$\eta = \frac{P_o}{P_V} = \frac{\pi}{4} \cdot \frac{U_{om}}{U_{CC}}$$

当 $U_{om} \approx U_{CC}$ 时，效率最大，数值为 $\eta = \frac{\pi}{4} \approx 78.5\%$。

2.7.3 甲乙类互补对称功率放大电路

1. 乙类方式的交越失真

图 2-36 所示的乙类互补对称电路并不能使输出波形很好地反映输入的变化。由于没有直流偏置，功率管的 i_B 必须在 $|u_{BE}|$ 大于某一个数值(即门槛电压，NPN 硅管约为 0.6 V)时才有显著变化。当输入信号 u_i 低于这个数值时，T_1 和 T_2 都截止，i_{C1} 和 i_{C2} 基本为零，负载 R_L 上几乎没有电流通过，出现一段死区，如图 2-38 所示。这种现象称为交越失真。

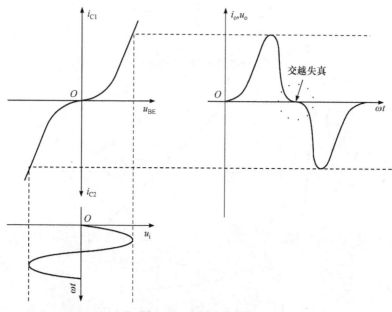

图 2-38 交越失真情况

2. 甲乙类双电源互补对称电路

为了克服交越失真，可以分别给两管发射结加一个正向偏压，其值等于或稍大于导通电压。因而只要有信号输入，T_1、T_2 就轮流导通，从而消除交越失真。在集成运放中，常用的偏置方式如图 2-39 所示。图 2-39 所示电路的信号导通角大于 180°，所以称电路工作在甲乙类状态。

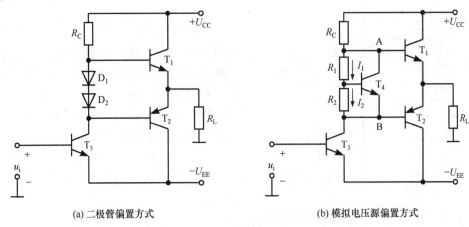

(a) 二极管偏置方式　　　　　　　　(b) 模拟电压源偏置方式

图 2-39　克服交越失真的互补电路

图 2-39(a) 的电路利用二极管 D_1、D_2 的正向压降为 T_1、T_2 管提供正向偏压，图 2-39(b) 的电路利用 T_4、R_1 和 R_2 组成的模拟电压源产生正向偏压。由图 2-39(b) 不难看出：

$$U_{AB} = U_{CE4} = I_1 R_1 + U_{BE4}$$

当忽略 I_{B4} 时，$I_2 = I_1$，而 $U_{BE4} = I_2 R_2$，所以有

$$U_{AB} \approx U_{BE4}\left(1 + \frac{R_1}{R_2}\right)$$

可见，U_{AB} 是 U_{BE4} 的某一倍数，所以该电路也称为 U_{BE} 的倍增电路。调整 R_1、R_2 的比值，可以得到所需的偏压值。由于 R_1 从集电极反接到基极，具有负反馈作用，因此 A、B 间的动态电阻很小，近似为一个恒压源。

互补对称功率放大电路的另一种具体结构如图 2-40 所示，图中的二极管用于克服交越失真，I_{CO} 为前置级放大器有源集电极负载电流源。当负载电流 $I_L \gg I_{CO}$ 时，输出管 T_1、T_2 轮流导通以给负载提供电流。由于输出信号直接加在负载上，无须经过电容耦合，因此这种电路也称为 OCL(Output Capacitor Less) 互补对称功率放大电路。

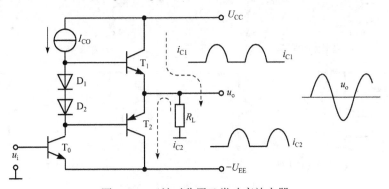

图 2-40　互补对称甲乙类功率放大器

3. 甲乙类单电源互补对称电路

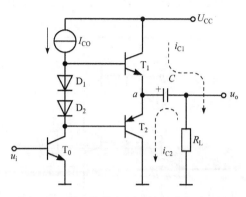

图 2-41　甲乙类单电源互补对称功放电路

甲乙类单电源互补对称功率放大电路如图 2-41 所示。由图可见，静态时，a 点电位 $U_a = \frac{1}{2}U_{CC}$，那么电容 C 的直流电位也为 $U_{CC}/2$，当 T_1 导通、T_2 截止时，T_1 给负载 R_L 提供电流；而当 T_1 截止、T_2 导通时，电容 C 充当 T_2 的电源，只要 C 足够大，在信号变化一周内，电容电压可以基本保持为 $U_{CC}/2$。这种电路输出信号无须通过变压器的耦合而加在负载上，所以也称为 OTL(Output Transformer Less)互补对称功率放大电路。

分析可知，该电路的最大输出功率 P_{Lm} 为

$$P_{Lm} = \frac{1}{2}\frac{U_{om}^2}{R_L} = \frac{1}{2}\frac{(\frac{U_{CC}}{2})^2}{R_L} = \frac{1}{8}\frac{U_{CC}^2}{R_L}$$

4. 复合管互补甲乙类功率放大器

在功率放大器中，输出功率大，输出电流也大。若要求输出功率 $P_{Lm} = 10W$，负载电阻为 10Ω，那么功率管的电流峰值 $I_{Cm} = 1.414A$。若功率管的 $\beta = 30$，则要求基极驱动电流 $I_{Bm} = 41.1mA$。前级三极管放大器或运算放大器，若输不出这样大的电流来驱动后级功率管，则需要引入复合管。复合管又称达林顿电路。复合管的总 β 值为

$$\beta_{总} \approx \beta_1 \cdot \beta_2$$

等效 β 值的增大，意味着前级供给的电流可以减少。复合管连接方式有四种，如图 2-42 所示。

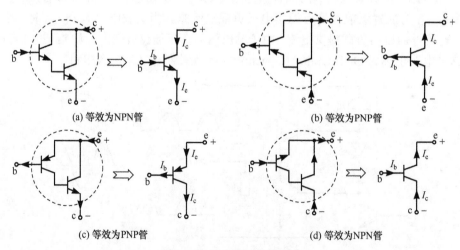

(a) 等效为NPN管　　　(b) 等效为PNP管

(c) 等效为PNP管　　　(d) 等效为NPN管

图 2-42　复合管的连接方式

互补甲乙类功率放大器要求输出管 T_1(NPN)和 T_2(PNP)性能对称匹配。所以,用复合管构成 T_1 和 T_2 管时,希望输出管都用 NPN 管,因为 NPN 管的性能一般比 PNP 管好。用复合管组成的互补甲乙类功放电路如图 2-43 所示,其中 NPN 管采用图 2-42(a)的电路,PNP 管采用图 2-42(c)的电路。图中 R_1 和 R_2 是为了分流反向饱和电流而加的电阻,目的是提高功放的温度稳定性。

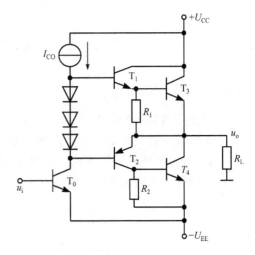

图 2-43　复合管互补甲乙类功放电路

2.7.4　集成功率放大器

集成化是功率放大器的必然发展趋势,集成功率放大器的型号很多,在此仅举一例加以说明。

图 2-44(a)为集成音频功率放大器 SHM1150Ⅱ型的内部简化电路图。这是一个由双极型三极管和 CMOS 管组成的功率放大器,允许电源电压为 ±12～±50V,电路最大输出功率可达 150W,使用十分方便,其外部接线如图 2-44(b)所示。

由图 2-44(a)可见,输入级为带恒流源的双极型三极管差分放大器(T_1、T_2),双端输出。第二级为单端输出的差分电路(由 PNP 管 T_4、T_5 组成),恒流源 I_2 为其有源负载电流。

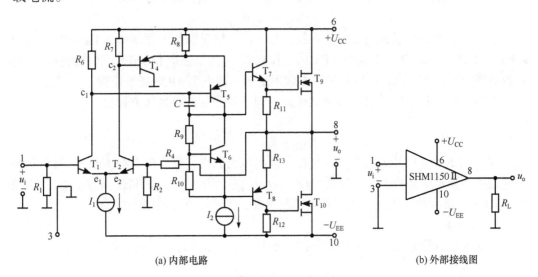

(a) 内部电路　　　　　　　　　　　　(b) 外部接线图

图 2-44　SHM1150Ⅱ型 BiMOS 集成功率放大器

2.8　场效应管放大电路

2.8.1　直流工作点

1. 偏置电路

在场效应管放大电路中，由于结型场效应管与耗尽型 MOS 场效应管 $u_{GS}=0$ 时，$i_D \neq 0$，故可采用自偏压方式，如图 2-45(a)所示。而对于增强型 MOS 场效应管，则一定要采用分压式偏置或混合偏置方式，如图 2-45(b)所示。

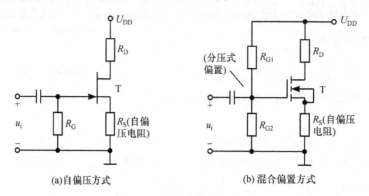

(a)自偏压方式　　　　　　　　　　(b) 混合偏置方式

图 2-45　场效应管偏置方式

2. 图解法

对图 2-45(a)所示的自偏压方式电路，栅源回路直流负载线方程为

$$u_{GS} = -i_D R_S$$

在 N 沟道场效应管的转移特性曲线坐标上画出该负载线方程如图 2-46(a)所示，可得 JFET 的工作点 Q_1、耗尽型 MOSFET 的工作点 Q_2 点。增强型 MOSFET 转移特性曲线与直流负载线方程无交点，所以自偏压方式不适用于增强型 MOS 场效应管。

对图 2-45(b)所示的混合偏置方式电路，栅源回路直流负载线方程为

$$u_{GS} = \frac{R_{G2}}{R_{G1} + R_{G2}} U_{DD} - i_D R_S$$

在 N 沟道场效应管的转移特性坐标上画出该负载线方程如图 2-46(b)所示，可得三种不同类型的场效应管的工作点分别为 Q_1'、Q_2' 及 Q_3。需注意，对 JFET 而言，R_{G2} 过大或者 R_S 过小，都会导致无合适的工作点情况出现，如图 2-46(b)中虚线所示。

3. 解析法

已知场效应管电流及栅源直流负载线方程，联立求解即可求得工作点。例如：

$$i_D = I_{DSS}(1 - \frac{u_{GS}}{U_{GSoff}})^2 \tag{2-45}$$

$$u_{GS} = -i_D R_S \tag{2-46}$$

将式(2-46)代入式(2-45)，解一个 i_D 的二次方程，有两个根，舍去不合理的一个根，

留下合理的一个根便得到 I_{DQ}。

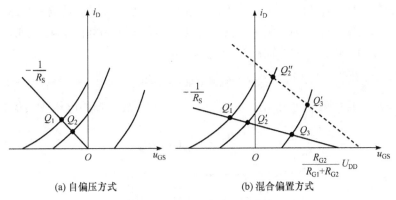

| (a) 自偏压方式 | (b) 混合偏置方式 |

图 2-46　图解法求直流工作点

　　与三极管放大器工作点要设在放大区相似，场效应管放大电路的工作点要设在恒流区。工作点设在可变电阻区或者截止区，都会导致不正常工作或带来严重的非线性失真。

2.8.2　场效应管的低频小信号模型

　　因为

$$i_D = f(u_{GS}, u_{DS}) \tag{2-47}$$

所以

$$\mathrm{d}i_D = \frac{\partial i_D}{\partial u_{GS}}\mathrm{d}u_{GS} + \frac{\partial i_D}{\partial u_{DS}}\mathrm{d}u_{DS} = g_m\mathrm{d}u_{GS} + \frac{1}{r_{ds}}\mathrm{d}u_{DS} \tag{2-48}$$

式中，$\mathrm{d}u_{GS}$ 表示 u_{GS} 中的变化量，若输入为低频小幅值的正弦波信号，则 $\mathrm{d}u_{GS}$ 可用 u_{gs} 表示，同理，$\mathrm{d}i_D$、$\mathrm{d}u_{DS}$ 可分别用 i_d、u_{ds} 表示，于是可将式(2-48)写成下列形式：

$$i_d = g_m u_{gs} + \frac{1}{r_{ds}}u_{ds} \tag{2-49}$$

　　通常 r_{ds} 较大，可视为开路，则有

$$i_d \approx g_m u_{gs} \tag{2-50}$$

　　式(2-49)和式(2-50)所对应的电路模型分别如图 2-47(a)、(b)所示，分别为小信号模型和简化小信号模型。由于栅极电流很小，可认为 $i_G=0$ 并认为 $R_{GS}=\infty$，所以输入回路的等效电路往往不用画出。可见，场效应管的低频小信号电路模型比三极管简单。

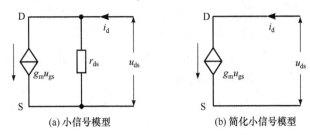

| (a) 小信号模型 | (b) 简化小信号模型 |

图 2-47　场效应管低频小信号模型

2.8.3 共源放大电路

与三极管放大电路类似，场效应管放大电路有共源、共漏、共栅三种基本组态。共源放大电路如图 2-48(a)所示，其低频小信号等效电路如图 2-48(b)所示。

由图 2-48(b)可知，放大器输出端交流电压 u_o 为

$$u_o = -g_m u_{gs}(r_{ds}//R_D//R_L)$$

式中，$u_{gs} = u_i$，且一般满足 $R_D//R_L \ll r_{ds}$。所以，共源放大器的电压放大倍数为

$$A_u = \frac{u_o}{u_i} \approx -g_m(R_D//R_L)$$

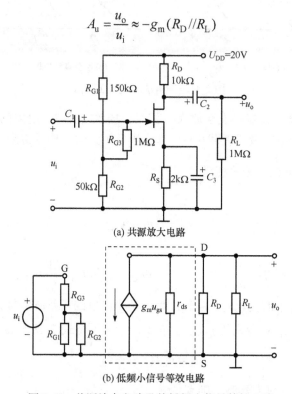

(a) 共源放大电路

(b) 低频小信号等效电路

图 2-48　共源放大电路及其低频小信号等效电路

若 $g_m = 5\text{mA/V}$，元件参数如图 2-48(a)所示，则 $A_u = 50$。

输出电阻为

$$R_o = R_D//r_{ds} \approx R_D = 10\text{k}\Omega$$

输入电阻为

$$R_i = R_{G3} + R_{G1}//R_{G2} = 1.0375\text{M}\Omega$$

【例 2.9】　场效应管放大器电路如图 2-49(a)所示，已知工作点的 $g_m = 5\text{mA/V}$，试画出低频小信号等效电路，并计算增益 A_u。

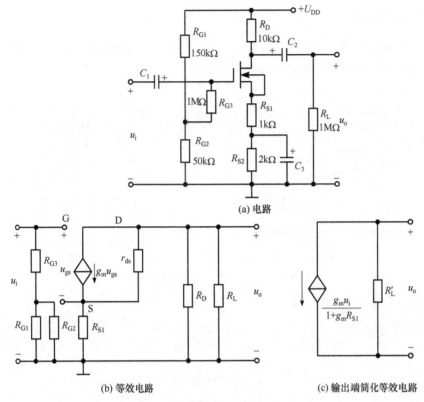

(a) 电路

(b) 等效电路 (c) 输出端简化等效电路

图 2-49 带电流负反馈的放大电路

解 (1)该电路的小信号等效电路如图 2-49(b)所示。下面的分析中忽略 r_{ds} 的影响。

(2) 因为

$$i_d = g_m u_{gs} = g_m(u_i - i_d R_{S1})$$

故

$$i_d = \frac{g_m u_i}{1 + g_m R_{S1}}$$

因为

$$u_o = -i_d(R_D // R_L) = -\frac{g_m u_i}{1 + g_m R_{S1}}(R_D // R_L)$$

所以

$$A_u = \frac{u_o}{u_i} = -\frac{g_m}{1 + g_m R_{S1}}(R_D // R_L) = -\frac{5 \times 10^{-3}}{1 + 5 \times 10^{-3} \times 1 \times 10^3} \times \frac{10 \times 10^3 \times 1 \times 10^6}{10 \times 10^3 + 1 \times 10^6} \approx -8.3$$

可见，源极电阻 R_{S1} 的存在使等效跨导 $g'_m < g_m$，因此，放大倍数也相应减少，这是 R_{S1} 的电流负反馈作用造成的。图 2-49(c)所示是输出端简化等效电路，$R'_L = R_D // R_L$。

2.8.4　共漏放大电路

共漏放大电路如图 2-50(a)所示，小信号等效电路如图 2-50(b)所示。该电路的输出电压会跟随输入电压变化，也被称为源极跟随器。

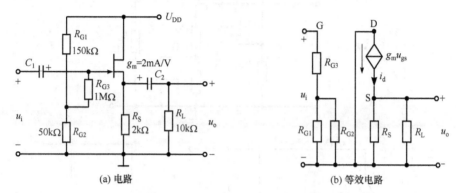

图 2-50　共漏放大电路及其等效电路

该电路的主要参数如下。

1) 放大倍数 A_{u}

因为

$$u_{\mathrm{gs}} = u_{\mathrm{i}} - i_{\mathrm{d}}(R_{\mathrm{S}}//R_{\mathrm{L}})$$

$$i_{\mathrm{d}} = g_{\mathrm{m}}u_{\mathrm{gs}} = g_{\mathrm{m}}\left[u_{\mathrm{i}} - i_{\mathrm{d}}(R_{\mathrm{S}}//R_{\mathrm{L}})\right] = g_{\mathrm{m}}(u_{\mathrm{i}} - i_{\mathrm{d}}R_{\mathrm{L}}')$$

故

$$i_{\mathrm{d}} = \frac{g_{\mathrm{m}}}{1 + g_{\mathrm{m}}R_{\mathrm{L}}'}u_{\mathrm{i}}$$

所以

$$A_{\mathrm{u}} = \frac{u_{\mathrm{o}}}{u_{\mathrm{i}}} = \frac{i_{\mathrm{d}}(R_{\mathrm{S}}//R_{\mathrm{L}})}{u_{\mathrm{i}}} = \frac{g_{\mathrm{m}}R_{\mathrm{L}}'}{1 + g_{\mathrm{m}}R_{\mathrm{L}}'} = \frac{2\times10^{-3}\times1.67\times10^{3}}{1 + 2\times10^{-3}\times1.67\times10^{3}} \approx 0.77$$

2) 输出电阻 R_{o}

将 R_{L} 开路，输入端短路，在输出端加信号 u_{o}，可得电路如图 2-51(a)所示。计算输出电阻 R_{o} 的等效电路如图 2-51(b)所示。

由图 2-51(b)可见，以下各项成立：

$$i_{\mathrm{o}} = i_{\mathrm{R}} + i_{\mathrm{o}}'$$

$$g_{\mathrm{m}}u_{\mathrm{gs}} = g_{\mathrm{m}}(-u_{\mathrm{o}})$$

$$i_{\mathrm{R}} = \frac{u_{\mathrm{o}}}{R_{\mathrm{S}}}$$

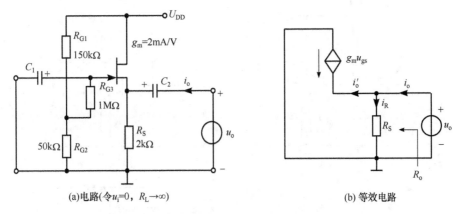

(a)电路(令$u_i=0$，$R_L \to \infty$)　　　　　(b) 等效电路

图 2-51　计算共漏放大电路输出电阻 R_o 的等效电路

$$i_o' = -g_m u_{gs} = -g_m(-u_o) = g_m u_o$$

所以，输出电阻为

$$R_o = \frac{u_o}{i_o} = \frac{u_o}{\dfrac{u_o}{R_S} + g_m u_o} = \frac{1}{\dfrac{1}{R_S} + \dfrac{1}{\dfrac{1}{g_m}}} = R_S // \frac{1}{g_m} = 2 \times 10^3 // \frac{1}{2 \times 10^{-3}} = 400(\Omega)$$

输入电阻为

$$R_i = R_G = R_{G3} + R_{G1} // R_{G2} = 1.0375 \text{M}\Omega$$

习　题

2-1　分别画出题 2-1 图所示各电路的直流通路与交流通路。

2-2　分析题 2-2 图所示电路对正弦交流信号有无放大作用。图中各电容对交流可视为短路。

2-3　对共射极 NPN 单管放大电路，当输入交流信号时，出现如题 2-3 图所示输出波形图，试判断为何种失真，产生该失真的原因是什么？如何才能使其不失真？

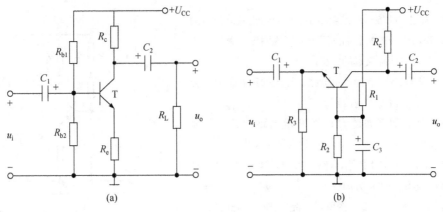

(a)　　　　　　　　　　　　(b)

题 2-1 图

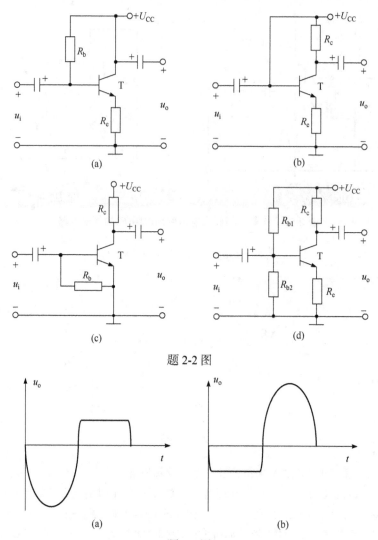

题 2-2 图

题 2-3 图

2-4　在题 2-4 图所示的电路中，在输入正弦波信号的激励下，输出信号的波形如图所示，试说明该电路所产生的失真，并说明消除失真的办法。

2-5　判断如题 2-5 图所示电路对输入的正弦信号是否有放大作用。若没有，请改正。

2-6　分析估算如题 2-6 图所示电路在输入信号 $u_i = 0V$ 或 $u_i = 5V$ 时三极管的工作状态和输出电压。

2-7　画出题 2-7 图所示电路的微变等效电路，并注意标出电压、电流的参考方向。

2-8　某电路如题 2-8 图所示。晶体管 T 为硅管，其 $\beta = 20$。电路中的 $U_{CC} = 24V$、$R_B = 96k\Omega$、$R_C = R_E = 2.4k\Omega$、电容器 C_1、C_2、C_3 的电容量均足够大、正弦波输入信号的电压有效值 $u_i = 1V$。试求：(1)输出电压 u_{o1}、u_{o2}

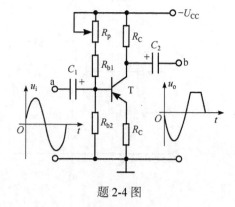

题 2-4 图

的有效值；(2)用内阻为 10kΩ 的交流电压表分别测量 u_{o1}、u_{o2} 时，交流电压表的读数各为多少？

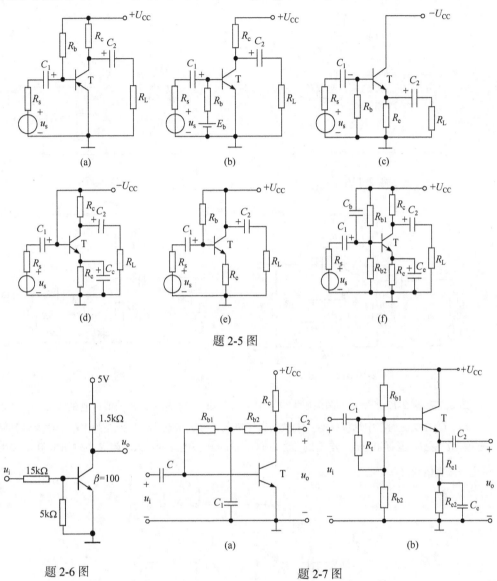

题 2-5 图

题 2-6 图   题 2-7 图

2-9　电路如题 2-9 图所示，元件参数已给出，$U_{CC}=12\text{V}$、晶体管的 $\beta=50$、$U_{BE}=0.7\text{V}$，求：
(1)静态工作点；(2)中频电压放大倍数 A_u；(3)求放大电路的输入电阻 R_i；(4)求放大电路的输出电阻 R_o。

2-10　电路如题 2-10 图所示，设 $U_{CC}=15\text{V}$、$R_{b1}=60\text{k}\Omega$、$R_{b2}=20\text{k}\Omega$、$R_c=3\text{k}\Omega$、$R_e=2\text{k}\Omega$、$R_s=600\,\Omega$，电容 C_1、C_2 和 C_e 都足够大，$\beta=60$，$U_{BE}=0.7\text{V}$，$R_L=3\text{k}\Omega$。试计算：(1)电路的静态工作点 I_{BQ}、I_{CQ}、U_{CEQ}；(2)电路的中频电压放大倍数 A_u，输入电阻 R_i 和输出电阻 R_o；(3)若信号源具有 $R_s=600\,\Omega$ 的内阻，求源电压放大倍数 A_{us}。

2-11　题 2-11 图所示电路中，已知晶体管的 $\beta=100$，$U_{BEQ}=0.6\text{V}$，$r_{bb'}=100\Omega$。耦合电容的容量足够大。(1)求静态工作点；(2)画中频微变等效电路；(3)求 R_i 和 R_o；(4)求 A_u 和 A_{us}。

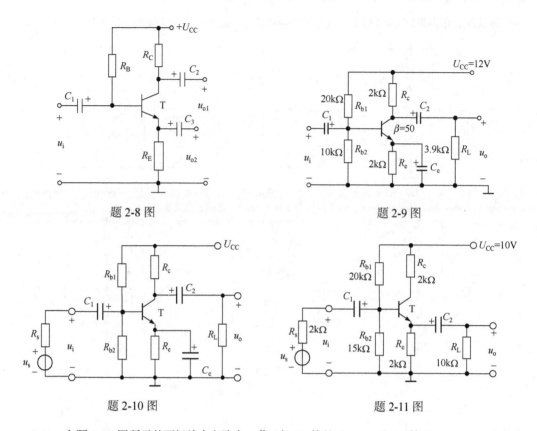

题 2-8 图　　　　　　　　　　　题 2-9 图

题 2-10 图　　　　　　　　　　　题 2-11 图

2-12　在题 2-12 图所示的两级放大电路中，若已知 T_1 管的 β_1、r_{be1} 和 T_2 管的 β_2、r_{be2}，且电容 C_1、C_2、C_e 在交流通路中均可忽略。(1)试指出每级各是什么组态的电路；(2)画出整个放大电路简化的微变等效电路(注意标出电压、电流的参考方向)；(3)求出该电路的输入电阻 R_i、输出电阻 R_o 和中频区的电压放大倍数 $A_u = \dfrac{u_o}{u_i}$。

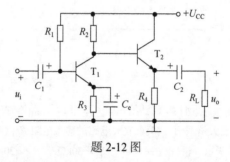

题 2-12 图

2-13　阻容耦合放大电路如题 2-13 图所示，已知 $\beta_1 = \beta_2 = 50V$，$U_{BE} = 0.7\ V$，试指出每级各是什么组态的电路，并计算电路的输入电阻 R_i。

2-14　某差分放大电路如题 2-14 图所示，设对管的 $\beta = 50$，$r_{bb'} = 300\Omega$，$U_{BE} = 0.7V$，R_W 的影响可以忽略不计，试估算：(1)T_1，T_2 的静态工作点；(2)差模电压放大倍数 A_{ud}。

2-15　带恒流源的差动放大电路如题 2-15 图所示。$U_{CC} = U_{EE} = 12V$，$R_c = 5k\Omega$，$R_b = 1k\Omega$，

$R_e = 3.6\text{k}\Omega$，$R = 3\text{k}\Omega$，$\beta_1 = \beta_2 = 50$，$R_L = 10\text{k}\Omega$，$r_{be1} = r_{be2} = 1.5\text{k}\Omega$，$U_{BE1} = U_{BE2} = 0.7\text{V}$，$U_Z = 8\text{V}$。
(1)估算电路的静态工作点 I_{C1Q}、U_{C1Q}、I_{C2Q} 和 U_{C2Q}；(2)计算差模放大倍数 A_{ud}；(3)计算差模输入
电阻 R_{id} 和差模输出电阻 R_{od}。

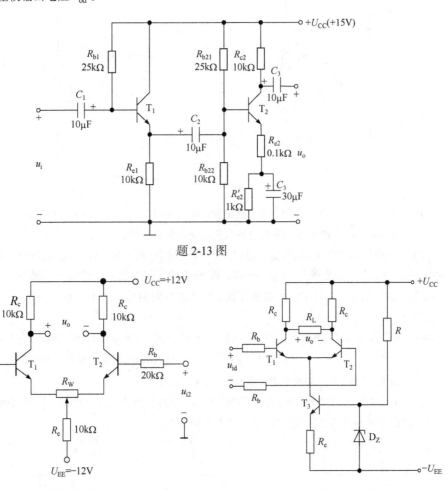

题 2-13 图

题 2-14 图　　　　　　　　　　　　　　　题 2-15 图

　　2-16　在题 2-16 图所示的差分放大电路中，已知两个对称晶体管的 $\beta = 50$，$r_{be} = 1.2\text{k}\Omega$。(1)画出
共模、差模半边电路的交流通路；(2)求差模电压放大倍数 A_{ud}；(3)求单端输出和双端输出时的共
模抑制比 K_{CMR}。

　　2-17　一双电源互补对称电路如题 2-17 图所示，设已知 $U_{CC} = 12\text{V}$，$R_L = 8\Omega$，u_i 为正弦波。试求：
在晶体管的饱和压降 U_{CES} 可以忽略不计的条件下，负载可能得到的最大输出功率 P_{om} 和电源供给
的功率 P_V。

　　2-18　在题 2-17 图中，设 u_i 为正弦波，$R_L = 16\Omega$，要求最大输出功率 $P_{om} = 10\text{W}$。在晶体管的饱和压
降 U_{CES} 可以忽略不计的条件下，试求：(1)正、负电源 U_{CC} 的最小值(计算结果取整数)；(2)根据所求
U_{CC} 的最小值，计算相应的 I_{CM}、$\left|U_{(BR)CEO}\right|$ 的最小值；(3)输出功率最大时电源供给的功率 P_V；(4)输出功
率最大时的输入电压有效值。

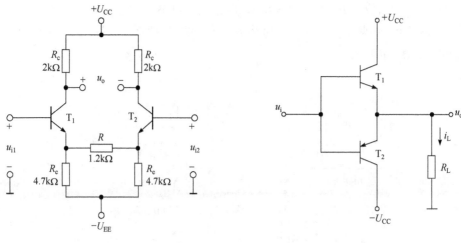

题 2-16 图　　　　　　　　　　　　　　　　题 2-17 图

2-19　题 2-19 图所示的复合管连接方法是否正确？标出它们等效管的类型和管脚。

2-20　分别画出题 2-20 图所示各电路的直流通路与交流通路。

2-21　场效应管放大电路如题 2-21 图所示，其中 $R_{g1}=300\text{k}\Omega$，$R_{g2}=120\text{k}\Omega$，$R_{g3}=10\text{k}\Omega$，$R=R_d=10\text{k}\Omega$，C_s 的容量足够大，$U_{DD}=16\text{V}$，设 FET 的饱和电流 $I_{DSS}=1\text{mA}$，夹断电压 $U_p=U_{GS(off)}=-2\text{V}$，求静态工作点，然后用中频微变等效电路法求电路的电压放大倍数。若 C_s 开路，再求电压放大倍数。

2-22　电路如题 2-22 图所示，场效应管的 $r_{ds}\gg R_d$，要求：(1)画出该放大电路的中频微变等效电路；(2) $A_u=-g_m\left(R_d//R_L\right)$ 式；(3)定性说明当 R_s 增大时，A_u、R_i 和 R_o 是否变化。如何变化？(4)若 C_s 开路，A_u、R_i 和 R_o 是否变化？如何变化？写出变化后的表达式。

2-23　在题 2-23 图所示的电路中，已知场效应管的低频跨导为 g_m。(1)写出求解电路静态工作点的方程式；(2)计算电路的电压放大倍数，输入电阻和输出电阻。

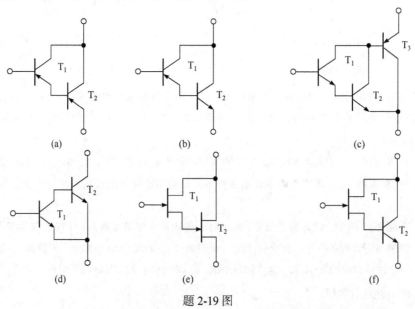

(a)　　　　　　　　　　　(b)　　　　　　　　　　　(c)

(d)　　　　　　　　　　　(e)　　　　　　　　　　　(f)

题 2-19 图

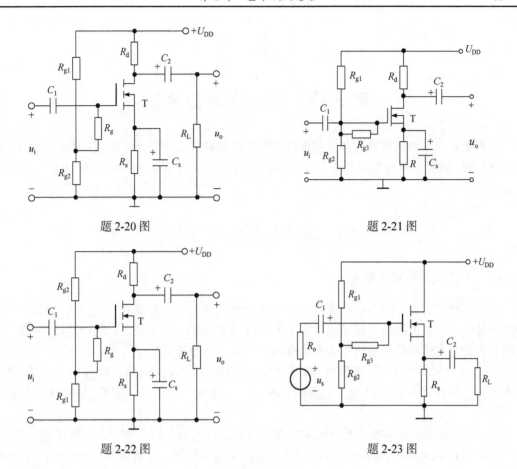

题 2-20 图　　　　　　　　　　　　　　题 2-21 图

题 2-22 图　　　　　　　　　　　　　　题 2-23 图

第 3 章　集成运算放大器

本章介绍集成运算放大器，具体内容为集成运算放大器简介、集成运算放大器的理想化模型、集成运算放大器的基本运算电路、U/I 变换电路和 I/U 变换电路、电压比较器、滤波器。

3.1　集成运算放大器简介

3.1.1　模拟集成电路的特点

模拟集成电路一般是由一块厚 0.2～0.25mm 的 P 型硅片制成的，这种硅片是集成电路的基片。在它上面可以做出包含几十个(或更多的)BJT 或 FET、电阻以及连接线的电路。和分立元件相比，模拟集成电路有以下几个方面的特点。

(1) 电路结构与元件参数具有对称性。电路中各个元件在同一片硅片上，采用同样的工艺制作而成，元件的参数有同样的偏差，温度一致性好，容易制成特性相同的管子。

(2) 电阻和电容参数值不易做大，电路结构上采用直接耦合方式。在集成电路中制作一个 5kΩ 的电阻所占用的硅片面积可以制造几个三极管，电容通常由 PN 结的结电容构成，制作一个 10pF 的电容所占用的硅片面积可以制造十个三极管，而且误差较大，因此集成电路的阻值范围一般为几十欧到几十千欧，电容值范围在 100pF 以下，电感的制作就更困难了。所以在集成电路中，级间都采用直接耦合的方式。若需要高阻值电阻，多用 BJT 或 FET 等有源器件代替，或者采用外接电阻的方法。

(3) 为克服直接耦合的零点漂移，常采用差分放大电路。由于一个芯片上的元器件用统一的标准工艺流程制成，同类元件的特性一致，因此常采用差分放大电路的结构，利用两个三极管的对称性来抑制零点漂移。

(4) 采用半导体三极管(或者场效应管)来代替电阻、电容和二极管等元件。在集成电路中，制造三极管比制造其他元件都容易，而且占用面积小、性能好，所以常采用三极管代替其他元件。而复合管的性能较佳，制作又不增加多少困难，因而在集成电路中多采用复合管、共射-共基、共集-共基等组合电路。

3.1.2　集成运算放大器的基本情况

1. 集成运算放大器的组成

集成运算放大器(简称运放)一般由 4 个部分组成，结构如图 3-1 所示。

差分输入级由差动放大电路组成，一般的要求是输入电阻高、差模信号放大倍数大、共模信号的抑制能力强、静态电流小，输入级的好坏直接影响运放的输入电阻、共模抑制比等参数。

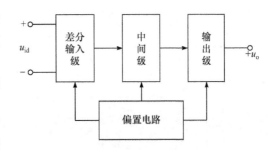

图 3-1　集成运算放大器组成框图

中间级是一个高放大倍数的放大器，常由多级共射极放大电路组成，该级的放大倍数可达数千乃至数万倍。

输出级具有输出电压线性范围宽、输出电阻小的特点，常由互补对称电路构成。

偏置电路向各级提供静态工作点，一般由电流源电路组成。

2. 集成运放的符号

从运放的结构可知，运放具有两个输入端 u_P、u_N 和一个输出端 u_o，两个输入端中一个为同相端，另一个为反相端，这里的同相和反相是指输入电压与输出电压间的关系。若正电压从同相端输入，则输出端有正电压输出；若正电压从反相端输入，则输出端有负电压输出。运算放大器的常用符号如图 3-2 所示。

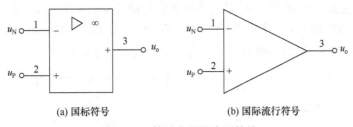

(a) 国标符号　　　　　　　　　(b) 国际流行符号

图 3-2　运算放大器的常用符号

图 3-2(a)是集成运放的国标符号，图 3-2(b)是集成运放的国际流行符号，国内也常用该符号。可以把集成运放看作一个双端输入、单端输出、差模放大倍数高、输入电阻高、输出电阻低、具有抑制温度漂移能力的放大电路。

3. 集成运放的传输特性

实际运放的输出电压 u_o 与差动输入电压 $u_d = u_P - u_N$ 之间的转移特性如图 3-3(a)所示，分段线性化处理后如图 3-3(b)所示。从图 3-3(b)中可以看出，当差动电压满足 $-\varepsilon < u_d < \varepsilon$ 时，输出电压满足 $-U_{sat} < u_o < U_{sat}$ 的关系，此时运放工作于线性区，且有 $u_o = Au_d$，A 称为开环放大倍数；当差动电压 $u_d < -\varepsilon$ 或 $u_d > \varepsilon$ 时，有 $u_o = U_{sat}$ 或 $u_o = -U_{sat}$，此时运放工作于饱和区(U_{sat} 是饱和电压值，大小取决于运放外接直流电源 E_+ 和 E_-)，为非线性应用状态。

在线性区，曲线的斜率就是开环放大倍数，一般情况下，运放的开环放大倍数很高，可达几十万甚至上百万倍。

通常，运放的线性工作范围很小，例如，对电源电压为±10V、开环增益为 $A=10^5$ 的运放(即开环放大倍数为 100dB 的运放)，其最大线性工作范围约为

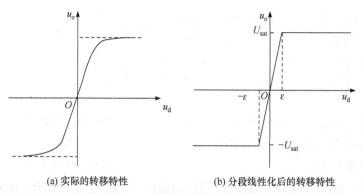

(a) 实际的转移特性　　　　　　(b) 分段线性化后的转移特性

图 3-3　集成运放的传输特性

$$u_{\mathrm{P}} - u_{\mathrm{N}} = \frac{|u_{\mathrm{o}}|}{A} = \frac{10}{10^5} = 0.1(\mathrm{mV})$$

3.1.3　集成运放电路举例

1. 集成运算放大器 F007

双极型集成运放 F007 是一种通用型运算放大器。由于它性能好、价格便宜，所以得到广泛应用。F007 的简化结构图如图 3-4 所示。图中各引出端所标数字为组件的引脚编号。F007 由三级放大电路和电流源等组成，下面进行简单的介绍。

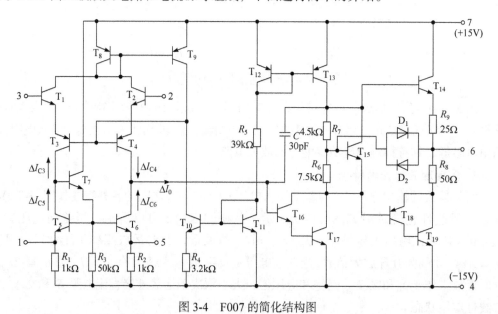

图 3-4　F007 的简化结构图

图 3-4 所示电路中，$T_8 \sim T_{13}$、R_4 和 R_5 构成电流源组。其中，T_{11}、T_5 和 T_{12} 产生整个电路的基准电流。T_{10} 和 T_{11} 组成小电流电流源，作为镜像电流源 T_8、T_9 的参考电流，并为 T_3、T_4 提供基极偏流。T_8 的输出电流为输入级提供偏置。T_{12}、T_{13} 组成镜像电流源，做中间放大级的有源负载。

F007 的输入级为有源负载的共集-共基组合差动放大器，它由 $T_1 \sim T_7$ 管组成。由图 3-4 可知，T_1、T_3 和 T_2、T_4 分别组成对称的共集-共基组合电路，并经 T_8 耦合构成一对差放管。T_5、T_6 和 T_7 组成系数为 1 的比例电流源，分别作为组合差放管的有源负载。

T_{16}、T_{17} 复合管的共射放大器为 F007 的中间放大级。由于采用电流源 T_{13} 为其有源负载，因而该级放大器有很高的电压增益。

输出级是由 T_{14} 和 T_{18}、T_{19} 组成的互补射随器。其中 T_{18} 为横向 PNP 管，β 值为 1，与 T_{19} 组合构成复合 PNP 管时，其 β 值将由 T_{19} 决定。由于 T_{14}、T_{19} 均为 NPN 管，因而保证了互补输出时的对称性。T_{15}、R_6 和 R_7 组成恒压偏置电路，为互补输出管提供适当的正向偏压，以克服交越失真。

D_1、D_2、R_8 和 R_9 组成输出级的过载保护电路。

为了保证 F007 在负反馈应用时能稳定工作，在 T_{16} 管基极和集电极之间还接了一个内补偿电容。这种接法可使 30pF 小电容起到一个大电容的补偿作用。

F007 的两个输入端中，一个为同相端，另一个为反相端。由图 3-4 可知，引脚 3 为同相输入端，引脚 2 为反相输入端。

2. 集成运算放大器 5G14573

5G14573 是一种通用型 MOS 集成运放，它包含四个相同的运放单元。由于四个运放是按相同的工艺流程做在一片芯片上，因而具有良好的匹配性及温度一致性，为多运放的应用提供了方便。5G14573 中一个运放单元的简化结构图如图 3-5 所示，它由两级放大器组成。输入级是由 PMOS 管 T_3、T_4 组成的差放管，而 NMOS 管 T_5、T_6 接成镜像电流源作为有源负载。输出级由 NMOS 管 T_7 组成共源极放大器，PMOS 管 T_2 为其有源负载。参考电流由 T_0 管和外接电阻 R 提供。T_1、T_2 与 T_0 构成比例电流源组(由于各管导电沟道的宽长比不同)。跨接在 T_7 管漏极与栅极之间的电容 C 为米勒补偿电容。

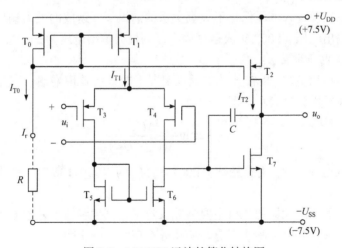

图 3-5　5G14573 运放的简化结构图

3.1.4　集成运放的主要技术指标

集成运放的主要性能可用一些参数表示，为了合理选用和正确使用集成运算放大器，必须了解各参数的意义。

1. 输入失调电压 U_{IO}

对于理想运放，当输入为零时，输出也应为零。实际上，由于差动输入级很难做到完全对称，零输入时，输出并不为零。在室温及标准电压下，输入为零时，为了使输出为零，输入端所加的补偿电压称为输入失调电压 U_{IO}。U_{IO} 的大小反映了运放的对称程度。U_{IO} 越大，说明对称程度越差。一般 U_{IO} 的值为 $1\mu V \sim 20mV$，显然它越小越好。

2. 输入偏置电流 I_B

输入偏置电流是衡量差动管输入电流绝对值大小的标志，指运放零输入时，两个输入端静态电流 I_{B1}、I_{B2} 的平均值，即

$$I_B = \frac{1}{2}(I_{B1} + I_{B2})$$

差动输入级集电极电流一定时，输入偏置电流反映了差动管 β 值的大小。I_B 越小，表明运放的输入阻抗越高。I_B 太大，不仅在信号源内阻不同时对静态工作点影响较大，而且影响温度漂移和精度。

3. 输入失调电流 I_{IO}

零输入时，两个输入偏置电流 I_{B1}、I_{B2} 之差称为输入失调电流 I_{IO}，即 $I_{IO} = |I_{B1} - I_{B2}|$，$I_{IO}$ 反映了输入级差动管输入电流的对称性，一般希望 I_{IO} 越小越好。普通运放的 I_{IO} 为 $1nA \sim 0.1\mu A$。

4. 最大共模输入电压 U_{icmax}

U_{icmax} 指运放所能承受的最大共模输入电压，共模输入电压超过一定值时，将会使输入级工作不正常，因此要加以限制。

5. 最大输出电压 U_{OM}

在使输出电压和输入电压保持不失真关系的前提下，运放的最大输出电压称为运算放大器的最大输出电压。F007 集成运算放大器的最大输出电压为 $\pm 13V$。

6. 开环差模电压增益 A_{od}

开环差模电压增益 A_{od} 指在无外加反馈情况下的直流差模增益，它是决定运算精度的重要指标，通常用分贝表示，即

$$A_{od} = 20\lg \frac{\Delta U_o}{\Delta(U_{i1} - U_{i2})}$$

不同功能的运放，A_{od} 相差悬殊，F007 的 A_{od} 为 $100 \sim 106dB$，高质量的运放可达 140dB。

以上介绍了运算放大器的几个主要参数及意义，其他参数如差模输入电阻、差模输出电阻、温度漂移、共模抑制比、静态功耗等不在此一一说明。

总之，集成运算放大器具有开环电压放大倍数高、输入电阻高(几兆欧以上)、输出电阻低(几百欧以内)、漂移小、可靠性高、体积小等优点，已成为一种通用器件，广泛而灵活地应用于各个技术领域。在选用集成运算放大器时，与选用电路其他元器件一样，要根据它们的参数说明，确定适用的型号。

3.2　集成运算放大器的理想化模型

由前面的论述可知，集成运放的开环电压放大倍数很高，即使输入毫伏级以下的信号，也足以使输出电压饱和，其饱和电压值可以达到或接近正负电源电压值。另外，由于干扰，其工作难以稳定。所以，要使运算放大器工作在线性区，需要引入深度负反馈。

当运放工作于线性区时，为了理论分析方便，常将运放的各项指标理想化，这样就引出了理想运放。理想运放的参数如下：

(1) 开环差模电压放大倍数 $A_d \to \infty$。

(2) 输入电阻 $R_{id} \to \infty$。

(3) 输出电阻 $R_o = 0$。

(4) 共模抑制比 $K_{CMR} \to \infty$。

理想运放的电压传输特性如图 3-6 所示。

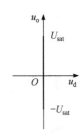

针对理想运放而言，输出与输入的关系为 $u_o = A_d u_d = A_d(u_P - u_N)$。由于 u_o 为有限值，$A_d \to \infty$，因此 $u_d = u_P - u_N \to 0$，即 $u_P \to u_N$，记为 $u_P = u_N$；又因为输入电阻 $R_{id} \to \infty$，故运放的两个输入端上的电流为零，即 $i_P = i_N = 0$。

图 3-6　理想运放的
电压传输特性

为了方便起见，可把理想运放特性 $u_P = u_N$、$i_P = i_N = 0$ 用文字"电压为零、电流为零"表示，简称为"零电压、零电流"或"双零"，故可称理想运放具有"双零"特性。因为 $u_d = 0$ 与短路时的情况相同，但并不是因为短路造成的，所以也可以把 $u_d = u_+ - u_- = 0$ 称为"虚短"。

下面将要论述的由运算放大器构成的运算电路，运放均工作于深度负反馈条件下。

3.3　集成运算放大器的基本运算电路

本节对含运放的电路进行分析时，均视运放为理想的。理想运放具有"双零"特性，即 $u_P = u_N(u_P - u_N = 0)$、$i_P = i_N = 0$，该特性是理想运放的元件约束，与理想电阻的元件约束 $u = Ri$ 意义相同。但有所不同的是，理想电阻的元件约束会直接体现在列出的方程中，而理想运放的"双零"特性往往以间接方式在方程中体现。另外还要注意，运放输出端的电压一定要设为待求量，但不必对输出端所在节点列方程。

3.3.1　比例运算电路

1. 反相比例运算电路

反相比例运算电路如图 3-7 所示。由 $i_P = i_N = 0$ 可知，R_2 上没有电流，没有电压降，所以同相端相当于接地；由 $u_P = u_N(u_P - u_N = 0)$ 可知，同相端与反相端的电位相同，所以反相端相当于接地，对地电压为零。

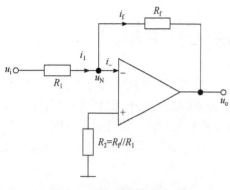

图 3-7　反相比例运算电路

对图 3-7 所示电路的计算过程如下：据理想运放的"零电压"特性，有

$$i_1 = \frac{u_i - u_N}{R_1} = \frac{u_i}{R_1}$$

$$i_f = \frac{u_N - u_o}{R_f} = -\frac{u_o}{R_f}$$

据理想运放的"零电流"特性，有

$$i_f = i_1$$

所以，输出电压为

$$u_o = -\frac{R_f}{R_1} u_i$$

输入电阻为

$$R_i = \frac{u_i}{i_1} = R_1$$

集成运放有很高的输入电阻，但由于图 3-7 对应的实际电路中存在并联反馈，输入电阻减小了。

2. 同相比例运算电路

同相比例运算电路见图 3-8(a)。

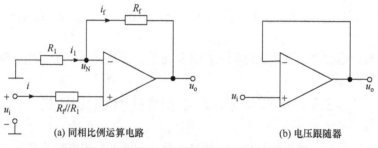

(a) 同相比例运算电路　　　　　　　(b) 电压跟随器

图 3-8　同相比例运算电路及电压跟随器

据理想运放的"零电压、零电流"特性，可得

$$u_N = u_i$$

$$i_1 = -\frac{u_N}{R_1} = -\frac{u_i}{R_1}$$

$$i_f = \frac{u_N - u_o}{R_f} = \frac{u_i - u_o}{R_f}$$

$$i_1 = i_f$$

可得

$$u_o = \left(1 + \frac{R_f}{R_1}\right) u_i$$

输入电阻为

$$R_i = \frac{u_i}{i} = \frac{u_i}{i_+} \to \infty$$

该电路的输出电压与输入电压同相位，与图 3-8(a)对应的实际电路的输入电阻很大。

若将反馈电阻 R_f 和电阻 R_1 去掉，就成为图 3-8(b)所示的电路，该电路的输出全部反馈到输入端，且 $u_o=u_i$，即输出电压跟随输入电压，与输入电压相同，称为电压跟随器。运放构成的电压跟随器的性能较三极管构成的射极跟随器和场效应管构成的源极跟随器好很多。

3.3.2　加减运算电路

1. 反相求和电路

在反相比例放大电路基础上可构成反相求和电路，如图 3-9 所示。

根据理想运放的"零电压、零电流"特性，有

$$u_o = u_P - i_f R_f = -i_f R_f$$

$$i_1 = \frac{u_{i1} - u_P}{R_1} = \frac{u_{i1}}{R_1}$$

$$i_2 = \frac{u_{i2} - u_P}{R_2} = \frac{u_{i2}}{R_2}$$

$$i_3 = \frac{u_{i3} - u_P}{R_3} = \frac{u_{i3}}{R_3}$$

$$i_f = \frac{u_P - u_o}{R_3} = \frac{-u_o}{R_3}$$

$$i_1 + i_2 + i_3 = i_f + i_+ = i_f$$

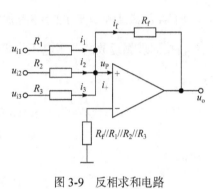

图 3-9　反相求和电路

求解可得

$$u_o = -\frac{R_f}{R_1} u_{i1} - \frac{R_f}{R_2} u_{i2} - \frac{R_f}{R_3} u_{i3}$$

若 $R_1 = R_2 = R_3 = R_f$，则

$$u_o = -\frac{R_f}{R}(u_{i1} + u_{i2} + u_{i3})$$

可见，图 3-9 所示电路实现了信号相加功能。这种相加器的优点是利用了运放的"虚短"特性而使运放 u_+ 端接地，使各信号源之间互不影响。

【例 3.1】　试设计一个反相相加器，功能为 $u_o = -(2u_{i1} + 3u_{i2})$，并要求对 u_{i1}、u_{i2} 的输入电阻均大于 100kΩ。

解　因要求输入电阻均大于 100kΩ，选 R_2=100kΩ，故有

$$\frac{R_f}{R_1} = 2, \qquad \frac{R_f}{R_2} = 3$$

因此 $R_f=300\text{k}\Omega$、$R_2=100\text{k}\Omega$、$R_1=150\text{k}\Omega$。

　　实际电路中，为了消除输入偏流产生的误差，在同相输入端和地之间要接入一个直流平衡电阻 R_p，该电阻的参数为 $R_p = R_1 // R_2 / R_f = 50\text{k}\Omega$，如图 3-10 所示。

2. 同相求和运算电路

　　所谓同相求和运算电路，是指其输出电压与多个输入电压之和成正比，且输出电压与输入电压同相，电路如图 3-11 所示。

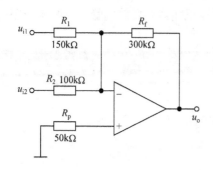

图 3-10　满足例 3.1 要求的反相相加器电路

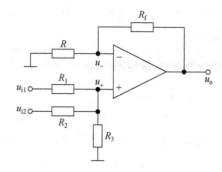

图 3-11　同相求和运算电路

　　根据理想运放的"零电压、零电流"特性，有

$$u_- = \frac{R}{R + R_f} u_o$$

$$\frac{u_- - u_{i1}}{R_1} + \frac{u_- - u_{i2}}{R_2} + \frac{u_-}{R_3} = 0$$

解得

$$u_o = \left(1 + \frac{R_f}{R}\right)\left(\frac{R_3 // R_2}{R_1 + R_3 // R_2} u_{i1} + \frac{R_3 // R_1}{R_2 + R_3 // R_1} u_{i2}\right)$$

　　若 $R_1 = R_2$，则

$$u_o = \left(1 + \frac{R_f}{R}\right)\left(\frac{R_3 // R_1}{R_2 + R_3 // R_1}\right)(u_{i1} + u_{i2})$$

　　同相求和运算电路 u_+ 端的电压值实际与各信号源的内阻有关，即各信号源不相互独立。这是同相求和运算电路存在的缺点。

3. 相减运算电路

　　相减运算电路的输出电压与两个输入信号之差成正比，这在许多场合得到了应用。要实现相减，必须将信号分别送入运算放大器的同相端和反相端，如图 3-12 所示。

　　应用叠加原理，原电路的计算问题可分解为两个电路的计算问题，分别为同相比例电路和反相比例电路，如图 3-12 所示。

　　令 $u_{i2} = 0$，得

$$u_{o1} = \left(1 + \frac{R_3}{R_1}\right)u_+ = \left(1 + \frac{R_3}{R_1}\right)\left(\frac{R_4}{R_2 + R_4}\right)u_{i1}$$

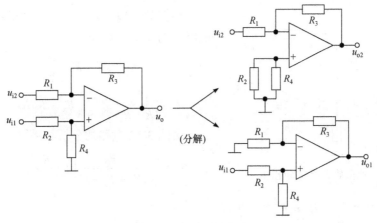

图 3-12　相减运算电路

令 $u_{i2} = 0$ ，得

$$u_{o2} = -\frac{R_3}{R_1}u_{i2}$$

据叠加原理可知

$$u_o = u_{o1} + u_{o2} = \left(1 + \frac{R_3}{R_1}\right)\left(\frac{R_4}{R_2 + R_4}\right)u_{i1} - \frac{R_3}{R_1}u_{i2}$$

若 $R_1 = R_2$、$R_3 = R_4$，可得

$$u_o = \frac{R_3}{R_1}(u_{i1} - u_{i2})$$

电路具有相减运算功能。

【例 3.2】　利用相减电路可构成"称重器"。图 3-13 给出了称重放大电路的示意图。图中压力传感器是由应变片构成的惠斯通电桥，当压力(重量)为零时，$R_x = R$，电桥处于平衡状态，$u_{i1} = u_{i2}$，相减器输出为零。而当有重量时，压敏电阻 R_x 随着压力的变化而变化，电桥失去平衡，$u_{i1} \neq u_{i2}$。相减器输出电压与重量有一定的关系。试问，输出电压 u_o 与重量(体现在 R_x 变化上)有何关系？

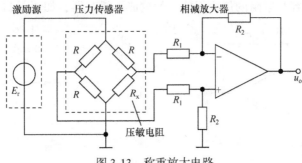

图 3-13　称重放大电路

解　图 3-13 的简化电路如图 3-14 所示。

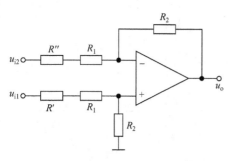

图 3-14　称重放大器的简化图

根据戴维南等效电路，可求得图 3-14 所示电路中的几个参数为

$$u_{i1} = \frac{E_r}{2}, \qquad R' = \frac{R}{2}$$

$$u_{i2} = \frac{R_x}{R + R_x}E_r, \qquad R'_x = R//R_x$$

由图 3-12 电路的分析结果可知

$$u_o = \frac{R_2}{R_2 + R_1 + R'}\left(1 + \frac{R_2}{R_1}\right)u_{i1} - \frac{R_2}{R_1 + R'_x}u_{i2}$$

若保证 $R_1 \gg \dfrac{R}{2}$，$R_1 \gg R//R_x$，则有

$$u_o = \frac{R_2}{R_1}(u_{i1} - u_{i2}) = \frac{R_2}{R_1}E_r\left(\frac{1}{2} - \frac{R_x}{R + R_x}\right) = \frac{R_2}{2R_1}\left(\frac{R - R_x}{R + R_x}\right)E_r$$

当重量(压力)发生变化时，R_x 随之变化，u_o 也会随之变化，所以测量出 u_o 后，通过换算就可以求出重量或压力。

3.3.3　积分运算电路和微分运算电路

1. 积分运算电路

积分器的功能是完成积分运算，使输出电压与输入电压的积分成正比，其结构如图 3-15 所示。

设电容电压的初始值 $u_C(0)=0$，则输出电压 $u_o(t)$ 为

$$u_o(t) = -\frac{1}{C}\int i_C(t)\mathrm{d}t = -\frac{1}{C}\int \frac{u_i(t)}{R}\mathrm{d}t = -\frac{1}{RC}\int i_C(t)\mathrm{d}t$$

如果将相减运算电路的两个电阻 R_3 和 R_4 换成两个相等的电容 C，且有 $R_1=R_2=R$，则构成了差动积分器，如图 3-16 所示。其输出电压 $u_o(t)$ 为

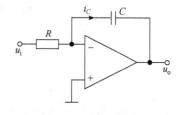

图 3-15　积分器电路

$$u_o(t) = \frac{1}{RC}\int (u_{i1} - u_{i2})\mathrm{d}t$$

2. 微分运算电路

将积分器的电容和电阻的位置互换，就构成了微分器，如图 3-17 所示。

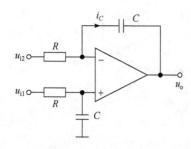

图 3-16　差动积分器

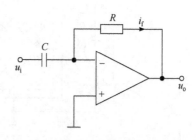

图 3-17　微分器电路

因为

$$u_o(t) = -Ri_f$$

$$i_f = C\frac{\mathrm{d}u_C(t)}{\mathrm{d}t} = C\frac{\mathrm{d}u_i(t)}{\mathrm{d}t}$$

所以，输出电压 $u_o(t)$ 和输入电压 $u_i(t)$ 的关系式为

$$u_o(t) = -RC\frac{\mathrm{d}u_i(t)}{\mathrm{d}t}$$

可见，输出电压和输入电压的微分成正比。

微分器的高频增益大，如果输入中含有高频噪声，则输出噪声也将很大，而且电路可能不稳定，所以微分器很少直接应用。在需要微分运算时，也尽量设法用积分器来代替。

3.4 U/I 变换电路和 I/U 变换电路

3.4.1 电压源-电流源变换电路(U/I 变换电路)

在某些控制系统中，负载要求电流驱动，而实际的信号又可能是电压，这在工程上就提出了如何将电压源变换成电流源的要求。另外还要求无论负载如何变化，电流源电流只取决于输入电压源，而与负载无关。又如，在信号的远距离传输中，由于电流信号不易受干扰，所以也需要将电压信号变换为电流信号来传输。图 3-18 给出了一个 U/I 变换的例子，图中负载为"接地"负载。

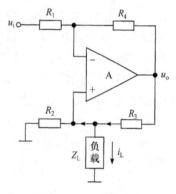

由"零电流"知

$$u_+ = \left(\frac{u_o - u_+}{R_3} - i_L\right)R_2$$

$$u_- = \frac{R_4}{R_1+R_4}u_i + \frac{R_1}{R_1+R_4}u_o$$

图 3-18 U/I 变换电路

由"零电压"知 $u_+ = u_-$，并令 $R_1R_3 = R_2R_4$，则变换关系可简化为

$$i_L = -\frac{u_i}{R_2}$$

可见，负载电流 i_L 与 u_i 成正比，且与负载 Z_L 无关。

3.4.2 电流源-电压源变换电路(I/U 变换电路)

有许多传感器产生的信号为微弱的电流信号，将该电流信号转换为电压信号可利用运放的"虚短"使运放的接电源端接地。如图 3-19 所示电路，就是光敏二极管或光敏三极管产生的微弱光电流转换为电压信号的电路。显然，对运算放大器的要求是输入电阻要趋于无穷大，输入偏流 I_B 要趋于零。这样，光电流将全部流向反馈电阻 R_f，输出电压

$u_o = -R_f i_1$。这里 i_1 就是光敏器件产生的光电流。例如，运算放大器 CA3140 的偏流 $I_B = 10^{-2}$nA，它比较适合用来做光电流放大器。

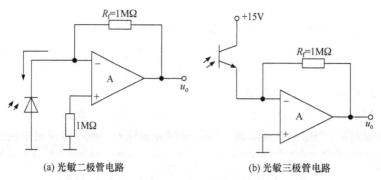

(a) 光敏二极管电路　　　　　　　　　　(b) 光敏三极管电路

图 3-19　将光电流变换为电压输出的电路

3.5　电压比较器

3.5.1　电压比较器的基本特性

电压比较器属于运算放大器的非线性应用，其功能是比较两个输入电压的大小，据此决定输出是高电平还是低电平。高电平相当于数字电路中的逻辑 1，低电平相当于逻辑 0。比较器输出只有两个状态，不论是 1 还是 0，比较器都工作在非线性状态。

图 3-20 给出了电压比较器的符号及传输特性。其反相输入端加信号 u_i，同相输入端加参考电压 u_r。比较器一般是开环工作，其增益很大。所以，当 $u_i < u_r$ 时，输出为"高"；反之，当 $u_i > u_r$ 时，输出为"低"。电压比较器的输入为模拟量，输出为数字量(0 或 1)，可作为模拟和数字电路的接口电路，也可作为一位模数转换器，在实际中有着广泛应用。

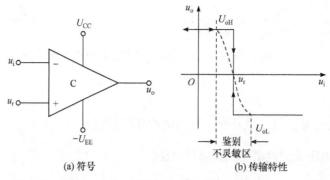

(a) 符号　　　　　　　　　　　(b) 传输特性

图 3-20　电压比较器的符号及传输特性

1) 高电平(U_{oH})和低电平(U_{oL})

电压比较器可以用运放构成，也可用专用芯片构成。用运放构成的电压比较器，其高电平 U_{oH} 可接近于正电源电压(U_{CC})，低电平 U_{oL} 可接近于负电源电压($-U_{EE}$)。在有些应用场合，会对输出加以限幅。

2) 鉴别灵敏度

事实上，集成运放和专用比较器芯片的 A_{ud} 不是无穷大，u_i 在 u_r 附近的一个很小范围内存在着一个比较器的不灵敏区。如图 3-20(b) 中虚线所示的输入电压变化范围，在该范围内输出状态既非 U_{oH}，也非 U_{oL}，故无法对输入电平的大小进行判别。A_{ud} 越大，这个不灵敏区就越小，电压比较器的鉴别灵敏度就越高。

3) 转换速度

电压比较器的另一个重要特性就是转换速度，即比较器的输出状态产生转换所需要的时间。通常要求转换时间尽可能短，以便实现高速比较。比较器的转换速度与器件压摆率 S_R 有关，S_R 越大，输出状态转换所需的时间就越短，比较器的转换速度越高。电压比较器一般为开环应用或正反馈应用，不需要相位补偿电容。

3.5.2　单限比较器

1. 过零比较器

反相过零比较器电路见图 3-21(a)，同相端接地，反相端接输入电压，所以输入电压是和 0 电压进行比较。

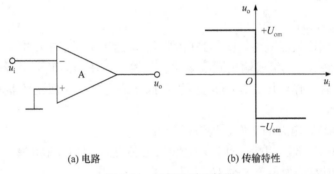

(a) 电路　　　　　　　　(b) 传输特性

图 3-21　反相过零比较器

当 $u_i>0$ 时，$u_o=-U_{om}$；当 $u_i<0$ 时，$u_o=U_{om}$。该比较器的传输特性见图 3-21(b)。该电路常用于检测正弦波的零点，当正弦波电压过零时，比较器输出发生跃变。

2. 任意电压比较器

反相任意电压比较器电路见图 3-22(a)，同相端接地，U_{REF} 是参考电压。根据叠加定理，反相输入端对地电压为

$$u_N = \frac{R_1}{R_1 + R_2}u_i + \frac{R_2}{R_1 + R_2}U_{REF}$$

令 $u_N = u_P = 0$，则阈值电压为

$$U_T = -\frac{R_2}{R_1}U_{REF}$$

输入电压 u_i 是和阈值电压 U_T 进行比较，若 $U_{REF} > 0$，则图 3-22(a) 电路的电压传输特性如图 3-22(b) 所示。只要改变参考电压的大小和极性以及电阻 R_1、R_2 的阻值，就可以

改变阈值电压的大小和极性。若要改变 u_i 过 U_T 时 u_o 的跃变方向，则应将集成运放的同相输入端和反相输入端外的电路互换。

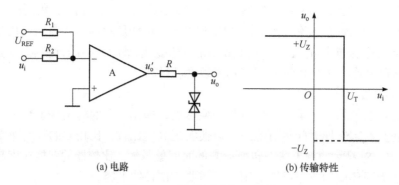

(a) 电路   (b) 传输特性

图 3-22 反相任意电压比较器

上述的开环单门限比较器电路简单、灵敏度高，但是抗干扰能力较差，当干扰叠加到输入信号上而在门限电压值上下波动时，比较器就会反复地动作，如果去控制一个系统的工作，会出现误动作。

3.5.3 滞回比较器

1. 反向输入滞回比较器

反向输入滞回比较器电路如图 3-23(a)所示，电路中引入了正反馈。电路中 R 及带温度补偿的稳压管(Z_1、Z_2)组成输出限幅电路，使输出电压的高低电平限制在$\pm(U_Z+U_D)$，其中 U_Z 为稳压管工作电压，U_D 为稳压管正向导通电压。滞回比较器电压传输特性如图 3-23(b)所示。

下面对图 3-23(a)电路的工作原理进行分析。

因为信号加在运放反相端，所以 u_i 为负时，u_o 必为正，且等于高电平 $U_{oH}=+(U_{Z1}+U_{D2})$。此时，同相端电压(U_+)为参考电平 U_{r1}，且

$$U_{r1} = U_{f1} = \frac{R_1}{R_1+R_2}U_{oH} = \frac{R_1}{R_1+R_2}(U_{Z1}+U_{D2})$$

当 u_i 由负逐渐向正变化，且 $u_i = U_f = U_{r1}$ 时，输出将由高电平转换为低电平。u_o 从高到低所对应的 u_i 转换电平称为上门限电压，记为 U_{TH}。可见

$$U_{TH} = U_{r1} = \frac{R_1}{R_1+R_2}U_{oH}$$

而后，u_i 再增大，u_o 将维持在低电平。此时，比较器的参考电压将发生变化，即

$$U_{r2} = U_{f2} = \frac{R_1}{R_1+R_2}U_{oL} = \frac{-R_1}{R_1+R_2}(U_{D1}+U_{Z2})$$

可见，u_i 由正变负的比较电平将是 U_{r2}(负值)，故只有当 u_i 变得比 U_{r2} 更负时，u_o 才又从低变高。所以，称 U_{r2} 为下门限电压，记为 U_{TL}：

$$U_{TL} = U_{r2} = \frac{-R_1}{R_1 + R_2}(U_{D1} + U_{Z2})$$

图 3-23(a)电路的传输特性像磁性材料的磁滞回线，所以该电路称为滞回比较器，又称为迟滞比较器、施密特触发器或双稳态电路，它有两个状态，并具有记忆功能。

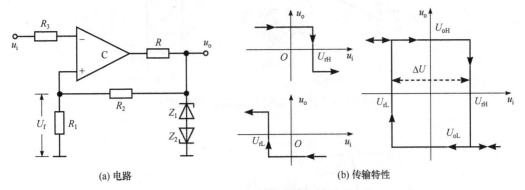

(a) 电路   (b) 传输特性

图 3-23 滞回比较器电路及传输特性

滞回比较器的上、下门限之差称为回差，用 ΔU 表示：

$$\Delta U = U_{TH} - U_{TL} = 2\frac{R_1}{R_1 + R_2}(U_Z + U_D)$$

由于使电路输出状态跳变的输入电压不发生在同一电平上，若 u_i 上叠加有干扰信号，只要该干扰信号的幅度不大于回差 ΔU，则该干扰的存在就不会导致比较器输出状态的错误跳变。应该指出，回差 ΔU 的存在使比较器的鉴别灵敏度降低了。输入电压 u_i 的峰峰值必须大于回差，否则输出电平不可能转换。

2. 同相输入滞回比较器

同相输入滞回比较器电路如图 3-24(a)所示，信号与反馈都加到运放同相端，而反相端接地($U_-=0$)。只有当同相端电压 $U_+=U_-=0$ 时，输出状态才发生跳变。而同相端电压等于正反馈电压与 u_i 在此端分压的叠加。据此，可得该电路的上门限电压和下门限电压分别为

$$U_{TH} = \frac{R_1}{R_2}(U_Z + U_D)$$

$$U_{TL} = -\frac{R_1}{R_2}(U_Z + U_D)$$

其传输特性如图 3-24(b)所示，读者可自行分析得出。

【例 3.3】 现测得某电路输入电压 u_i 和输出电压 u_o 的波形如图 3-25(a)所示，判断该电路是哪种电压比较器，并求解电压传输特性。

解 从图 3-25(a)所示的波形可知，输出高、低电平分别为 $\pm U_Z = \pm 9V$；从 u_i 与 u_o 的波形关系可知，阈值电压 $\pm U_T = \pm 3V$；因为当 $u_i < -3V$ 时，$u_o = U_{oH}$，当 $u_i > +3V$ 时，$u_o = U_{OL}$，说明输入信号从反相输入端输入；因为当 $-3V < u_i < +3V$ 时，u_i 变化、u_o 保持不变，说明电路有滞回特性；故该电路是从反相输入端输入的滞回比较器，如图 3-23(a)所示。根据上述分析，其电压传输特性如图 3-25(b)所示。

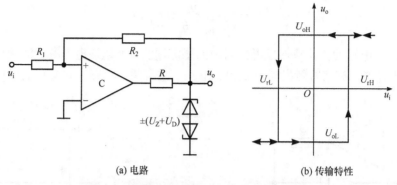

(a) 电路　　　　　　　　(b) 传输特性

图 3-24　同相输入滞回比较器及其传输特性

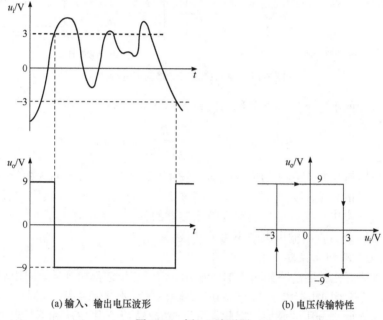

(a)输入、输出电压波形　　　　(b) 电压传输特性

图 3-25　例 3.3 波形图

3.6　滤　波　器

3.6.1　电路的频率特性

　　一个线性电路在单一正弦激励的情况下，稳态响应为同频率的正弦量。当激励的频率发生变化时，相量形式的响应与激励的比称为网络函数，也称为电路的频率特性，通常用 $H(j\omega)$ 表示。$H(j\omega)$ 为复数，可写为 $H(j\omega)=|H(j\omega)|\angle\varphi(j\omega)$，其中 $|H(j\omega)|$ 称为幅频特性，$\varphi(j\omega)$ 称为相频特性。当 $|H(j\omega)|$ 和 $\varphi(j\omega)$ 随频率的变化分别用图形表示出来时，就称为幅频特性曲线和相频特性曲线。

　　图 3-26(a)所示的电路，激励为 $u_1(t)$，响应为 $u_2(t)$，电路的相量模型如图 3-26(b)所示。由图 3-26(b)，可得网络函数为

$$H(\mathrm{j}\omega) = \frac{\dot{U}_2}{\dot{U}_1} = \frac{\dfrac{1}{\mathrm{j}\omega C}\dot{I}}{\left(R+\dfrac{1}{\mathrm{j}\omega C}\right)\dot{I}} = \frac{1}{1+\mathrm{j}\omega RC} = \frac{1}{\sqrt{1+(\omega RC)^2}}\angle-\arctan\omega RC \qquad (3\text{-}1)$$

设 $\omega_0 = \dfrac{1}{RC}$ ，则电路的幅频特性和相频特性分别为

$$|H(\mathrm{j}\omega)| = \frac{1}{\sqrt{1+(\omega RC)^2}} = \frac{1}{\sqrt{1+(\omega/\omega_0)^2}} \qquad (3\text{-}2)$$

$$\varphi(\mathrm{j}\omega) = -\arctan(\omega/\omega_0) \qquad (3\text{-}3)$$

可绘出幅频特性曲线和相频特性曲线如图 3-27(a)、(b)所示。

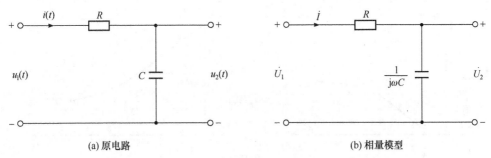

(a) 原电路　　　　　　　　　　　　(b) 相量模型

图 3-26　RC 电路及相量模型

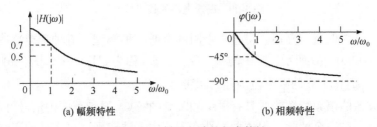

(a) 幅频特性　　　　　　　　　　　(b) 相频特性

图 3-27　低通电路的频率特性

　　从图 3-27(a)可见，当 $\omega = \omega_0 = 1/(RC)$ 时，$|H(\mathrm{j}\omega)| = 0.707$ ，说明该频率的信号通过电路后幅度变为原来的 0.707，即功率变为原来的一半。工程上把半功率点频率定义为截止频率，记为 ω_c ，即 $\omega_\mathrm{c} = 1/(RC)$ ，并以 ω_c 为界，把 $0\sim\omega_\mathrm{c}$ 的范围称为通带，把 $\omega_\mathrm{c}\sim\infty$ 的范围称为阻带。从图 3-27(a)可以看出，当输入电压幅度不变时，随着频率的升高，输出电压幅度逐渐减小并最终趋于零，可见该电路允许低频信号通过而抑制高频信号通过，所以对应的电路称为低通电路，也称为低通滤波器(Low Pass Filter，LPF)。

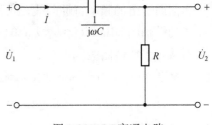

图 3-28　RC 高通电路

　　将图 3-26(a)所示电路中的 R、C 互换位置，如图 3-28 所示，则为高通电路，也称为高通滤波器(High Pass Filter，HPF)。

对图 3-28 所示电路，令 $\omega_0 = \dfrac{1}{RC}$ ，可得网络函数为

$$H(\mathrm{j}\omega) = \frac{\dot{U}_2}{\dot{U}_1} = \frac{R\dot{I}}{(R + \frac{1}{\mathrm{j}\omega C})\dot{I}} = \frac{\omega/\omega_0}{\sqrt{1 + (\omega/\omega_0)^2}} \angle \left[\frac{\pi}{2} - \arctan(\omega/\omega_0) \right]$$

电路的幅频特性和相频特性分别为

$$|H(\mathrm{j}\omega)| = \frac{1}{\sqrt{1 + (\omega RC)^2}} = \frac{\omega/\omega_0}{\sqrt{1 + (\omega/\omega_0)^2}} \tag{3-4}$$

$$\varphi(\mathrm{j}\omega) = \pi/2 - \arctan(\omega/\omega_0) \tag{3-5}$$

幅频特性曲线和相频特性曲线如图 3-29(a)、(b)所示。

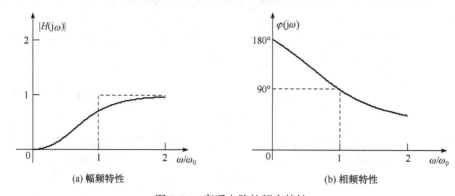

$$(a) \ 幅频特性 \qquad\qquad\qquad\qquad (b) \ 相频特性$$

图 3-29　高通电路的频率特性

滤波器可分为低通、高通、带通、带阻和全通五种类型。五种理想滤波器的幅频特性分别如图 3-30(a)～(e)所示，其中的 ω_c、ω_{c1}、ω_{c2} 称为截止频率，$|H(\mathrm{j}\omega)| = 1$ 的频率范围称为通带，$|H(\mathrm{j}\omega)| = 0$ 的频率范围称为阻带。

理想滤波器的幅频特性曲线具有平坦和跳变的特点，通带范围内信号可以原样通过，阻带范围内信号被完全滤除，但这种特性在现实中无法实现。可实现的实际滤波器，其幅频特性具有非平坦(全通滤波器除外)和渐变的特点，如图 3-27(a)和图 3-29(a)所示。

3.6.2　对数频率特性曲线与波特图

前面给出的频率特性曲线还可采用对数坐标绘制，方法是将横轴用 $\lg\omega$ 表示，幅频特性的纵轴用 $20\lg|H(\mathrm{j}\omega)|$ 表示(单位为 dB)，相频特性的纵轴不变。由此画出的图形，称为对数频率特性曲线。

根据式(3-2)，图 3-26 所示低通电路的对数幅频特性为

$$20\lg|H(\mathrm{j}\omega)| = -20\lg\sqrt{1 + (\omega/\omega_0)^2}$$

与式(3-3)联立可知，当 $\omega \ll \omega_0$ 时，$20\lg|H(\mathrm{j}\omega)| \approx 0\mathrm{dB}$，$\varphi(\mathrm{j}\omega) \approx 0°$；当 $\omega = \omega_0$ 时，$20\lg|H(\mathrm{j}\omega_0)| = -20\lg\sqrt{2} = -3\mathrm{dB}$，$\varphi(\mathrm{j}\omega_0) = -45°$；当 $\omega \gg \omega_0$ 时，$20\lg|H(\mathrm{j}\omega)| \approx -20\lg(\omega/\omega_0)\,\mathrm{dB}$，$\varphi(\mathrm{j}\omega) \approx -90°$，幅频特性具有每十倍频衰减 20dB 的特点。

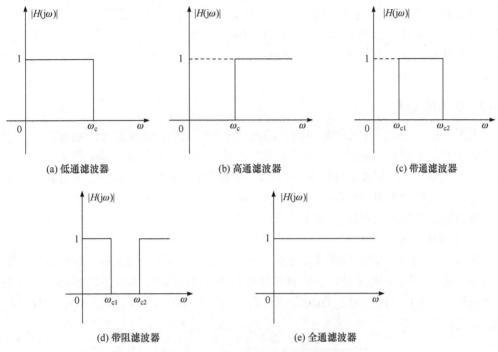

图 3-30　五种理想滤波器的幅频特性

　　实际中常采用的是用分段折线法画出的简化对数频率特性图，称为波特图。

　　将不同频段内的曲线用直线近似代替，使曲线局部线性化，整个曲线折线化，即为分段折线法。例如，对图 3-26 和图 3-28 所示的低通和高通电路，采用分段折线法画出的对数频率特性如图 3-31 中实线所示，对应图形即为波特图，而图中虚线所示则为对数频率特性曲线。

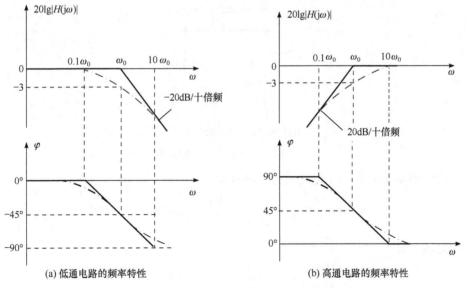

图 3-31　电路的频率特性

用波特图表示电路的频率特性，既简洁又便于绘制，所以获得了广泛的应用。不过，与对数频率特性曲线相比，波特图上的频率特性存在误差，误差主要出现在折线转折点附近区域。如图 3-31 中，幅频特性误差主要发生在 $\omega=\omega_0$ 附近，在 $\omega=\omega_0$ 处的误差最大，为 3dB。

3.6.3 有源滤波器

根据实现滤波器所用元件的不同，滤波器分为两大类：无源滤波器和有源滤波器。无源滤波器由无源元件 R、L、C 组成，其优点是工作频率高，缺点是体积大、带负载能力差。有源滤波器由集成运算放大器和 RC 网络组成，优点是体积小、带负载能力强，并具有放大和缓冲作用，缺点是工作频率不高。

有源滤波器在低频电路中得到了广泛应用。

1. 低通滤波器

图 3-32 所示为一阶有源低通滤波器，由图 3-26 所示的一阶无源低通滤波器后接集成运放构成。一阶有源低通滤波器还有另外两种基本电路形式，如图 3-32 所示。图 3-32(a) 为带电压跟随器的 LPF，图 3-32(b) 为带同相比例放大电路的 LPF，图 3-32(c) 为带反相比例放大电路的 LPF。

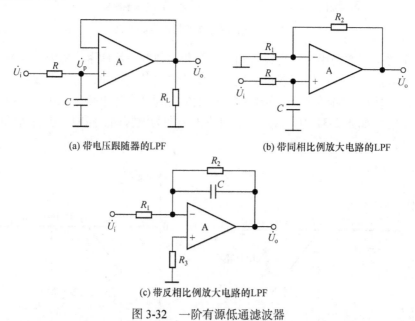

(a) 带电压跟随器的LPF　　　　　　(b) 带同相比例放大电路的LPF

(c) 带反相比例放大电路的LPF

图 3-32　一阶有源低通滤波器

分析可得图 3-32(b)所示电路的频率特性为

$$H(\mathrm{j}\omega)=\frac{\dot{U}_o}{\dot{U}_i}=\left(1+\frac{R_2}{R_1}\right)\frac{1}{\sqrt{1+(\omega RC)^2}}\angle -\arctan \omega RC$$

归一化处理，有

$$\frac{H(\mathrm{j}\omega)}{H(\mathrm{j}0)}=\frac{1}{\sqrt{1+(\omega RC)^2}}\angle -\arctan \omega RC$$

　　由此得到的对数形式幅频特性如图 3-33 所示,该图也是图 3-32(a)所示电路的对数形式幅频特性,还是图 3-32(c)所示电路的归一化对数形式幅频特性。

　　实际一阶低通滤波器的特性与理想低通滤波器的特性差距较大,理想低通滤波器当频率大于截止频率时,电压增益为零,而实际的一阶低通滤波器只是以-20dB/十倍频的斜率衰减,选择性较差。为了使实际低通滤波器特性更接近理想特性,可以在图 3-32(b)的基础上再加上一级 RC 低通网络,使高频段的衰减斜率更大一些,这样就构成了二阶低通滤波器,如图 3-34 所示。

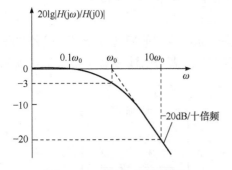

图 3-33　对数形式幅频特性

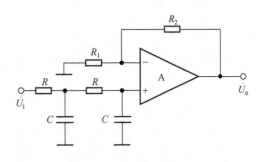

图 3-34　二阶低通滤波器

　　分析可得图 3-34 所示电路的频率特性为

$$H(\mathrm{j}\omega) = \frac{\dot{U}_\mathrm{o}}{\dot{U}_\mathrm{i}} = \left(1+\frac{R_2}{R_1}\right)\frac{1}{1+3\mathrm{j}\omega RC - (\omega RC)^2}$$

归一化后的频率特性为

$$\frac{H(\mathrm{j}\omega)}{H(\mathrm{j}0)} = \frac{1}{1+3\mathrm{j}\omega RC - (\omega RC)^2} = \frac{1}{\sqrt{1+7(\omega RC)^2+(\omega RC)^4}} \angle -\arctan\frac{3\omega RC}{1-(\omega RC)^2}$$

　　由此画出的归一化幅频特性如图 3-35 所示。注意,该电路衰减 3dB 的频率点是 $0.37\omega_0 = \dfrac{0.37}{RC}$,由 $1+7(\omega RC)^2+(\omega RC)^4 = 2$ 求出。

　　在实际中用得比较多的二阶低通滤波器是在图 3-34 基础上改进得到的压控电压源二阶低通滤波器,第一级的电容不接地而是改接到输出端,如图 3-36 所示。图中 R_1、

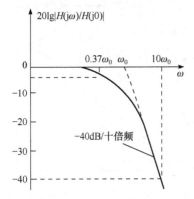

图 3-35　二阶低通滤波器的幅频特性

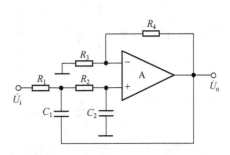

图 3-36　压控电压源二阶低通滤波器

R_2、C_1、C_2数值的不同组合，可使滤波器特性不同。用不同的方法确定的 R_1、R_2、C_1、C_2 的数值组合对应的滤波器有巴特沃思滤波器、切比雪夫滤波器、贝塞尔滤波器等，它们的通带特性和阻带特性各异，可满足不同的需要。

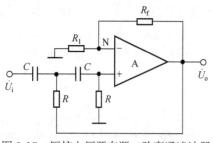

图 3-37　压控电压源有源二阶高通滤波器

2. 高通滤波器

将低通滤波器中 RC 网络的电阻、电容互换位置，就可得到高通滤波器。压控电压源有源二阶高通滤波器如图 3-37 所示。

3. 其他滤波器

将高通滤波器与低通滤波器级联或者并联，就可得到带通或者带阻滤波器，如图 3-38 所示。

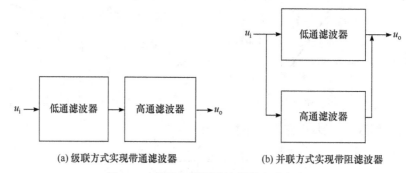

(a) 级联方式实现带通滤波器　　　　　　　(b) 并联方式实现带阻滤波器

图 3-38　带通和带阻滤波器的实现方式

　　设低通滤波器的截止频率为 f_2，高通滤波器的截止频率为 f_1，并且选择 $f_2 > f_1$，将两者级联，那么频率为 $f_1 \sim f_2$ 的信号能通过，其他频率的信号被阻止通过。图 3-39 所示为压控电压源有源二阶带通滤波器。

　　设低通滤波器的截止频率为 f_2，高通滤波器的截止频率为 f_1，并且选择 $f_2 < f_1$，将两者并联，那么频率低于 f_1 和高于 f_2 的信号能通过，其他频率的信号被阻止通过。图 3-40 所示为压控电压源有源二阶带阻滤波器。

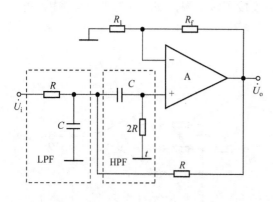

图 3-39　压控电压源有源二阶带通滤波器

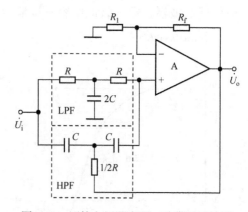

图 3-40　压控电压源有源二阶带阻滤波器

随着集成电路中 MOS 工艺的迅速发展，由 MOS 开关电容和运放组成的开关电容滤波器已经实现了单片集成化，其性能达到很高的水平，并得到了广泛的应用，已成为近年来滤波器的主流。图 3-41 所示为一个实际开关电容低通滤波器结构，相关情况不做进一步介绍，感兴趣的读者可查阅其他资料。

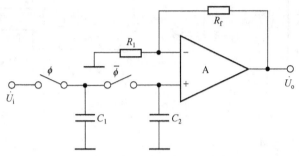

图 3-41　实际开关电容低通滤波器

习　　题

3-1　同相比例运算如题 3-1 图所示，求 u_o。

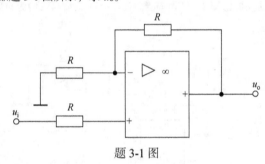

题 3-1 图

3-2　电路如题 3-2 图所示，$u_{i1} = 0.6V$，$u_{i2} = 0.8V$，求 u_o 的值。

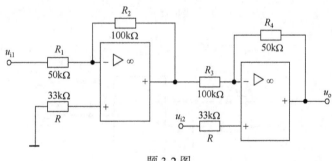

题 3-2 图

3-3　为了用较小电阻实现高电压放大倍数的比例运算，常用一个 T 型网络代替反馈电阻，如题 3-3 图所示，求 u_o 与 u_i 之间的关系。

3-4　在题 3-4 图所示的增益可调的反相比例运算电路中，已知 $R_1 = R_W = 10k\Omega$、$R_2 = 20k\Omega$、$U_i = 1V$，设 A 为理想运放，其输出电压最大值为 ±12V，求：(1)当电位器 R_W 的滑动端上移到顶部极限位置时 U_o 的值；(2)当电位器 R_W 的滑动端处在中间位置时 U_o 的值；(3)电路的输入电阻 R_i 的值。

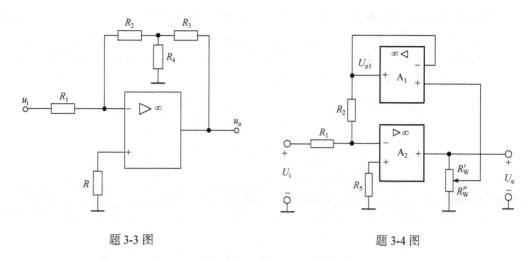

题 3-3 图　　　　　　　　　　　　题 3-4 图

3-5　用理想运放组成的电路如题 3-5 图所示，已知 $R_1 = 50\text{k}\Omega$，$R_2 = 80\text{k}\Omega$，$R_3 = 60\text{k}\Omega$，$R_4 = 40\text{k}\Omega$，$R_5 = 100\text{k}\Omega$，试求 $A_\text{u} = \dfrac{u_\text{o}}{u_\text{i}}$ 的值。

3-6　电路如题 3-6 图所示，已知 U_i1=1V、U_i2=2V、U_i3=3V、U_i4=4V(均为对地电压)，$R_1 = R_2 = 2\text{k}\Omega$，$R_3 = R_4 = R_\text{f} = 1\text{k}\Omega$，求 U_o。

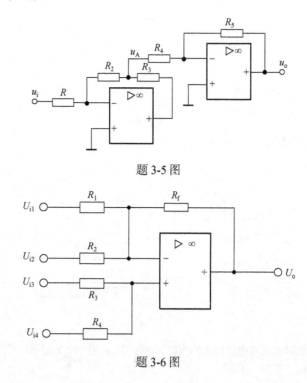

题 3-5 图

题 3-6 图

3-7　题 3-7 图(a)、(b)所示的基本微分电路中，C=0.01μF，R=100kΩ，如果输入信号波形如题 3-7 图(c) 所示，试画出输出电压波形。

3-8　电路如题 3-8 图所示，求 u_o 的表达式。

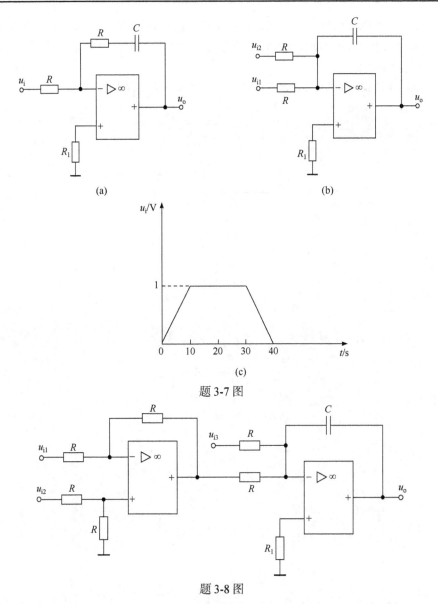

题 3-7 图

题 3-8 图

3-9　电路如题 3-9 图所示，双向稳压二极管为理想的，画出传输特性，并说明电路的功能，

3-10　一个比较器电路如题 3-10 图所示，U_Z=6V，求门限电压值，画出传输特性。

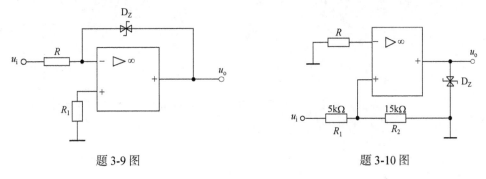

题 3-9 图　　　　　　　　　　题 3-10 图

3-11　要对信号进行以下的处理，应该选用什么样的滤波器？(1)频率为 1kHz 至 2kHz 的信号为有用信号，其他的为干扰信号；(2)低于 50Hz 的信号为有用信号；(3)高于 200kHz 的信号为有用信号；(4)抑制 50Hz 电源的干扰。

3-12　在题 3-12 图所示的低通滤波电路中，试求其传递函数及截止角频率 ω_0。

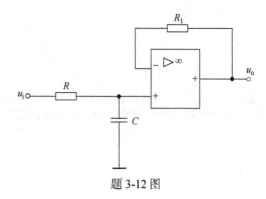

题 3-12 图

第4章　电子电路中的反馈

本章介绍电子电路中的反馈，具体内容为反馈的基本概念、负反馈放大电路的基本关系式和四种组态、负反馈对放大电路的影响、放大电路引入负反馈的一般原则、正反馈与正弦波振荡。

4.1　反馈的基本概念

4.1.1　什么是反馈

反馈，就是将电路输出端口上的电压或输出回路的电流，通过一定的网络，回送到电路的输入端或输入回路，并同输入信号一起参与电路的输入控制作用，从而使电路的某些性能获得改善的过程。

为了使问题的讨论更具普遍性，可将反馈电路抽象为如图 4-1 所示的方框图。在图中已假定电路为正弦稳态电路，故信号用相量形式表示，输入信号为 $\dot{X}_i$、反馈信号为 $\dot{X}_f$、基本放大器的净输入信号为 $\dot{X}_i'$，三者间的关系为 $\dot{X}_i' = \dot{X}_i - \dot{X}_f$；$A$ 为基本放大器的放大倍数，为复数；F 为反馈网络的反馈系数，也为复数。

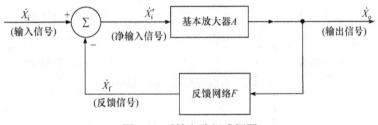

图 4-1　反馈电路组成框图

对反馈电路进行分析和计算的关键是正确判断电路是否存在反馈以及反馈是何类型。判断电路是否有反馈的关键是找出电路的反馈网络。反馈网络必定是联系输出和输入的一个局部电路。

4.1.2　反馈的类型

可从多个角度对反馈进行分类。

1. 正反馈与负反馈

从图 4-1 所示的框图可以看出，反馈信号送回输入回路与原输入信号共同作用后，对净输入信号的影响有两种结果：一种是使净输入信号比没有引入反馈的时候减小了，而净输入量的减小必然会引起输出量减小，因此这种反馈称为负反馈；另一种则是使净输入信号比没有引入反馈的时候增加了，输出量也因此增加，这种反馈就称为正反馈。在放大电路中一般引入负反馈。

放大电路中引入负反馈会导致输出减小，即降低了放大倍数，那么引入负反馈的意义何在呢？意义是多方面的，包括提高放大倍数的稳定性、减少非线性失真、展宽频带、改变输入和输出电阻等方面。后面将进行详细讨论。

2. 串联反馈与并联反馈

实际电路的输入信号由实际信号源提供，当实际信号源的电路模型用电压源与电阻串联表示时，可认为输入信号为电压；当实际信号源的电路模型用电流源与电阻并联表示时，可认为输入信号为电流。由于电压源与电阻的串联结构可以与电流源与电阻的并联结构进行等效互换，所以电路的输入信号既可以看成电压，也可以看成电流。

判断反馈所起的作用时，如果反馈信号不是通过输入端口的输入节点接入，而是接入输入回路中，相当于新接入了电压源而改变了原来的输入电压，则为串联反馈；如果反馈信号通过输入端口的输入节点接入，相当于新接入了电流源而改变了原来的输入电流，则为并联反馈。这里，输入端口的输入节点是指输入端口的非零电位端所对应的节点。

串联反馈和并联反馈可分别用图 4-2(a)、(b)表示。图 4-3(a)、图 4-4(a)所示为串联反馈的具体局部电路，图 4-3(b)、图 4-4(b)所示为并联反馈的具体局部电路。

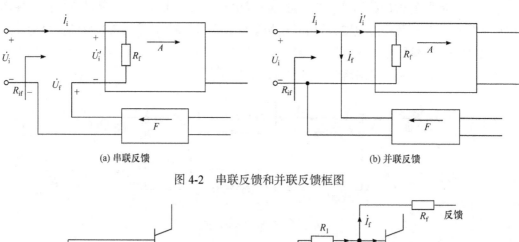

图 4-2　串联反馈和并联反馈框图

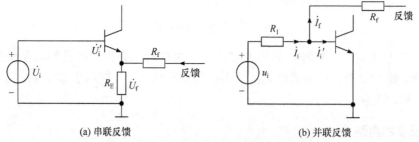

图 4-3　串联反馈和并联反馈的局部电路

3. 电压反馈与电流反馈

反馈信号如果是从电路输出端口的输出节点引出，则称为电压反馈；反馈信号如果不是从电路输出端口的输出节点引出，而是从输出回路引出，则称为电流反馈。这里，输出端口的输出节点是指输出端口的非零电位端所对应的节点。

电压反馈和电流反馈可分别用图 4-5(a)、(b)表示。图 4-6(a)所示为电压反馈的具体局部电路，图 4-6(b)所示为电流反馈的具体局部电路。

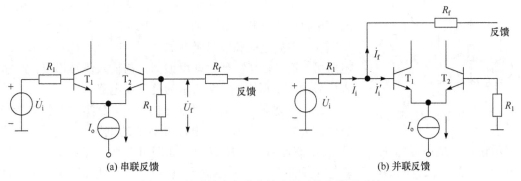

(a) 串联反馈　　　　　　　　　　　　(b) 并联反馈

图 4-4　差动放大电路中的串联反馈和并联反馈

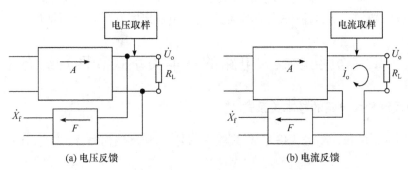

(a) 电压反馈　　　　　　　　　　　　(b) 电流反馈

图 4-5　电压反馈和电流反馈框图

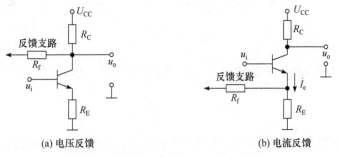

(a) 电压反馈　　　　　　　　　　　　(b) 电流反馈

图 4-6　电压反馈和电流反馈的局部电路

4. 直流反馈、交流反馈和交直流反馈

凡反馈信号是直流的称为直流反馈；凡反馈信号是交流的称为交流反馈；凡反馈信号中既有交流又有直流的称为交直流反馈。

4.1.3　正反馈与负反馈的判断

图 4-7 所示电路中，R_e 既是输出回路的一部分，又是输入回路的一部分，是将输出信号回送到输入回路的通路，所以图 4-7 所示是一个含有反馈的电路，R_e 就是该电路的反馈网络。根据前面的讨论可知，该电路属于电流串联反馈。

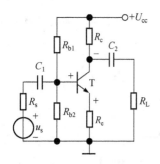

图 4-7 电压串联负反馈电路

正、负反馈可利用瞬时极性法判断。具体方法是：在电路输入端注入瞬时极性为"+"的信号，如图 4-7 所示电路中基极旁的"+"符号所示，在输入信号的作用下，三极管的集电极和发射极分别具有"−"极性和"+"极性的信号，如图 4-7 中集电极和发射极旁的"−"和"+"符号所示。由电路可知有 $U_{be}=U_b-U_e$，即反馈信号与输入信号相减，净输入信号减少，所以图 4-7 所示为负反馈电路。

以上论述采用的是一种简化的方式。真实的情况应是三极管的基极、发射极、集电极处对地的电压均大于零，"+"表示该点对地电压增加，"−"表示该点对地电压减少。如图 4-7 中，基极旁的"+"表示本处的输入电压增加，集电极旁的"−"表示本处的电压减少，发射极旁的"+"表示本处的电压增加。由于发射极电压的增加导致三极管净输入信号 U_{be} 的增加被削弱(U_{be} 实际还是有所增加)，从而使输出的增加受到削弱(输出实际还是有所增加)。

4.2 负反馈放大电路的基本关系式和四种组态

4.2.1 负反馈放大电路的基本关系式

根据图 4-1 可知，净输入信号 $\dot{X}'_i$ 是输入信号 $\dot{X}_i$ 与反馈信号 $\dot{X}_f$ 之差，即

$$\dot{X}'_i = \dot{X}_i - \dot{X}_f \tag{4-1}$$

基本放大电路的开环放大倍数 A 为输出信号 $\dot{X}_o$ 与净输入信号 $\dot{X}'_i$ 之比，即

$$A = \frac{\dot{X}_o}{\dot{X}'_i} \tag{4-2}$$

反馈系数 F 是反馈网络的输出与反馈网络的输入 $\dot{X}_o$ 之比，即

$$F = \frac{\dot{X}_f}{\dot{X}_o} \tag{4-3}$$

环路放大倍数是反馈网络的输出与基本放大电路净输入信号 $\dot{X}'_i$ 之比，即

$$AF = \frac{\dot{X}_f}{\dot{X}'_i} \tag{4-4}$$

反馈放大电路的放大倍数也称为闭环放大倍数，是放大电路的输出 $\dot{X}_o$ 与外加输入信号 $\dot{X}_i$ 之比，即

$$A_f = \frac{\dot{X}_o}{\dot{X}_i} = \frac{\dot{X}_o}{\dot{X}'_i + \dot{X}_f} = \frac{\dfrac{\dot{X}_o}{\dot{X}'_i}}{1 + \dfrac{\dot{X}_o}{\dot{X}'_i}} = \frac{A}{1+AF} \tag{4-5}$$

式(4-5)就是放大电路引入反馈后的一般表达式。分母 $1+AF$ 是衡量反馈程度的一个

重要指标，称为反馈深度。由式(4-5)可以得出以下结论。

(1) 若$|1+AF|>1$，则$|A_f|<|A|$，说明引入反馈后使放大倍数比原来减小，这种反馈就是负反馈；在负反馈的情况下，如果$|1+AF|\gg1$，则称电路进入深度负反馈。此时$|AF|\gg1$，式(4-5)可简化为

$$A_f = \frac{A}{1+AF} \approx \frac{1}{F} \tag{4-6}$$

式(4-6)表明，在深度负反馈条件下，闭环放大倍数 $\dfrac{A}{1+AF}$ 基本上等于反馈系数 F 的倒数。也就是说，深度负反馈放大电路的放大倍数 A_f 几乎与基本放大电路的放大倍数 A 无关，而主要取决于反馈网络的反馈系数 F。因此，即使由于温度等因素变化而导致放大电路的放大倍数 A 发生变化，只要 F 的值一定，就能保持闭环放大倍数 A_f 稳定，这是深度负反馈放大电路的一个突出优点。在实际的负反馈放大电路中，反馈网络常常由电阻等元件组成，反馈系数 F 通常决定于某些电阻值，基本不受温度等因素的影响，而且大多数负反馈放大电路一般都能满足深度负反馈的条件，这在工程上给人们带来了很大便利。

(2) 若$|1+AF|<1$，则$|A_f|>|A|$，即引入反馈后使放大倍数比原来增大，这种反馈即为正反馈。虽然正反馈能提高放大倍数，但会导致放大电路的其他性能指标下降，如使放大电路变得不够稳定等，因此在放大电路中很少用到。

(3) 如果 $1+AF=0$，即 $AF=-1$，则 $A_f \to \infty$，说明当 $\dot{X}_i = 0$ 时，$\dot{X}_o \neq 0$。此时放大电路虽然没有输入信号，但仍然产生了输出信号。放大电路的这种状态称为自激振荡，这时，输出信号将不受输入信号的控制，也就是说，放大电路失去了放大作用，不能正常工作。但是，有时为了产生正弦波或其他波形信号，也会有意识地在放大电路中引入正反馈，并使之满足自激振荡的条件。

4.2.2　负反馈放大电路的四种组态

1. 电压串联负反馈

电压串联负反馈的特点是：反馈网络将输出电压信号的部分或全部回送到输入回路，在输入回路与输入信号反极性串联连接。图 4-8(a)所示即为电压串联反馈框图，图 4-8(b)为一个具体的电压串联负反馈电路。

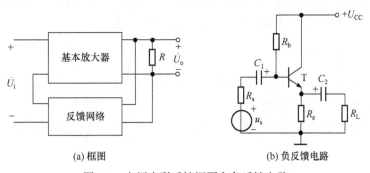

(a) 框图　　　　　　　　　(b) 负反馈电路

图 4-8　电压串联反馈框图和负反馈电路

图 4-8(b)是共集电极电路，电阻 R_e 构成反馈网络。该网络的一端接在输出端口的输出节点上，是电压反馈；另一端没有接在输入端口的输入节点上，而是接入输入回路中，是串联反馈；根据瞬时极性法可知是负反馈，所以该电路是电压串联负反馈放大器。

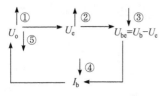

图 4-9　稳定输出电压的过程(一)

因为图 4-8(b)所示电路可将交、直流信号反馈到输入端，所以电路为交直流电压串联负反馈放大器。串联反馈可增大电路的输入阻抗，电压反馈可减小电路的输出阻抗，稳定放大器的输出电压。电压串联负反馈电路稳定输出电压的过程如图 4-9 所示。

2. 电压并联负反馈

电压并联负反馈的特点是：反馈网络将输出电压信号的部分或全部通过输入端口的输入节点回送到输入端，在输入端与输入信号反极性并联连接。

电压并联反馈的组成框图如图 4-10(a)所示，图 4-10(b)为一个具体的电压并联负反馈电路。

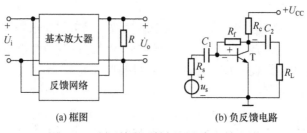

(a) 框图　　　　　　(b) 负反馈电路

图 4-10　电压并联反馈框图和负反馈电路

由图 4-10(b)可见，该电路的反馈网络由电阻 R_f 构成，R_f 的一端与电路的输出端口的输出节点相连，构成电压反馈，另一端与输入端口的输入节点相连，构成并联反馈，根据瞬时极性法判断可知为负反馈。故该电路为电压并联负反馈放大器。

因为图 4-10(b)所示电路可将输出的交、直流信号反馈到输入端，所以该电路为交直流电压并联负反馈放大器。并联负反馈可减小电路的输入阻抗，电压负反馈可减小电路的输出阻抗，稳定放大器的输出电压。电压并联负反馈放大器稳定输出电压的过程如图 4-11 所示。

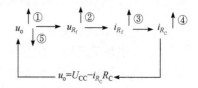

图 4-11　稳定输出电压的过程(二)

3. 电流串联负反馈

电流串联负反馈的特点是：反馈网络将输出电流信号的部分或全部回送到输入回路，在输入回路与输入信号反极性串联连接。

电流串联反馈的组成框图如图 4-12(a)所示，图 4-12(b)为一个具体的电流串联负反馈电路。

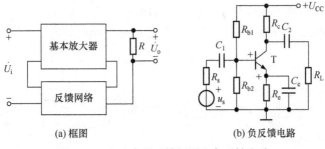

图 4-12 电流串联反馈框图和负反馈电路

由图 4-12(b)可见，该电路的反馈网络由电阻 R_e 构成。R_e 的两端既没有与输出端口的输出节点相连，也没有与输入端口的输入节点相连，构成电流串联反馈，根据瞬时极性法判断可知为负反馈。故电路为电流串联负反馈放大器。

因为该电路仅能将输出的直流信号(交流信号通过旁路电容 C_e 到地)反馈到输入端，所以该电路为直流电流串联负反馈放大器。电流负反馈可增大放大器的输出阻抗，稳定放大器的输出电流，稳定过程如图 4-13 所示。

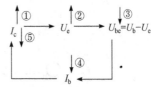

图 4-13 稳定输出电流的过程(一)

4. 电流并联负反馈放大器

电流并联负反馈放大器的特点是：反馈网络将输出电流信号的部分或全部通过输入端口的输入节点回送到输入端，在输入端与输入信号反极性并联连接。

电流并联反馈的组成框图如图 4-14(a)所示，图 4-14(b)为一个具体的电流并联负反馈电路。

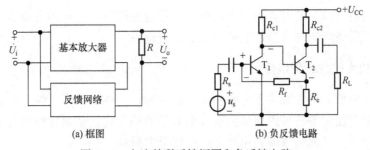

图 4-14 电流并联反馈框图和负反馈电路

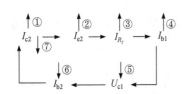

图 4-15 稳定输出电流的过程(二)

由图 4-14(b)可见，该电路的反馈网络由电阻 R_f 构成，该电阻的一端没有接在输出端口的输出节点上，故为电流反馈，另一端接在输入端口的输入节点上，构成并联反馈。根据瞬时极性法判断可知为负反馈。故该电路为电流并联负反馈放大器。

因为该电路可将输出的交、直流信号反馈到输入端，所以该电路称为交直流电流并联负反馈放大器。电流负反馈可增大放大器的输出阻抗，稳定放大器的输出电流，稳定输出电流的过程如图 4-15 所示。

前面以三极管电路为例介绍了四种负反馈组态的具体反馈过程，运放电路同样存在四种反馈组态，如图 4-16 所示，具体的反馈过程分析留做练习。

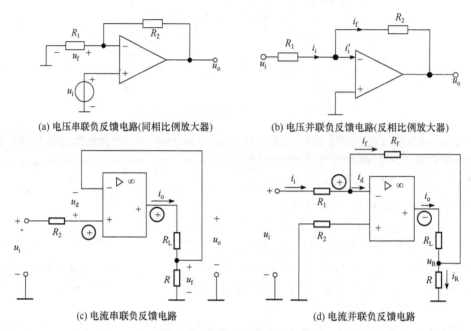

(a) 电压串联负反馈电路(同相比例放大器)　　　　　　(b) 电压并联负反馈电路(反相比例放大器)

(c) 电流串联负反馈电路　　　　　　　　　(d) 电流并联负反馈电路

图 4-16　四种负反馈组态电路

4.3　负反馈对放大电路的影响

引入交流负反馈后的放大器，会使放大倍数有所降低，但其他方面的性能会得到改善。下面对负反馈影响放大器性能的问题进行讨论。

4.3.1　提高放大倍数的稳定性

放大电路的放大倍数取决于电路中元件的参数，元件老化或更换、电源电压波动、负载及环境温度变化等各种因素都会引起放大倍数的变化，从而导致放大电路不稳定。但引入负反馈后，放大倍数的稳定性可以得到很大提高。

通常用放大倍数的相对变化量来衡量放大倍数的稳定性。开环放大倍数的稳定度为 $\dfrac{\Delta A}{A}$，闭环放大倍数的稳定度为 $\dfrac{\Delta A_f}{A_f}$。

在中频段，A、A_f、F 都是实数，根据 A_f 的表达式 $A_f = \dfrac{A}{1+AF}$，以 A 为变量，微分可得

$$\frac{\mathrm{d}A_f}{\mathrm{d}A} = \frac{(1+AF)-AF}{(1+AF)^2} = \frac{1}{(1+AF)^2} = \frac{A}{A(1+AF)^2} = \frac{A_f}{(1+AF)A}$$

所以

$$\frac{\mathrm{d}A_\mathrm{f}}{A_\mathrm{f}} = \frac{1}{1+AF}\frac{\mathrm{d}A}{A} \tag{4-7}$$

式(4-7)表明，负反馈放大电路闭环放大倍数的相对变化量 $\dfrac{\mathrm{d}A_\mathrm{f}}{A_\mathrm{f}}$ 等于开环放大倍数相

对变化量 $\dfrac{\mathrm{d}A}{A}$ 的 $\dfrac{1}{1+AF}$。也就是说，虽然负反馈的引入使放大倍数下降为原来的 $\dfrac{1}{1+AF}$，但放大倍数的稳定性却提高了 $1+AF$ 倍。

例如，设某一负反馈放大电路的 $1+AF=101$，基本放大电路放大倍数的稳定性为 $\dfrac{\mathrm{d}A}{A}=\pm10\%$，则 $\dfrac{\mathrm{d}A_\mathrm{f}}{A_\mathrm{f}}=\dfrac{1}{101}\times(\pm10\%)\approx\pm0.1\%$，可见引入负反馈后，放大倍数的稳定性提高了 100 倍。反馈深度越深，闭环放大倍数的稳定性越好。

不过要注意，负反馈只能使输出量趋于不变，而不能使输出量保持不变，它利用放大倍数的下降来换取放大倍数稳定性的提高。

【例 4.1】　设计一个负反馈放大器，要求闭环放大倍数 $A_\mathrm{f}=100$，当开环放大倍数 A 变化 $\pm10\%$ 时，A_f 的相对变化量在 $\pm0.5\%$ 以内，试确定开环放大倍数 A 及反馈系数 F 值。

解　因为

$$\frac{\Delta A_\mathrm{f}}{A_\mathrm{f}} = \frac{1}{1+AF}\frac{\Delta A}{A}$$

所以，反馈深度 $1+AF$ 必须满足：

$$1+AF \geqslant \frac{\Delta A/A}{\Delta A_\mathrm{f}/A_\mathrm{f}} = \frac{10\%}{0.5\%} = 20$$

可得

$$AF \geqslant 20-1 = 19$$

又因为

$$A_\mathrm{f} = \frac{A}{1+AF}$$

所以

$$A = A_\mathrm{f}(1+AF) \geqslant 100\times20 = 2000$$

$$F \geqslant \frac{19}{A} = \frac{19}{2000} = 0.95\%$$

4.3.2　减小非线性失真

由于放大器件的非线性特性，当输入信号为正弦波时，输出信号的波形将产生或多或少的非线性失真。当输入信号幅度较大时，非线性失真现象更为明显。

如图 4-17 所示，如果正弦波输入信号 $\dot{X}_\mathrm{i}$ 经过放大后产生的失真波形为正半周大，负半周小，则引入负反馈可以减小非线性失真。经过反馈后，反馈信号 $\dot{X}_\mathrm{f}$ 也是正半周大，负半周小。但它和输入信号 $\dot{X}_\mathrm{i}$ 相减后得到的净输入信号 $\dot{X}_\mathrm{i}' = \dot{X}_\mathrm{o} - \dot{X}_\mathrm{f}$ 的波形却变成正半

周小，负半周大，这样就把输出信号的正半周压缩，负半周扩大，结果使正、负半周的幅度趋于一致，从而改善了输出波形。不过负反馈减小的是反馈环内的非线性失真，如果输入信号为失真的信号，负反馈就不能起到改善作用。

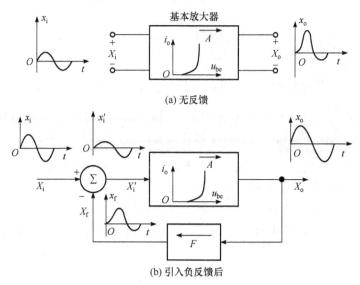

图 4-17　负反馈对非线性失真的改善

4.3.3　展宽通频带

对放大电路来说，频率特性是一个重要的指标，在某些场合，要求有较宽的频带。但由于放大电路中电抗性元件的存在，以及三极管本身结电容的影响，放大倍数会随频率的变化而变化。即中频段放大倍数较大，高频段和低频段放大倍数随频率的升高和降低而减小，这样，放大电路的通频带就比较窄。

引入负反馈后，就可以利用负反馈的自动调整作用将通频带展宽。在中频段，由于放大倍数大，输出信号大，反馈信号也大，则净输入信号减小得多，即在中频段放大倍数有较明显的降低。而在高频段和低频段，由于放大倍数较小，输出信号也小，在反馈系数不变的情况下，其反馈信号小，使净输入信号减小的程度比中频段要小，即在高频段和低频段放大倍数降低得少。这样，就使幅频特性变得平坦，上限频率升高、下限频率下降，通频带得以展宽，如图 4-18 所示。

需要强调指出，负反馈展宽频带的前提是，引起高频段或低频段放大倍数下降的因素必须包含在反馈环路以内，即频率影响放大倍数变化的信息必须反馈到放大器的输入端，否则负反馈不能改善频率特性。例如，图 4-19 中，取样点设在 A 点，而 C_1 在反馈环路以外，由 C_1 引起的低频段 U_o 的下降信息不能反馈到放大器的输入端，所以，负反馈不能减小由 C_1 引起的低频失真。但如果将取样点设在 B 点，则负反馈就可以减小由 C_1 引起的低频失真。(试问：对于由 C_o 引起的高频失真，取样点设在 A 点或 B 点有何差别？该问题留给读者思考。)

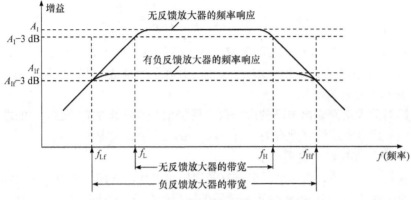

图 4-18　负反馈改善放大器频率响应的示意图

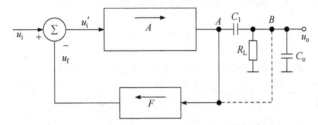

图 4-19　引起频率失真的因素必须包含在反馈环路之内

4.3.4　对输入电阻和输出电阻的影响

　　放大电路中引入不同组态的负反馈后，对输入电阻和输出电阻将产生不同的影响，利用这些特点，可以采用各种形式的负反馈来改变输入、输出电阻的数值，以满足实际工作中的特定要求。

　　1. 对输入电阻的影响

　　1) 串联负反馈使输入电阻增大

　　由图 4-2(a)可知，无反馈时的输入电阻为

$$R_i = \frac{U_i'}{I_i}$$

引入串联负反馈后，输入电阻为

$$R_{if} = \frac{U_i}{I_i} = \frac{U_i' + U_f}{I_i} = \frac{U_i' + AFU_i'}{I_i} = (1 + AF)R_i$$

　　由此得出结论，只要引入串联负反馈，放大电路的输入电阻将增大，成为无反馈时的 $1+AF$ 倍。在理想情况下，即 $1 + AF \to \infty$ 时，串联负反馈放大电路的输入电阻 $R_{if} \to \infty$。

　　2) 并联负反馈使输入电阻减小

　　由图 4-2(b)可知，无反馈时的输入电阻为

$$R_i = \frac{U_i}{I_i'}$$

有反馈时的输入电阻为

$$R_{if} = \frac{U_i}{I_i} = \frac{U_i}{I_i' + I_f} = \frac{U_i}{I_i' + AFI_i'} = \frac{R_i}{1 + AF}$$

由以上分析可知，只要引入并联负反馈，放大器的输入电阻将减小，变为无反馈时的 $1/(1+AF)$。在理想情况下，即 $1+AF \to \infty$ 时，并联负反馈放大电路的输入电阻 $R_{if} \to 0$。

2. 对输出电阻的影响

负反馈对放大电路输出电阻的影响仅与反馈信号在输出端口(回路)中的取样方式有关，即与电压或电流反馈类型有关，而与输入端的连接方式无关。

1) 电压负反馈使输出电阻减小

前面我们已经知道，电压负反馈具有稳定输出电压的作用，即电压负反馈放大电路具有恒压源的性质。因此引入电压负反馈后的输出电阻 R_{of} 比无反馈时的输出电阻 R_o 小，可以证明，电压负反馈放大电路的输出电阻是基本放大电路输出电阻的 $1/(1+AF)$，即

$$R_{of} = \frac{R_o}{1 + AF}$$

输出电阻减小，意味着负载变化时，输出电压变化小，保持稳定。

反馈越深，R_{of} 越小。在理想情况下，即 $1+AF \to \infty$ 时，电压负反馈放大电路的输出电阻 $R_{of} \to 0$。

2) 电流负反馈使输出电阻增大

电流负反馈具有稳定输出电流的作用，即电流负反馈放大电路具有恒流源的性质。因此，引入电流负反馈后的输出电阻 R_{of} 要比无反馈时的输出电阻 R_o 大。可以证明，电流负反馈放大电路的输出电阻是基本放大电路输出电阻的 $1+AF$ 倍，即

$$R_{of} = (1 + AF)R_o$$

输出电阻增大，意味着负载变化时，输出电流变化小，保持稳定。

反馈越深，R_{of} 越大。在理想情况下，即 $1+AF \to \infty$ 时，电流负反馈放大电路的输出电阻 $R_o \to \infty$。

要注意的是，负反馈对输出电阻的影响是指对反馈环内的输出电阻的影响，对反馈环外的电阻没有影响。

4.4　放大电路引入负反馈的一般原则

负反馈对放大器性能的影响是多方面的，定性分析比定量分析更重要。定性分析主要是判断反馈的组态，熟悉各反馈组态对放大器性能改善的影响，为设计负反馈放大器提供参考。下面是设计电路时，根据需要而引入负反馈的一般原则：

(1) 引入直流负反馈是为了稳定静态工作点；引入交流负反馈是为了改善放大器的动态性能。

(2) 引入串联反馈还是并联反馈主要看信号源的性质。当信号源为恒压源或内阻很小的电压源时，增大输入电阻，放大器可从信号源获得更大的电压信号输入，在这种情况下应选用串联负反馈；当信号源为恒流源或内阻很大的电流源时，减小输入电阻，放

大器可从电流源获得更大的电流输入，在这种情况下应选用并联负反馈。

(3) 根据放大器所带负载对信号源的要求来确定选用电压反馈还是电流反馈。当负载需要稳定的电压输入时，因电压反馈可稳定放大器的输出电压，所以应选用电压反馈；当负载需要稳定的电流输入时，因电流反馈可稳定放大器的输出电流，所以应选用电流反馈。

(4) 根据信号变换的需要，选择合适的组态，在实施负反馈的同时，实现信号的转换。

【例 4.2】　图 4-20 所示为两级放大电路，第 1 级为差动放大电路。通过连接反馈支路 R_6 并将其他两个端子短接可实现如下反馈：(1)电压串联负反馈；(2)电压并联负反馈；(3)电流并联负反馈。试说明各自的连接方案和电路的功能。

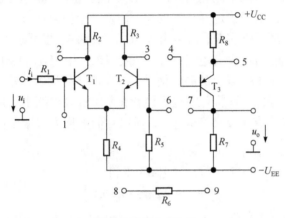

图 4-20　例 4.2 电路

解　(1) 电压串联负反馈接线的特点是：反馈网络的一个端子与输出端子接在一起，另一个端子不与输入端子接在一起，因此，应将 R_6 的两个端子 8 和 9 分别与端子 6 和 7 相连；根据负反馈的要求，需将端子 2 和 4 相连。反馈效果是：提高了放大器输入端从信号源得到的电压，增强了电路带负载的能力。电路具有电压控制电压源的功能。

(2) 电压并联负反馈接线的特点是：反馈网络的两个端子分别与输出端子和输入端子接在一起，因此，应将 R_6 的两个端子 8 和 9 分别与端子 1 和 7 相连；根据负反馈的要求，需将端子 3 和 4 相连。反馈效果是：能将输入电流 i_i 转换成稳定的输出电压 u_o。电路具有电流控制电压源的功能。

(3) 电流并联负反馈接线的特点是：反馈网络的一个端子与输入端子相连，另一个端子不与输出端子相连，因此，应将 R_6 的两个端子 8 和 9 分别与端子 1 和 5 相连；根据负反馈的要求，需将端子 2 和 4 相连。反馈效果是：能将输入电流 i_i 转换成稳定的输出电流 i_o。电路具有电流控制电流源的功能。

4.5　正反馈与正弦波振荡

4.5.1　正弦波振荡电路的振荡条件

反馈电路当 $|1+AF|=0$ 时，没有外加信号，电路也有输出，这就是自激现象。对于放

大电路，我们需要采取措施来防止自激的产生，而振荡电路则利用自激现象来产生振荡信号，振荡电路是正反馈电路。

正弦波振荡器通常由放大器和正反馈网络构成。如图 4-1 所示电路中，输入信号 $\dot{X}_i = 0$，电路要满足正反馈才能产生自激振荡，这是正弦信号产生的相位条件。另外，为了使电路在没有外加信号时足以引起自激振荡，要求反馈回来的信号大于原进入放大器的信号，即要求 $\left|\dot{X}_f\right| > \left|\dot{X}_i'\right|$ 或 $|AF| > 1$。此时对于电路中任何微小的扰动或噪声，只要满足相位条件，通过正反馈便可产生自激振荡。

产生自激振荡后还有两个问题要解决：①为了得到单一频率的正弦波，电路要有选频特性；②为了使输出信号稳定并且不失真，需要一个稳幅环节。

选频特性可用选频网络实现，既可由 R、C 元件组成，也可由 L、C 元件组成，两者分别称为 RC 振荡电路、LC 振荡电路，前者一般用来产生 1Hz～1MHz 范围的低频信号，而后者一般用来产生 1MHz 以上的高频信号。选频网络可设置在基本放大电路中，也可设置在反馈网络中。同样，稳幅环节也可设置在基本放大电路中或反馈网络中。

引起自激振荡必须有正反馈和 $|AF| > 1$，所以它们被称为起振条件。维持振荡需要的条件为 $AF = 1$，即

$$|AF| = 1$$
$$\varphi_A + \varphi_F = \pm 2n\pi, \quad n = 0, 1, 2, \cdots$$

$|AF| = 1$ 称为幅度平衡条件，$\varphi_A + \varphi_F = \pm 2n\pi (n = 0, 1, 2, \cdots)$ 称为相位平衡条件。正弦波振荡电路分析的要点就是讨论振荡产生的条件是否得到满足。

振荡电路的振荡频率 f_0 由相位平衡条件决定，利用选频网络满足相位平衡条件的电路参数和频率关系可以求出电路的振荡频率。

4.5.2 RC 串并联电路的选频特性

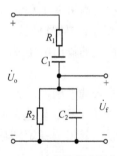

图 4-21　RC 串并联选频电路

RC 串并联选频电路如图 4-21 所示，网络的输入为前级放大电路的输出 $\dot{U}_o$，输出为反馈电压 $\dot{U}_f$。

通常取 $R_1 = R_2$、$C_1 = C_2$，则反馈系数为

$$F = \frac{\dot{U}_f}{\dot{U}_o} = \frac{R // \dfrac{1}{j\omega C}}{R + \dfrac{1}{j\omega C} + R // \dfrac{1}{j\omega C}} = \frac{1}{3 + j\left(\omega RC - \dfrac{1}{\omega RC}\right)}$$

令 $\omega_0 = \dfrac{1}{RC}$，即 $f_0 = \dfrac{\omega_0}{2\pi} = \dfrac{1}{2\pi RC}$，则有

$$F = \frac{1}{3 + j\left(\dfrac{f}{f_0} - \dfrac{f_0}{f}\right)}$$

幅频特性为

$$|F| = \frac{1}{\sqrt{3^2 + \left(\dfrac{f}{f_0} - \dfrac{f_0}{f}\right)^2}}$$

相频特性为

$$\varphi_F = -\arctan \frac{\dfrac{f}{f_0} - \dfrac{f_0}{f}}{3}$$

当 $f = f_0$ 时，$|F|_{max} = \dfrac{1}{3}$，$\varphi_F = 0$。此时 RC 串并联选频网络输出电压幅值最大，为输入电压的 $\dfrac{1}{3}$，并且输出电压与输入电压同相。

4.5.3 RC 桥式振荡电路

据正弦波振荡电路的起振条件可知，选择一个电压放大倍数的数值略大于 3，且输出电压与输入电压同相的放大电路与 RC 串并联选频网络相匹配，就可以组成正弦波振荡电路。在实际电路中，一般选用同相比例运算电路作为放大电路。RC 桥式振荡电路的原理图如图 4-22 所示。这个电路由两部分组成，即同相放大电路 A 和选频网络 F。A 是由集成运放组成的电压串联负反馈放大电路，具有高输入阻抗和低输出阻抗的特点。F 是 RC 串并联选频网络，它同时也是正反馈网络。选频网络中的 RC 串联支路、RC 并联支路、负反馈网络中的电阻 R_1 和 R_2 组成电桥的四臂，其中的两个顶点接集成运放的两个输入端，另两个顶点作为输出端口。桥式正弦波振荡电路也称为文氏电桥(Wien-Bridge)振荡电路。

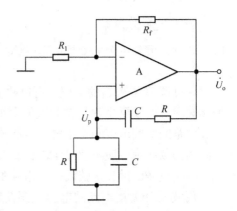

图 4-22 RC 桥式振荡电路

在图 4-22 中，集成运放同相输入端的电位 $\dot{U}_p$ 等于反馈电压 $\dot{U}_f$，同相比例放大电路的电压放大倍数为

$$\dot{A} = \frac{\dot{U}_o}{\dot{U}_p} = 1 + \frac{R_f}{R_1}$$

由前面的讨论可知，当 $f = f_0$ 时，$|F| = \dfrac{1}{3}$。根据正弦波振荡的幅值平衡条件 $|AF| = 1$，可知当电路振荡稳定时，有

$$R_f = 2R_1$$

根据正弦波振荡的起振条件 $|AF| > 1$，实际应选择 R_f 略大于 $2R_1$。

由于 A 和 F 均具有很好的线性度，为了改善输出电压幅度的稳定问题，可以在放大电路的负反馈回路中采用非线性元件来自动调整反馈的强弱，以维持输出电压恒定。例如，可采用负温度系数的热敏电阻 R_t 来代替 R_f，当起振时，由于输出电压幅值很小，流过热敏电阻 R_t 的电流也就很小，其阻值就很大，因而放大电路的电压放大倍数较大，有利于起振；当振幅增大时，流过热敏电阻 R_t 的电流随之增大，电阻的温度升高，阻值下降，因而放大电路的电压放大倍数减小，从而实现了增益的自动调节，使电路输出幅值稳定。

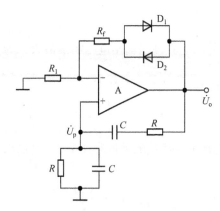

图 4-23　加入稳幅环节的 RC 桥式振荡电路

此外，还可在 R_f 回路串联两个并联的二极管，如图 4-23 所示，利用电流增大时二极管动态电阻减小、电流减小时二极管动态电阻增大的特点，加入非线性环节，从而使输出电压稳定。此时电压放大倍数为

$$A = \frac{\dot{U}_o}{\dot{U}_p} = 1 + \frac{R_f + r_d}{R_1}$$

由于 RC 桥式正弦波振荡电路的振荡频率等于 RC 中并联选频回路的谐振频率，即

$$f_0 = \frac{\omega_0}{2\pi} = \frac{1}{2\pi RC}$$

通过调整 R 和 C 的数值就可以改变振荡频率，例如，减小 R 和 C 的数值就可以提高振荡频率。但是要注意若 R 的数值太小，会增大放大电路的负载电流；如果 C 太小，则放大电路的极间电容和寄生电容会影响 RC 回路的选频特性。所以，RC 桥式正弦波振荡电路的振荡频率一般不超过 1MHz。

为了使 RC 桥式正弦波振荡电路的振荡频率连续可调，通常在 RC 串并联选频网络中，用波段开关接不同的电容对振荡频率进行粗调，利用同轴电位器对振荡频率进行细调，利用这种方法可以很方便地在比较宽的范围内(几赫到几百千赫)对振荡频率进行连续调节。

以上讨论了 RC 桥式振荡电路，RC 振荡电路还有双 T 网络式和移相式等类型。它们的共同特点是电路由放大和正反馈两部分组成，选频网络在正反馈通道中，稳幅环节一般设置在基本放大电路中，振荡频率相对较低。

其他类型的振荡电路还包括 LC 振荡电路、石英晶体振荡电路等，它们能够产生高频率的正弦信号。感兴趣的读者可参阅其他资料。

习　题

4-1　题 4-1 图所示各电路中哪些元件构成了反馈通路？并判断是正反馈还是负反馈。

4-2　在题 4-2 图所示的反馈放大电路框图中，$\dot{A}_1 = \dot{A}_2 = 1000$，$\dot{F}_1 = \dot{F}_2 = 0.049$，若输入电压 $\dot{U}_i = 0.1V$，求输出电压 $\dot{U}_o$ 和反馈电压 $\dot{U}_{f1}$、$\dot{U}_{f2}$。

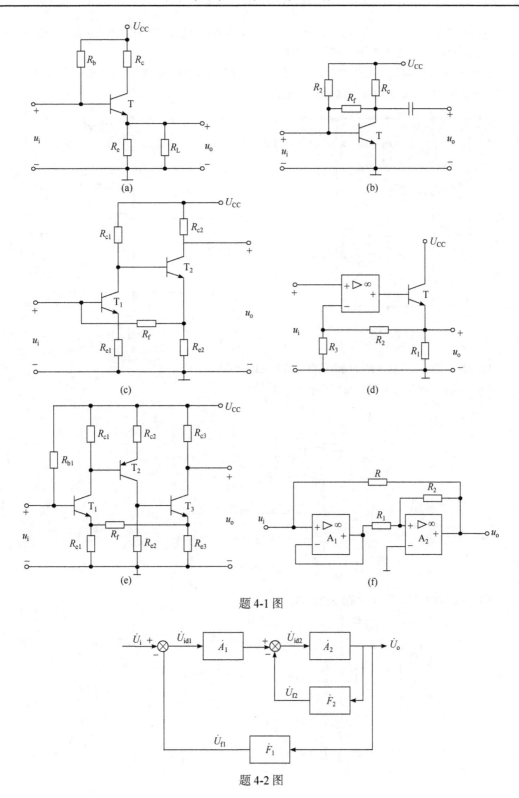

题 4-1 图

题 4-2 图

4-3　反馈放大电路如题 4-3 图所示。(1)若电路满足深度负反馈，求其闭环放大倍数；(2)若 $R_f=0$，这时的电路为什么电路，闭环放大倍数为多少？

4-4　电路如题 4-4 图所示，满足深度负反馈条件，试计算它的互阻增益 A_{rf}，判断反馈类型，定性分析引入负反馈后输入电阻和输出电阻的变化情况。

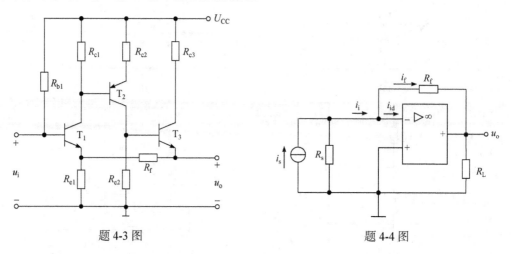

题 4-3 图　　　　　　　　　题 4-4 图

4-5　判断题 4-1 图中含有负反馈的电路其负反馈的类型。

4-6　求题 4-6 图所示电路的反馈系数 F 与闭环增益 A_{uf}。

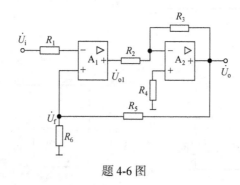

题 4-6 图

4-7　判断题 4-7 图所示电路的反馈组态。

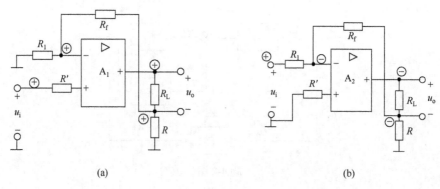

(a)　　　　　　　　　(b)

题 4-7 图

4-8　对题 4-8 图中各电路，(1)说明各电路是何种反馈组态；(2)写出题 4-8 图(a)、(c)的输出电压表达式，题 4-8 图(b)、(d)的输出电流表达式；(3)说明各电路具有的功能。

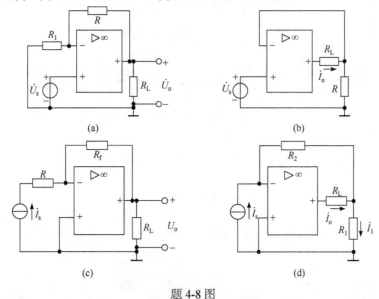

题 4-8 图

4-9　电路如题 4-9 图所示，A_1、A_2 是理想运放，(1)比较两电路在反馈方式上的不同；(2)计算题 4-9 图(a)所示电路的电压放大倍数；(3)若要两电路的电压放大倍数相同，题 4-9 图(b)中电阻 R_6 应该多大？

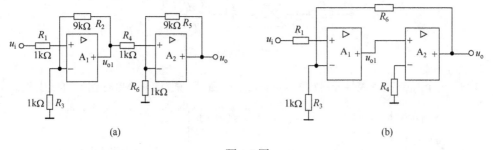

题 4-9 图

4-10　题 4-10 图所示电路中，A_1、A_2 均为理想，已知 $R_4/R_3 = 10$、$R_2/R_1 = 12$，找出输入输出关系，判断反馈类型，计算闭环增益 A_{uf} 与反馈系数 F。

4-11　对题 4-11 图所示电路，回答：(1)电路的级间反馈组态；(2)电压放大倍数是多少？

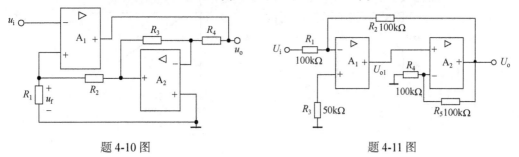

题 4-10 图　　　　　　　　　　　　　题 4-11 图

4-12 根据相位平衡条件判断题 4-12 图所示电路是否能产生正弦波振荡,图中的二极管有何作用?

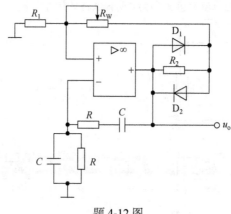

题 4-12 图

4-13 电路如题 4-13 图所示,试求解: (1)R'_W 的下限值; (2)振荡频率的调节范围。

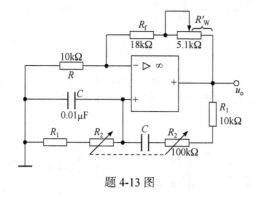

题 4-13 图

4-14 两个电路的频率特性分别如题 4-14 图(a)、(b)所示,试判断哪个电路会产生自激振荡。

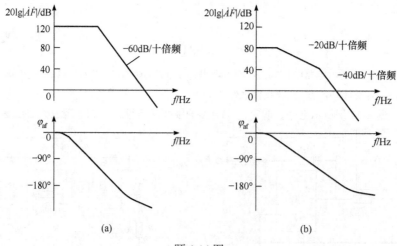

题 4-14 图

第 5 章　直流稳压电源和晶闸管应用电路

本章介绍直流稳压电源的各个组成部分和晶闸管应用电路，具体内容为直流稳压电源的概念、整流电路、滤波电路、稳压电路、晶闸管应用电路。

5.1　直流稳压电源的概念

各种电子电路及系统均需直流电源供电。除蓄电池外，大多数直流电源都由电网的交流电源通过变换而获得，故称为直流稳压电源，其基本结构如图 5-1 所示。

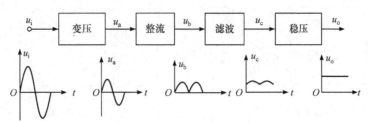

图 5-1　直流稳压电源的基本结构

图 5-1 中，各模块功能分别如下。

(1) 变压。一般情况下，电网提供频率为 50Hz、有效值为 220V(或 380V)的交流电，而各种电子设备所需要的直流电压大小各异。因此，常常需要将电网电压先通过电源变压器降压，然后对变换后的电压进行整流、滤波和稳压，才能得到所需要的直流电压。

(2) 整流。整流电路的作用是利用整流元件(如二极管)的单向导电性，将正负交替变化的正弦交流电压整流成单向脉动电压，这种单向脉动电压远非理想的直流电压，包含很大的脉动成分。

(3) 滤波。滤波电路一般由电容、电感等储能元件组成，其作用是尽可能地将单向脉动电压中的脉动成分滤除，使输出电压成为比较平滑的直流电压。但若电网电压或负载电流变化，滤波电路输出的直流电压也会随之变化，对于需要高质量直流电源供电的电子设备，这种情况不满足要求。

(4) 稳压。稳压电路的作用是将整流滤波电路输出的不稳定直流电压(通常由电网电压波动、负载变化引起)变换成符合要求的稳定直流电压。

随着电子技术的发展，电子系统的应用领域越来越广，电子设备的种类也越来越多，对稳压电源的要求也更加多样。迅速发展中的开关型直流稳压电源因具有体积小、重量轻、效率高、稳定可靠的特点，已具有逐步取代传统直流稳压电源之势。

5.2　整 流 电 路

5.2.1　桥式整流电路

1．工作原理

整流电路的功能是利用二极管的单向导电性将正弦交流电压转换成单向脉动电压。

单相桥式整流电路习惯画法如图 5-2(a)所示，图中 T 为电源变压器，其作用是将电网电压 u_1 变成后级整流电路所要求的电压 $u_2 = U_{2m}\sin\omega t = \sqrt{2}U_2\sin\omega t$，$R_L$ 是需要直流供电的负载电阻，整流二极管 D_1、D_2、D_3、D_4 接成电桥形式，故称为桥式整流电路。图 5-2(b)是它的简化画法，其中二极管的方向代表了电流的方向。为了分析方便，相关论述中把二极管当作理想器件来处理，即认为它的正向导通电阻为零，反向电阻为无穷大。

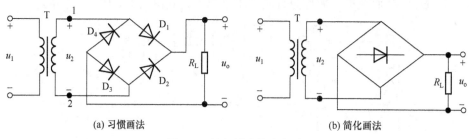

(a) 习惯画法　　　　　　　(b) 简化画法

图 5-2　单相桥式整流电路

由于二极管 D 具有单向导电性，只有当它的阳极电位高于阴极电位时才导通。因此，在变压器二次侧电压 u_2 的正半周时二极管 D_1、D_3 导通，D_2、D_4 截止，电流通路如图 5-3(a)所示；负半周时二极管 D_2、D_4 导通，D_1、D_3 截止，电流通路如图 5-3(b)所示。负载电阻 R_L 上的电压为 u_o，波形如图 5-3(c)所示，为全波整流波；负载上的电流波形与 u_o 相同。

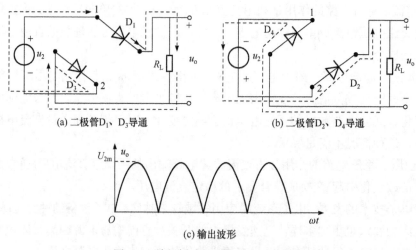

(a) 二极管 D_1、D_3 导通　　　(b) 二极管 D_2、D_4 导通

(c) 输出波形

图 5-3　单相桥式整流电路的工作情况

2. 电路性能指标

整流电路的主要性能指标包括工作性能指标和整流二极管的性能指标。工作性能指标有输出电压 u_o 和脉动系数 S，二极管的性能指标有流过二极管的平均电流 I_D 和二极管所承受的最大反向电压 U_RM。

1) 输出电压 u_o

输出电压 u_o 的平均值为

$$U_\text{o} = \frac{1}{\pi} \int_0^\pi \sqrt{2} U_2 \sin \omega t \text{d}(\omega t) = \frac{2\sqrt{2}}{\pi} U_2 = 0.9 U_2$$

负载电流的平均值为

$$I_\text{o} = \frac{U_\text{o}}{R_\text{L}} = 0.9 \frac{U_2}{R_\text{L}}$$

2) 脉动系数 S

对图 5-3(c)所示的全波整流波形进行傅里叶级数展开可得

$$u_\text{o}(t) = \frac{4U_\text{om}}{\pi} \left[\frac{1}{2} + \frac{1}{1 \times 3} \cos(2\omega_1 t) - \frac{1}{3 \times 5} \cos(4\omega_1 t) + \frac{1}{5 \times 7} \cos(6\omega_1 t) - \cdots \right]$$

可见电压波形中除了直流分量外，还包含谐波分量，称为纹波。

脉动系数 S 定义为最低次的谐波分量的幅值与平均值之比，所以

$$S = \frac{1}{3} \left(\frac{4U_\text{om}}{\pi} \right) \Big/ \frac{1}{2} \left(\frac{4U_\text{om}}{\pi} \right) = \frac{2}{3} \approx 0.67$$

可见，全波整流电压的脉动系数为 0.67，需要用滤波电路减小 u_o 中的纹波。

3) 流过二极管的正向平均电流 I_D

在桥式整流电路中，二极管 D_1、D_3 和 D_2、D_4 分别在 u_2 的正、负半周两两轮流导通，所以流经每个二极管的平均电流为

$$I_{\text{D1、D3}} = I_{\text{D2、D4}} = I_\text{D} = \frac{1}{2} I_0 = 0.45 \frac{U_2}{R_\text{L}}$$

4) 二极管承受的最大反向电压 U_RM

二极管在截止时承受的最大反向电压可从图 5-3(a)中看出。在 u_2 的正半周，D_1、D_3 导通，D_2、D_4 截止。此时 D_2、D_4 所承受的最大反向电压均为 u_2 的最大值，即

$$U_\text{RM} = \sqrt{2} U_2$$

同理，在 u_2 的负半周，D_1、D_3 也承受同样大小的反向电压。

桥式整流电路的优点是输出电压高、纹波电压较小，二极管所承受的最大反向电压较低，同时因电源变压器在正、负半周内都有电流供给负载，电源变压器得到了充分的利用，效率较高。因此，这种电路在半导体整流电路中得到了广泛的应用。目前，市场上已提供有多种半桥和全桥整流器件。

5.2.2 其他整流电路

除了桥式整流电路外，还有单相全波整流、三相半波整流和三相桥式整流等电路。表 5-1 列出了几种常用整流电路及其波形和参数。

表 5-1　常见的几种整流电路及其波形和参数

类型	电路	整流电压的波形	整流电压平均值	每管电流平均值	每管承受最高反压
单相半波	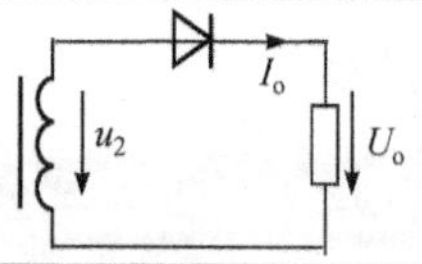	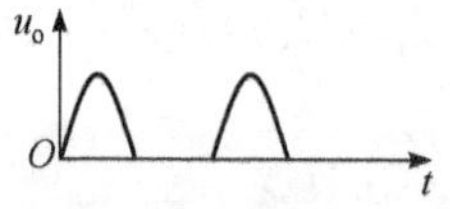	$0.45U_2$	I_o	$\sqrt{2}U_2$
单相全波	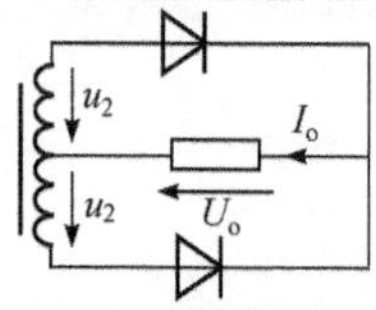	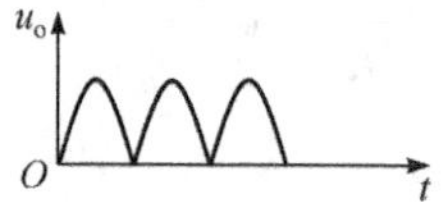	$0.9U_2$	$\frac{1}{2}I_o$	$2\sqrt{2}U_2$
单相桥式	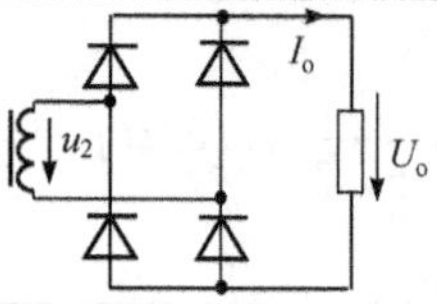	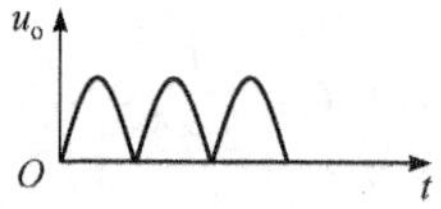	$0.9U_2$	$\frac{1}{2}I_o$	$\sqrt{2}U_2$
三相半波	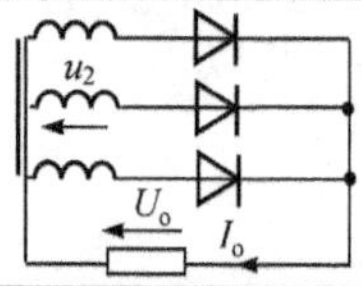	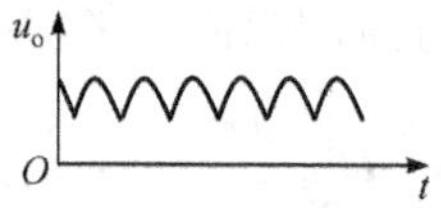	$1.17U_2$	$\frac{1}{3}I_o$	$\sqrt{3}\sqrt{2}U_2$
三相桥式	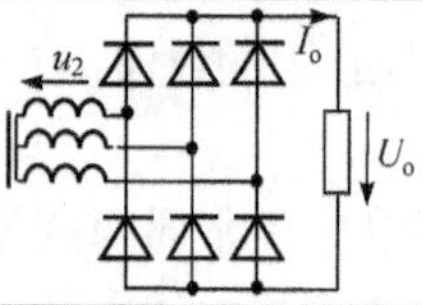	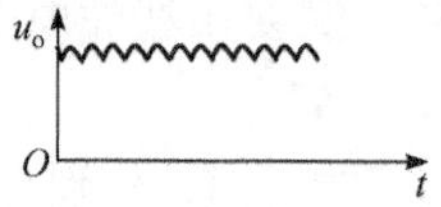	$2.34U_2$	$\frac{1}{3}I_o$	$\sqrt{3}\sqrt{2}U_2$

5.3　滤　波　电　路

5.3.1　电容滤波电路

滤波电路的作用是滤除整流电压中的纹波。最简单的滤波电路由电容构成，在整流电路的负载上并联一个电容 C_L 即可。电容为带有正负极性的大容量电容器,如电解电容,电路的形式如图 5-4(a)所示。

1. 滤波原理

电容滤波是通过电容器的充电、放电来滤除交流分量的。图 5-4(b)的波形图中虚线波形为桥式整流波形,并入电容 C_L 后,在 u_2 的正半周, D_1 、 D_3 导通, D_2 、 D_4 截止,电源在向 R_L 供电的同时,也向 C_L 充电。由于充电时间常数 τ_1 很小(副边线圈电阻和二极管的正向电阻都很小),充电很快结束,输出电压 u_o 随 u_2 迅速上升。当 $u_C \approx \sqrt{2}U_2$ 时, u_2 开始下降，当 $u_2 < u_C$ 时，即在 $t_1 \sim t_2$ 时间段内，$D_1 \sim D_4$ 全部反偏截止，电容 C_L 向 R_L 放电。由于放电时间常数 τ_2 较大(负载电阻大)，放电过程较慢，输出电压 u_o 随 u_C 按指数规律缓慢下降，如图中 $t_1 \sim t_2$ 时间段内的实线所示。t_2 时刻负半周电压幅度增大到 $u_2 > u_C$，D_1、D_3 截止，D_2、D_4 导通，C_L 又被充电，充电过程形成的 $u_o = u_2$ 波形如 $t_2 \sim t_3$ 时间段内的实线所示。$t_3 \sim t_4$ 时段内 $u_2 < u_C$，$D_1 \sim D_4$ 又全部截止，C_L 又放电，如此不断地充电、放电，使负载获得如图 5-4(b)中实线所示的 u_o 波形。由波形可见，桥式整流接电容滤波后，输出电压的脉动程度大为减小。

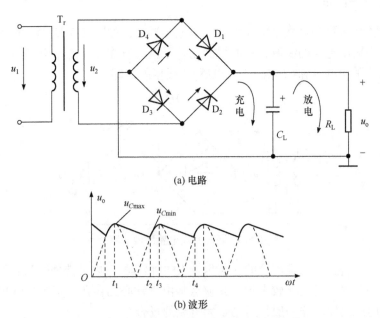

(a) 电路

(b) 波形

图 5-4 桥式整流电容滤波电路和电压波形

2. 性能参数的工程估算

1) 输出直流电压

由上述讨论可见，输出电压平均值 U_o 的大小与 τ_1、τ_2 的大小有关，τ_1 越小，τ_2 越大，U_o 也就越大。当负载 R_L 开路时，τ_2 为无穷大，电容 C_L 无放电回路，$U_o = \sqrt{2}U_2$ 达到最大值；若 R_L 很小，输出电压几乎与无滤波时相同，R_L 越小，输出平均电压越低。因此，电容滤波器输出电压在 $0.9U_2 \sim \sqrt{2}U_2$ 范围内波动，工程上一般采用经验公式估算输出平均电压值的大小，即

$$U_o = (1.1 \sim 1.2)U_2$$

2) 整流二极管参数选择

在未加滤波电容前，整流二极管半个周期导通，半个周期截止，二极管的电流流通角 $\theta_C = \pi$。带滤波电容后，仅当电容充电时，二极管才导通，电流流通角 $\theta_C < \pi$，且 $R_L C_L$ 越大，滤波效果越好。θ_C 越小，整流二极管在越短的时间内通过一个较大的冲击电流为 C_L 充电。为了使整流二极管能安全工作，在选用整流管时应考虑给整流管留有足够的裕量，通常为输出平均电流的 $2 \sim 3$ 倍或更大。

此外，选择整流二极管时还应该考虑二极管的反向耐压。对于单相桥式整流电路而言，无论有无滤波电容，二极管的最高反向工作电压都是 $\sqrt{2}U_2$，实际应用中常选 $U_{RM} \geq 2U_{2m}$ 的整流二极管。

滤波电容值的选取应视负载电流的大小而定。一般在几十微法到几千微法，电容器耐压应大于 $\sqrt{2}U_2$。电容滤波电路较为简单，输出直流电压 U_o 较高，纹波也较小，其缺点是输出特性较差，适用于小电流、负载变化不大的电子系统。

5.3.2　电感滤波电路

在桥式整流电路和负载电阻间串入一个电感器 L，如图 5-5 所示。利用电感的储能作用可以减小输出电压的纹波，从而得到比较平滑的直流。当忽略电感器 L 的电阻时，负载上输出的平均电压和纯电阻(不加电感)负载相同，即

$$U_o = 0.9U_2$$

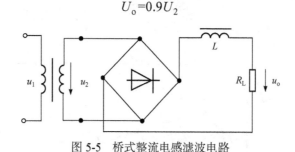

图 5-5　桥式整流电感滤波电路

电感滤波的特点是，整流管的导通角较大(电感 L 的反电动势使整流管导电角增大)，峰值电流很小，输出特性比较平坦。其缺点是由于铁心的存在，笨重、体积大、易引起电磁干扰。电感滤波电路一般只适用于大电流的场合。

5.3.3　复式滤波电路

在滤波电容 C 之前加一个电感 L 就构成了 LC 滤波电路，如图 5-6(a)所示。这样可使输出至负载 R_L 上电压的交流成分进一步降低。该电路适用于高频或负载电流较大并要求脉动很小的电子设备中。

为了进一步提高整流输出电压的平滑性，可以在 LC 滤波电路之前再并联一个滤波电容 C_1，如图 5-6(b)所示。这就构成了 π 型 LC 滤波电路。

由于带有铁心的电感线圈体积大，因此常用电阻 R 来代替电感 L 构成 π 型 RC 滤波电路，如图 5-6(c)所示。只要适当选择 R 和 C_2 参数，在负载两端可以获得脉动极小的直流电压。图 5-6(c)所示电路在小功率电子设备中被广泛采用。

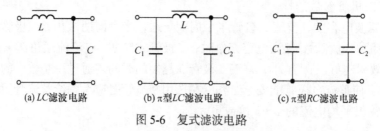

(a) LC 滤波电路　　　(b) π 型 LC 滤波电路　　　(c) π 型 RC 滤波电路

图 5-6　复式滤波电路

5.4　稳　压　电　路

5.4.1　并联型稳压管稳压电路

并联型稳压管稳压电路是最简单的一种稳压电路。这种电路主要用于对稳压要求不高的场合，有时也用作基准电压源，图 5-7 所示为并联型稳压管稳压电路。

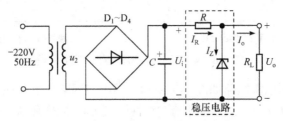

图 5-7　并联型稳压管稳压电路

引起电压不稳定的原因通常是交流电源电压的波动和负载电流的变化。而稳压管能够稳压的原理在于稳压管具有很强的电流控制能力。当负载 R_L 不变而 U_i 因交流电源电压增加而增加时，负载电压 U_o 也要增加，稳压管电流 I_Z 急剧增大，因此电阻 R 上的电压急剧增加，以抵偿 U_i 的增加，从而使负载电压 U_o 保持近似不变。相反，U_i 因交流电源电压降低而降低时，稳压过程与上述过程相反。

如果电源电压保持不变而负载电流 I_o 增大，电阻 R 上的电压也增大，负载电压 U_o 因而下降，稳压管电流 I_Z 急剧减小，从而补偿了 I_o 的增加，使通过电阻 R 的电流和电阻上的压降基本不变，因此负载电压 U_o 也就近似稳定不变。当负载电流减小时，稳压过程相反。

选择稳压管时，一般取

$$\begin{cases} U_Z = U_o \\ I_{Z\max} = (1.5-3)I_{o\max} \\ U_1 = (2-3)U_o \end{cases}$$

5.4.2　串联反馈式稳压电路

串联反馈式稳压电路克服了并联型稳压管稳压电路输出电流小、输出电压不能调节的缺点，故而在各种电子设备中得到广泛的应用。同时这种稳压电路也是集成稳压电路的基本组成。

1. 电路组成与工作原理

串联反馈式稳压电路能稳定输出电压，其原理是电压负反馈能稳定输出电压。如图 5-8(a)所示的电路，当输入电压 U_i 变化或改变 R_L 时，输出电压 U_o 将发生变化，此时若要保持 U_o 不变，则应该调节 R 使 R_L 两端的电压保持稳定。图 5-8(b)所示电路中，用受电压 u_B 控制的三极管 c-e 之间的等效电阻 r_{ce} 代替图 5-8(a)中的 R，等效电阻 r_{ce} 的值取

决于电压 u_B，u_B 取决于输出电压 U_o，于是可以通过 U_o 的变化改变 u_B，以电压负反馈的方式自动调整输出电压 U_o 的大小。

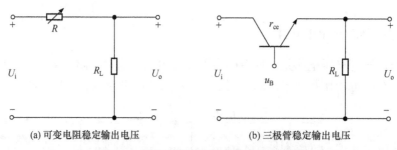

(a) 可变电阻稳定输出电压　　　　　　　　(b) 三极管稳定输出电压

图 5-8　串联反馈式稳压电路的基本原理

　　线性串联型稳压电源电路如图 5-9 所示，图中"调整环节"就是一个射极输出器，因调整管工作于线性状态，故名称中有"线性"二字。"取样环节"的作用是将输出电压的变化取出，加到一个比较放大器的反相输入端，与同相输入端的基准电压相比较。

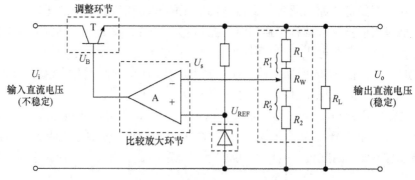

图 5-9　线性串联型稳压电源电路

　　稳压原理可简述如下：当输入电压 U_i 增加(或负载电流 I_o 减小)时，导致输出电压 U_o 增加，随之反馈电压 $U_s = U_o \dfrac{R_2'}{R_1' + R_2'} = F_u U_o$ 也增加。U_s 与基准电压 U_{REF} 相比较，其差值电压经比较放大器放大后使 U_B 和 I_C 减小，调整管 T 的 c-e 极间的电压 U_{CE} 增大，使 U_o 下降，从而维持 U_o 基本恒定。同理，当输入电压 U_i 减小(或负载电流 I_o 增加)时，图 5-9 所示电路也能使输出电压基本保持不变。

　　从反馈放大器的角度来看，这种电路属于电压串联负反馈电路。调整管 T 连接成射极跟随器。因而可得

$$U_B = A_u(U_{REF} - F_u U_o) \approx U_o$$

或

$$U_o = U_{REF} \frac{A_u}{1 + A_u F_u}$$

式中，A_u 是比较放大器在考虑了所带负载影响时的电压放大倍数。在深度负反馈条件下，

有 $|1+A_u F_u| \gg 1$，此时可得

$$U_o = \frac{U_{REF}}{F_u} = \left(1 + \frac{R_1}{R_2}\right) U_{REF}$$

上式表明，输出电压 U_o 与基准电压 U_{REF} 近似成正比，与反馈系数 F_u 成反比。当 U_{REF} 及 F_u 已定时，U_o 也就确定了，因此该式是设计稳压电路的基本关系式。调节 R_1'、R_2' 的比例(通过调整电位器电阻 R_W 实现)，就可以改变输出电压 U_o。

值得注意的是，调整管 T 的调整作用是依靠 U_F 与 U_{REF} 之间的偏差来实现的，存在偏差才会有调整。如果 U_o 绝对不变，调整管的 U_{CE} 也绝对不变，那么电路也就不能起到调整作用了。可见 U_o 不可能达到绝对稳定，只能是基本稳定。因此，图 5-9 所示的系统是一个闭环有差调整系统。

由以上分析可知，反馈越深，调整作用越强，输出电压 U_o 也越稳定，电路的稳压系数和输出电阻 R_o 也越小。

2. 主要指标

稳压电源的技术指标分为两种：一种是质量指标，用来衡量输出直流电压的稳定程度，包括电压调整因数、温度系数等；另一种是工作指标，指稳压器能够正常工作的工作区域，以及保证正常工作所必需的工作条件，包括允许的输入电压、输出电压等。这里介绍其中的几个指标。

1) 稳压系数 S

稳压系数 S 表示负载电阻不变时输出电压相对变化量与输入电压相对变化量之比，即

$$S = \left. \frac{\dfrac{\Delta U_o}{U_o}}{\dfrac{\Delta U_i}{U_i}} \right|_{负载不变}$$

2) 输出电阻 R_o

输出电阻 R_o 定义为负载变化时输出电压变化量与负载输出电流变化量之比，即

$$R_o = \left. \frac{\Delta U_o}{\Delta I_L} \right|_{U_i不变}$$

输出电阻 R_o 是表征直流稳压电源的重要参数之一。R_o 越小，直流稳压电源越接近理想电压源。一般稳压器的 R_o 为 $m\Omega$ 数量级。

3) 温度系数 S_T

S_T 表示温度变化对输出电压的影响，其表达式为

$$S_T = \left. \frac{\Delta U_o}{\Delta T} \right|_{\substack{U_i不变 \\ I_L不变}}$$

还有其他的指标，可参考相关文献。

3. 调整管参数

(1) 调整管最大允许电流 I_{CM} 必须大于负载最大电流 I_{LM}。

　　(2) 调整管最大允许功耗 P_{CM} 必须大于调整管的实际最大功耗。当输入电压最大，而输出电压最小、负载电流最大时，调整管的实际功耗是最大的。

　　(3) 调整管必须工作在线性放大区，其管压降一般不能小于 3V。

　　(4) 如果单管基极电流不够，则采用复合管；若单管输出电流不能满足负载电流的需要，则可使用多管并联。

　　(5) 电路必须具有过热保护、过流保护等措施，以免调整管损坏。

5.4.3　集成稳压器

　　随着集成电路工艺的发展，在串联反馈式稳压电源电路的基础上外加启动电路和保护电路等并制作在一块硅片上，便形成了集成稳压器。集成稳压器具有体积小、外围元件少、性能稳定可靠、使用方便、价格低廉等优点。

　　由于集成稳压器只有输入、输出和公共端，故称为三端集成稳压器。三端集成稳压器有固定式和可调式两类。前者输出的直流电压固定不变，后者输出的直流电压可以调节。每一类又分为正电压输出类型和负电压输出类型。

　　固定输出集成三端稳压器有 78×× 系列(输出正电压)和 79×× 系列(输出负电压)等，后面两位数表示输出电压值，如 7812，即表示输出直流电压为+12V。可调输出集成三端稳压器有 CW117 系列和 CW137 系列等。

　　W7800 系列产品的金属封装、塑料封装的外形图和方框图如图 5-10(a)、(b)、(c)所示。

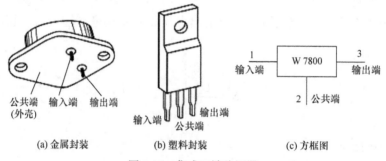

(a) 金属封装　　　　　(b) 塑料封装　　　　　(c) 方框图

图 5-10　集成三端稳压器

　　1. 基本应用电路

　　三端稳压器的基本接法如图 5-11(a)、(b)所示(注意 7805 和 7905 接法不同)，C_1 可以防止由于输入引线较长而带来的电感效应所引起的自激。C_2 用来减小由于负载电流瞬时变化而引起的高频干扰。C_3 为容量较大的电解电容，用来进一步减小输出脉动和低频干扰。

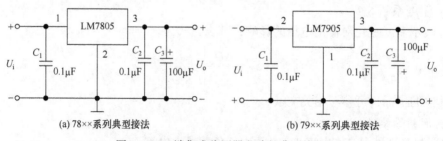

(a) 78×× 系列典型接法　　　　　　　(b) 79×× 系列典型接法

图 5-11　三端集成稳压器电路的典型接法

2. 扩流电路

三端稳压电源的功能可以扩展。图 5-12(a)所示电路是一个扩流电路,图中 T 为扩流三极管,输出总电流 $I_o = I_o' + I_C$。

3. 扩压电路

图 5-12(b)所示电路是一个扩压电路,该电路输出电压为

$$U_o = U_{R_1}\left(1 + \frac{R_2}{R_1}\right) + I_Q R_2$$

式中, I_Q 为稳压器静态工作电流,通常比较小; U_{R_1} 是稳压器输出电压 U_o'。所以

$$U_o \approx \left(1 + \frac{R_2}{R_1}\right)U_{R_1} = \left(1 + \frac{R_2}{R_1}\right)U_o'$$

4. 输出电压可调电路

图 5-12(c)所示电路是一个输出电压可调电路,在三端稳压器和可调电位器之间增加了隔离运放。所以,输出电压表达式不变,调节 R_W 的中心抽头位置即可调节输出电压 U_o。

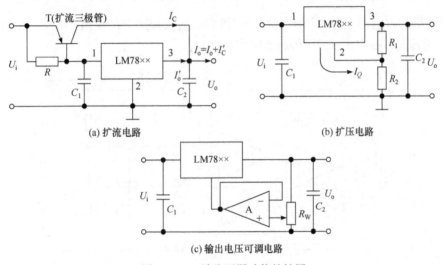

(a) 扩流电路　　　　　　　　　　　(b) 扩压电路

(c) 输出电压可调电路

图 5-12　三端稳压器功能的扩展

5.4.4　开关型稳压电源

传统的线性稳压电源虽然电路结构简单、工作可靠,但因调整管串接在负载回路中,存在效率低(一般为 40%～60%)、体积大、铜铁消耗量大、工作温度高及调整范围小等缺点,有时还要配备散热装置。开关型稳压电源效率可达到 80%～95%,且稳压范围宽、稳压精度高、不使用电源变压器,广泛应用于计算机、电视机及其他电子设备中。

根据负载与储能电感的连接方式不同,开关型稳压电源可分为串联型与并联型;根据控制方式的不同,可分为脉冲宽度调制(Pulse Width Modulation,PWM)、脉冲频率调制(Pulse Frequency Modulation,PFM)和混合调制式(PWM 与 PFM)三种。在实际的应用

中，脉冲宽度调制使用得较多，因此下面介绍脉宽调制式开关型稳压电源。

1. 串联开关型稳压电源

串联开关型稳压电源电路的原理图如图 5-13 所示。它是由调整管 T、滤波电路 LC、续流二极管、脉宽调制电路以及采样电路等组成的。其中 A_1 为比较放大器，将基准电压 u_{REF} 与 u_F 进行比较；A_2 为比较器，将 u_A 与三角波 u_T 进行比较，得到控制脉冲 u_B。当 u_B 为高电平时，调整管 T 饱和导通，输入电压 U_i 经滤波电感 L 加在滤波电容 C 和负载 R_L 两端，在此期间，i_L 增大，L 和 C 储能，二极管 D 反偏截止。当 u_B 为低电平时，调整管 T 由导通变为截止，流过电感线圈的电流 i_L 不能突变，i_L 经 R_L 和续流二极管 D 衰减从而释放能量，此时 C 也向 R_L 放电，因此 R_L 两端仍能获得连续的输出电压。图 5-14 给出了电压 u_B、电流 i_L 和 U_o 的波形。图中 t_{on} 是调整管 T 的导通时间，t_{off} 是调整管 T 的截止时间，$T=t_{on}+t_{off}$ 是开关转换周期。显然，由于调整管 T 的导通与截止，输入的直流电压 U_i 变成高频矩形脉冲电压 $u_E(u_D)$，经 LC 滤波得到输出电压为

$$U_o=(U_i-U_{ces})\frac{T_{on}}{T}+(-U_D)\frac{T_{off}}{T}\approx U_i\frac{T_{on}}{T}=qU_i$$

式中，U_i 为矩形脉冲最大电压值；T 为矩形脉冲周期；T_{on} 为矩形脉冲宽度；$q=\dfrac{T_{on}}{T}$ 称为脉冲波形的占空比，即一个周期持续脉冲时间 T_{on} 与周期 T 的比值。可见，对于一定的 U_i 值，通过调节占空比 q，即可调节输出电压 U_o。

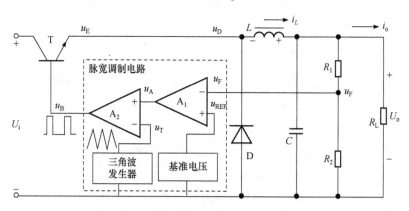

图 5-13　串联开关型稳压电源电路原理图

当输入电压波动或负载电流改变时，将引起输出电压 U_o 的改变，在图 5-13 中，由于负反馈作用，电路能自动调整从而使 U_o 基本不变，稳压过程如下：当 U_i 降低时，U_o 将趋向于降低，$u_F=U_o\dfrac{R_2}{R_1+R_2}<U_{REF}$ 也降低，使 $u_A>0$，比较器输出脉冲 u_B 的高电平变宽，即 T_{on} 变长，于是使输出电压 U_o 增高。反之，当 U_i 增高时，U_o 将趋向于增高，$u_F=U_o\dfrac{R_2}{R_1+R_2}>U_{REF}$ 也增高，使 $u_A<0$，比较器输出脉冲 u_B 的高电平变窄，即 T_{on} 变短，于是使输出电压 U_o 降低。

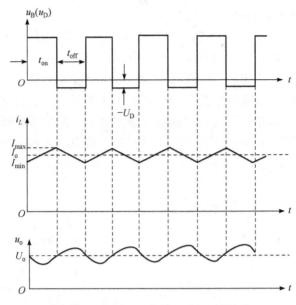

图 5-14　电压 u_B、电流 i_L 和 U_o 的波形

2. 并联开关型稳压电源

串联开关型稳压电路调整管与负载串联，输出电压总是小于输入电压，故称为降压型稳压电路。在实际应用中，还需要输入直流电源经稳压电路转换成大于输入电压的稳定输出电压，称为升压型稳压电路。在这类电路中，开关管常与负载并联，故称为并联开关型稳压电路；它通过电感的储能，将感生电动势与输入电压相叠加后作用于负载，因而 $U_o > U_i$。

图 5-15 所示为并联开关型稳压电源的原理图，输入电压为直流，T 为开关管，u_B 为矩形波，电感 L 和电容 C 组成滤波电路，D 为续流二极管。该电路通过 PWM 电路控制 u_B 的占空比而调整输出电压，详细的工作原理不做介绍，读者可查阅其他资料。

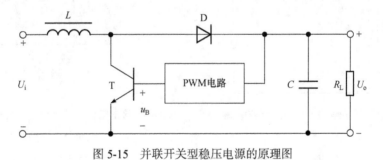

图 5-15　并联开关型稳压电源的原理图

5.5　晶闸管应用电路

5.5.1　可控整流电路

1. 接电阻性负载的单相半波可控整流电路

把不可控的单相半波整流电路(见表 5-1 中的第 1 行中的电路图)中的二极管用晶闸管

代替，就成为单相半波可控整流电路，如图 5-16 所示。

　　图 5-16 所示的电路中，在正弦交流电压 u 的正半周，晶闸管 T 承受正向电压。假如在 t_1 时刻(图 5-17(a))给控制极加上触发脉冲(图 5-17(b))，晶闸管导通，负载上得到电压。当交流电压 u 下降到接近于零值时，晶闸管正向电流小于维持电流而关断。在电压 u 的负半周时，晶闸管承受反向电压，不可能导通，负载电压和电流均为零。在第二个正半周内，再在相应的 t_2 时刻加入触发脉冲，晶闸管再行导通。这样，在负载 R 上就可以得到如图 5-17(c)所示的波形。图 5-17(d)所示波形的斜线部分为晶闸管关断时所承受的正向和反向电压，其最高正向和反向电压均为输入交流电压的幅值。

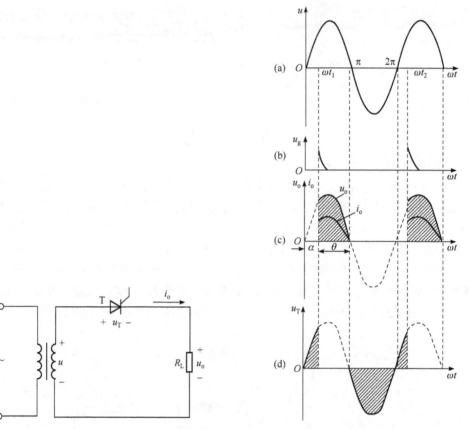

图 5-16　接电阻性负载的单相半波可控整流电路　　图 5-17　接电阻性负载时单相半波可控整流电路
的电压与电流的波形

　　显然，在晶闸管承受正向电压的时间内，改变控制极触发脉冲的输入时刻(移相)，负载上得到的电压波形就随着改变，这样就控制了电路输出电压的大小。

　　晶闸管在正向电压下不导通的范围称为控制角(又称移相角)，用 α 表示，而导通范围则称为导通角，用 θ 表示(图 5-17(c))。很显然，导通角 θ 越大，输出电压越高。整流输出电压的平均值可以用控制角表示，即

$$U_o = \frac{1}{2\pi}\int_\alpha^\pi \sqrt{2}U\sin\omega t\,\mathrm{d}(\omega t) = \frac{\sqrt{2}}{2\pi}U(1+\cos\alpha) = 0.45U \times \frac{1+\cos\alpha}{2}$$

从上式可以看出，当 $\alpha = 0$ 时($\theta = 180°$)，晶闸管在正半周全导通，$U_o=0.45U$，输出电压最高，相当于不可控二极管单相半波整流电压。若 $\alpha = 180°$，$U_o=0$，这时 $\theta = 0$，晶闸管全关断。

根据欧姆定律，电阻负载中整流电流的平均值为

$$I_o = \frac{U_o}{R_L} = 0.45 \frac{U}{R_L} \times \frac{1 + \cos\alpha}{2}$$

2. 接电感性负载的单相半波可控整流电路

图 5-16 为接电阻性负载的情况，实际上遇到较多的是电感性负载，像各种电机的励磁绕组、各种电感线圈等，它们既含有电感，又含有电阻。有时负载虽然是纯电阻的，但串联了电感滤波器后，也变为电感性的了。感性负载可用电感元件 L 和电阻元件 R 的串联表示，整流电路接电感性负载的情况如图 5-18 所示。

在图 5-18 所示电路中，当晶闸管刚触发导通时，电感元件中产生阻碍电流变化的感应电动势(其极性在图 5-18 中为上正下负)，

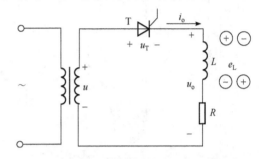

图 5-18　接电感性负载的可控整流电路

电路中电流不能跃变，将由零逐渐上升(图 5-19(a))。当电流达到最大值时，感应电动势为零，而后电流减小，电动势 e_L 也就改变极性(在图 5-18 中为下正上负)。此后，在交流电压 u 到达零值之前，e_L 和 u 极性相同，晶闸管当然导通。即使电压 u 经过零值变负之后，只要 e_L 大于 u，晶闸管继续承受正向电压，电流仍将继续流通(图 5-19(a))。电流大于维持电流时，晶闸管不能关断，负载上出现了负电压。当电流下降到维持电流以下时，晶闸管才能关断，并且立即承受反向电压，如图 5-19(b)所示。

综上可见，在单相半波可控整流电路接电感性负载时，晶闸管导通角 θ 将大于 $180° - \alpha$。负载电感越大，导通角 θ 越大，在一个周期中负载上负电压所占的比重就越大，整流输出电压和电流的平均值就越小。为了使晶闸管在电源电压 u 降到零值时能及时关断，使负载上不出现负电压，必须采取相应措施。

可以在电感性负载两端并联一个二极管 D 来解决上述出现的问题，如图 5-20 所示。当交流电压 u 过零变负后，二极管因承受正向电压而导通，于是负载上由感应电动势 e_L 产生的电流经过这个二极管形成回路。因此这个二极管称为续流二极管。这时负载两端电压近似为零，晶闸管因承受反向电压而关断。负载电阻上消耗的能量是电感元件释放的能量。

因为电路中电感元件 L 的作用，负载电流 i_o 不能跃变，而是连续的。特别当 $\omega L \gg R$ 且电路工作于稳态情况下，i_o 可近似认为恒定。此时负载电压 u_o 的波形与电阻性负载时相同，如图 5-17(c)所示。

3. 接电阻性负载的单相半控桥式整流电路

单相半波可控整流电路虽然有电路简单、调整方便、使用元件少的优点，但却有整流电压脉动大、输出整流电流小的缺点。较常用的是半控桥式整流电路(简称半控桥)，

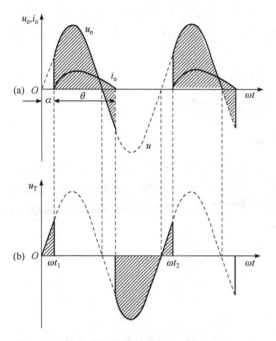

图 5-19　接电感性负载时可控整流电路的电压与
　　　　　电流的波形

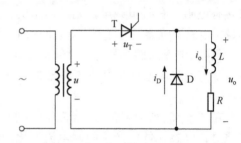

图 5-20　电感性负载并联续流二极管电路

其电路如图 5-21 所示。电路与单相不可控桥式整流电路相似，只是其中两个臂中的二极管被晶闸管所取代。

在变压器二次侧电压 u 的正半周(a 端为正)时，T_1 和 D_2 承受正向电压。这时若对晶闸管 T_1 引入触发信号，则 T_1 和 D_2 导通，电流的通路为

$$a \rightarrow T_1 \rightarrow R_L \rightarrow D_2 \rightarrow b$$

而 T_2 和 D_1 都因承受反向电压而截止。

同样，在电压 u 的负半周时，T_2 和 D_1 承受正向电压。这时，若对晶闸管 T_2 引入触发信号，则 T_2 和 D_1 导通，电流的通路为

$$b \rightarrow T_2 \rightarrow R_L \rightarrow D_1 \rightarrow a$$

这时 T_1 和 D_2 处于截止状态。

图 5-21 所示整流电路所接负载为电阻性，各电压、电流的波形如图 5-22 所示。图 5-22(c)所示为输出电压 u_o 和电流 i_o 的波形，与单相半波整流电路对应波形(图 5-17 (c))相比，桥式整流电路输出电压的平均值要大一倍，即

$$U_o = 0.9U \times \frac{1+\cos\alpha}{2}$$

而输出电流的平均值也要大一倍，为

$$I_o = \frac{U_o}{R_L} = 0.9\frac{U}{R_L} \times \frac{1+\cos\alpha}{2}$$

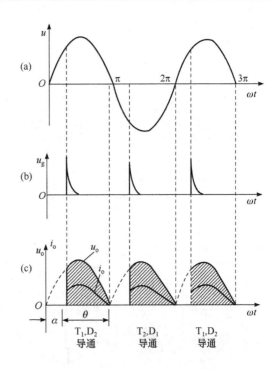

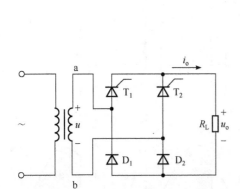

图 5-21　接电阻性负载的单相半控桥式整流电路　图 5-22　接电阻性负载时单相半控桥式整流电路
　　　　　　　　　　　　　　　　　　　　　　　　　的电压与电流的波形

要使晶闸管导通，除了加正向阳极电压外，在控制极与阴极之间还必须加触发电压，产生触发电压的电路称为晶闸管触发电路。触发电路的种类很多，本书不予介绍，读者可参考相关文献。

5.5.2　交流调压电路

前面介绍的两种晶闸管整流电路，实质上是直流调压电路。在生产实际中有时还需要调节交流电压，如在炉温控制和灯光调节等方面。

图 5-23 所示是最简单的晶闸管交流调压电路。将两只晶闸管反向并联之后串联在交流电路中，控制它们的正、反向导通时间，就可达到调节交流电压的目的，此即 AC-AC 变换。图 5-23 中的两只晶闸管也可采用一只双向可控晶闸管代替。

设负载是电阻性的，或是白炽灯的灯丝，或是电炉的电阻丝。在电源电压 u 的正半周，晶闸管 T_2 承受反向电压，晶闸管 T_1 承受正向电压。这时如果将 T_1 触发导通，则负载上得到正半周电压。到了 u 的负半周，将 T_2 触发导通，负载上得到负半周电压。在一个周期内，两晶闸管轮流导通，负载电压 u_0 的波形如图 5-24 所示，其有效值为

$$U_0 = \sqrt{\frac{1}{\pi}\int_\alpha^\pi (\sqrt{2}U\sin\omega t)^2 \mathrm{d}(\omega t)} = U\sqrt{\frac{1}{2\pi}\sin 2\alpha + \frac{\pi-\alpha}{\alpha}}$$

可见，改变控制角 α，就可实现对输出电压有效值的调节。

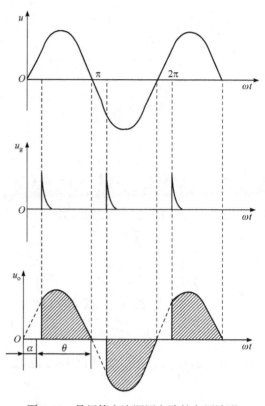

图 5-24　晶闸管交流调压电路的电压波形

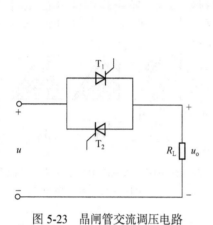

图 5-23　晶闸管交流调压电路

习　　题

5-1　电路如题 5-1 图所示，已知变压器的副边电压有效值为 $2U_2$。(1)画出二极管 D_1 上电压 u_{D1} 和输出 u_o 的波形；(2)如果变压器中心抽头脱落，会出现什么故障？(3)如果两个二极管中的任意一个反接，会发生什么问题？如果两个二极管都反接，又会如何？

5-2　单相桥式整流电路同题 5-2 图所示电路，已知副边电压 $U_2=56V$，负载 $R_L=300\Omega$。(1)试计算二极管的平均电流 I_D 和承受的最高反向电压 U_{DM}；(2)如果某个整流二极管出现断路、反接，会出现什么状况？

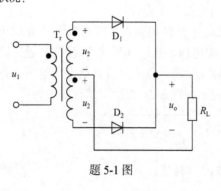

题 5-1 图

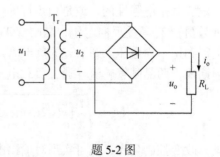

题 5-2 图

5-3　试分析题 5-3 图所示电路的工作情况，图中二极管为理想二极管，$u_2 = 10\sin 100\pi t$ V。要求画出 u_o 的波形图，求输出电压的平均值 $U_{o(AV)}$。

5-4　电路如题 5-4 图所示，电容的取值符合一般要求，按下列要求回答问题：(1)请标出 U_{o1}、U_{o2} 的极性，求出 $U_{o1(AV)}$、$U_{o2(AV)}$ 的数值；(2)求出每个二极管承受的最大反向电压。

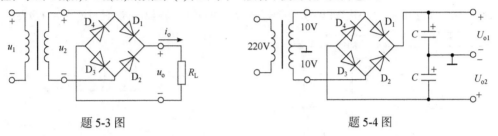

　　　　题 5-3 图　　　　　　　　　　　　　　　　　题 5-4 图

5-5　求题 5-5 图中各电路的输出电压平均值 $U_{o(AV)}$。其中图(b)电路，满足 $R_L C \geqslant (3{\sim}5)\dfrac{T}{2}$ 的条件(T 为交流电网电压的周期)，对其 $U_{o(AV)}$ 可作粗略估算。图中变压器次级电压为有效值。

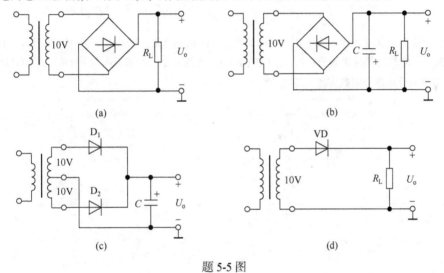

题 5-5 图

5-6　如题 5-6 图所示的稳压电路，已知输入电压 $U_i = 12 \pm 10\%$，稳压管的稳压值 $U_Z = 5$V，最小稳定电流 $I_{Zmin} = 5$mA，最大稳定电流 $I_{Zmax} = 40$mA，负载电流的最大值 $I_{Lmax} = 30$mA，求负载电阻 R 的取值范围。

5-7　如题 5-7 图所示稳压管稳压电路中，输入电压 $U_i = 15$V，波动范围±10%，负载变化范围为 1kΩ~2kΩ，已知稳压管稳定电压 $U_Z = 6$V，最小稳定电流 $I_{Zmin} = 5$mA，最大稳定电流 $I_{Zmax} = 40$mA，试确定限流电阻 R 的取值范围。

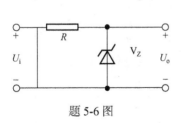
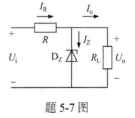

　　　　题 5-6 图　　　　　　　　　　　　　　　　　题 5-7 图

5-8　题 5-8 图所示为正负对称输出稳压电路，如果都采用电解电容，试确定图中电容 C_1、C_2、C_3、C_4 的极性。

5-9　已知可调式三端集成稳压器 CW117 的基准电压 $U_{REF}=1.25V$，调整端电流 $I_W=50\mu A$，用它组成的稳压电路如题 5-9 图所示。问：(1)为得到 5V 的输出电压，并使 I_W 对 U_0 的影响可以忽略不计(设 $I_1=100I_W$)，则电阻 R_1 和 R_2 应选择多大？ (2)若 R_2 改用 $2k\Omega$ 的电位器，则 U_0 的可调范围有多大？

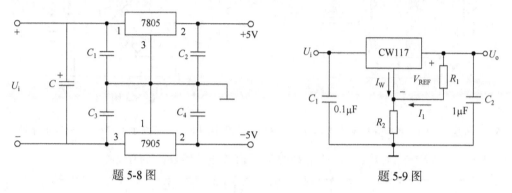

题 5-8 图　　　　　　　　　题 5-9 图

5-10　题 5-10 图中画出了两个用三端集成稳压器组成的电路，已知电流 $I_W=5mA$。(1)写出图(a)中 I_0 的表达式，并算出其具体数值；(2)写出图(b)中 U_0 的表达式，并算出当 $R_2=5\Omega$ 时 U_0 的具体数值；(3)请指出这两个电路分别具有什么功能。

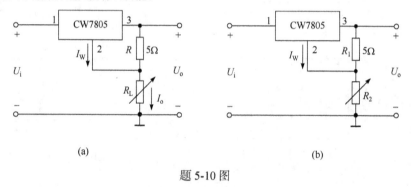

(a)　　　　　　　　　(b)

题 5-10 图

5-11　试推导题 5-11 图所示电路中输出电流 I_0 的表达式。A 为理想运算放大器，三端集成稳压器 CW7824 的 3、2 端间的电压用 V_{REF} 表示。

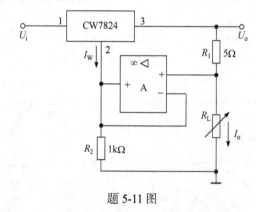

题 5-11 图

5-12　题 5-12 图中阴影部分为晶闸管处于通态区间的电流波形，各波形的电流最大值均为 I_m，试计算各波形的电流平均值 I_{d1}、I_{d2} 与电流有效值 I_1、I_2。

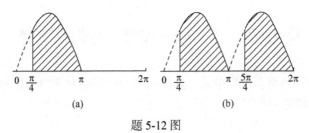

(a)　　　　　　　　　　(b)

题 5-12 图

5-13　单相桥式半控整流电路如题 5-13 图所示，负载为电阻性，画出整流二极管在一周内承受的电压波形。

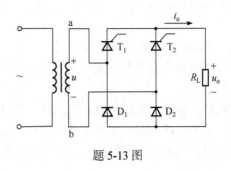

题 5-13 图

第6章　门电路和组合逻辑电路

本章介绍门电路和组合逻辑电路，具体内容为模拟信号和数字信号、逻辑门电路、逻辑代数、组合逻辑电路的分析与设计。

6.1　模拟信号和数字信号

在人们的感知中，自然界的许多物理量，如速度、温度、湿度、压力、声音等，都是随着时间的变化而变化的，或者它们可以表示成时间的函数。随着时间的连续变化，幅值也连续变化的物理量，称为模拟量或连续时间信号。在工程技术上，为便于处理和分析，通常用传感器将模拟量转换为与之成比例的电压或电流信号，然后送到电子系统中进一步处理。

数字信号是与模拟的电压、电流相对应的另一物理量，是对模拟电压、电流信号采样、量化和编码后得到的一系列时间离散、幅值离散的信号，如图 6-1 所示。用数字信号表示物理量大小时存在误差，误差的大小与编码位数及量化策略有关。

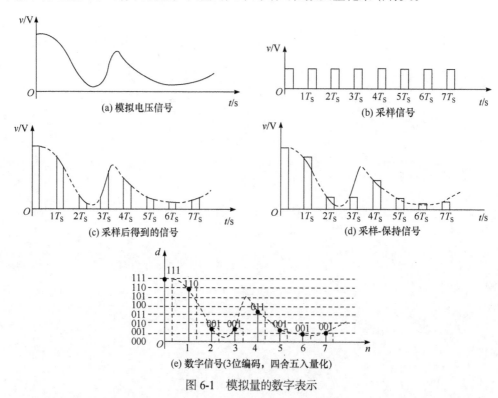

图 6-1　模拟量的数字表示

6.1.1 信号的描述方法

模拟信号可以用数学表达式或波形图等表示，图 6-1(a)是用波形图表示的随时间变化的模拟电压信号。数字信号用 0、1 两种值表示，即二值逻辑(Binary Digital Logic)，或用高、低电平组成的数字波形，即逻辑电平(Logic Level)表示。图 6-1(e)中的数字信号表示如图 6-2 所示，时钟信号 CP 使用的是归零型数字波形，d_2、d_1、d_0 使用的是非归零型数字波形。图中的 H、L 分别对应高电平和低电平。

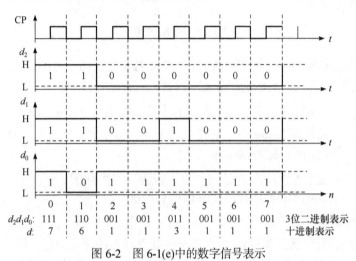

图 6-2　图 6-1(e)中的数字信号表示

6.1.2 数制与二进制代码

1. 数制

日常生活中的计数习惯使用十进制。每年的月份使用十二进制，每天的小时使用二十四进制。1 小时等于 60 分钟，1 分钟等于 60 秒，使用的是六十进制。在数字系统中，通常采用二进制，有时也采用十六进制或八进制。

十进制用 0、1、2、3、4、5、6、7、8、9 共 10 个字符计数，逢十进一。任意十进制数可表示为

$$(N)_{\mathrm{D}} = N = \sum_{i=-\infty}^{\infty} K_i \times 10^i$$

式中，10^i 为十进制数中第 i 个数码 K_i 的权。千位、百位、十位、个位、十分位、百分位、千分位的权分别为 10^3、10^2、10^1、10^0、10^{-1}、10^{-2}、10^{-3}，以此类推。例如，十进制数 45087.209 可以表示成

$$45087.209 = 4 \times 10^4 + 5 \times 10^3 + 0 \times 10^2 + 8 \times 10^1 + 7 \times 10^0 + 2 \times 10^{-1} + 0 \times 10^{-2} + 9 \times 10^{-3}$$

二进制用 0、1 共两个字符计数，逢二进一。任意二进制数可表示为

$$(N)_{\mathrm{B}} = \sum_{i=-\infty}^{\infty} K_i \times 2^i$$

式中，2^i 为二进制数中第 i 个数码 K_i 的权，权的核定方法与十进制相同。等式右边求和

结果是十进制数。例如，二进制数 11001.101 可以表示成

$$11001.101 = 1\times2^4 + 1\times2^3 + 0\times2^2 + 0\times2^1 + 1\times2^0 + 1\times2^{-1} + 0\times2^{-2} + 1\times2^{-3}$$
$$= 16+8+0+0+1+0.5+0+0.125 = 25.625$$

十六进制用 0、1、2、3、4、5、6、7、8、9、A、B、C、D、E、F 共 16 个字符计数，逢十六进一。其中 A、B、C、D、E、F 分别对应十进制的 10、11、12、13、14、15。任意十六进制数可表示为

$$(N)_{\mathrm{H}} = \sum_{i=-\infty}^{\infty} K_i \times 16^i$$

式中，16^i 为十六进制数中第 i 个数码 K_i 的权，权的核定方法与十进制相同。等式右边求和结果是十进制数。例如，十六进制数 450B7.2C9 可以表示成

$$(450B7.2C9)_{\mathrm{H}} = 4\times16^4 + 5\times16^3 + 0\times16^2 + 11\times16^1 + 7\times16^0 + 2\times16^{-1} + 12\times16^{-2} + 9\times16^{-3}$$
$$= 262144+20480+0+176+7+0.125+0.046875+0.002197265625$$
$$= 282807.174072265625$$
$$(450B7.2C9)_{\mathrm{H}} = (\underline{0100}\ \ \underline{0101}\ \ \underline{0000}\ \ \underline{1011}\ \ \underline{0111}.\underline{0010}\ \ \underline{1100}\ \ \underline{1001})_{\mathrm{B}}$$
$$= (10001010000010110111.001011001001)_{\mathrm{B}}$$

2. 二进制代码

数值和文字符号(包括控制符)是数字系统中处理最多的两类信息。数值信息的表示方法如前所述。文字符号信息通常也采用二进制数码表示，这些数码并不表示数量大小，仅仅区别不同事物而已。这些特定的二进制数码称为代码。以一定的规则编制代码，用以表示十进制数值、字母、符号等的过程称为编码。将代码还原成所表示的十进制数值、字母、符号等的过程称为解码或译码。

二-十进制码就是用 4 位自然二进制数来表示 1 位十进制数中的 0～9 十个数码，即二进制编码的十进制(Binary-Coded-Decimal, BCD)码。几种常见的 BCD 码如表 6-1 所示。

表 6-1　几种常见的 BCD 码

十进制数	4 位自然二进制数	8421 码	5421 码	2421 码	4 位格雷码
0	0000	0000	0000	0000	0000
1	0001	0001	0001	0001	0001
2	0010	0010	0010	0010	0011
3	0011	0011	0011	0011	0010
4	0100	0100	0100	0100	0110
5	0101	0101	1000	0101	0111
6	0110	0110	1001	0110	0101
7	0111	0111	1010	0111	0100
8	1000	1000	1011	1110	1100
9	1001	1001	1100	1111	1101
10	1010	×	×	×	1111

续表

十进制数	4 位自然二进制数	8421 码	5421 码	2421 码	4 位格雷码
11	1011	×	×	×	1110
12	1100	×	×	×	1010
13	1101	×	×	×	1011
14	1110	×	×	×	1010
15	1111	×	×	×	1000

在一组数的编码中，若任意两个相邻的代码只有一位二进制数不同，则称这种编码为格雷码(Gray Code)，另外由于最大数与最小数之间也仅一位数不同，即"首尾相连"，因此又称循环码或反射码。表 6-1 中的最后一列为 4 位格雷码。

计算机键盘上的每个按键，包括字母、符号、数值、控制符及特殊符号，通常采用 7 位二进制的美国标准信息交换码(ASCII)来编码。

6.1.3　二值逻辑变量与基本逻辑运算

当用 0 和 1 表示逻辑状态时，两个二进制数码按照某种指定的因果关系进行的运算称为逻辑运算。逻辑运算可以用语言描述，也可以用逻辑代数表达式描述，还可以用表格或图形描述。由输入逻辑变量所有取值的组合与其对应的输出逻辑变量的值构成的表格，称为真值表。用规定的逻辑符号表示的图形称为逻辑图。逻辑变量通常使用单个大写字母表示，如 A、B、C、X、Y、Z 等，并且取值只能是 0 或 1，运算结果也只能是 0 或 1，因此也称为二值逻辑。需要注意的是，这里的 0 或 1 不表示数量的大小，而是用来表示完全对立的逻辑状态。

与(AND)、或(OR)、非(NOR)是三种基本逻辑运算，与非(NAND)、或非(NOR)、异或(XOR)等是复合逻辑运算。

在下面的说明中，我们把开关闭合作为条件(或导致事物结果的原因)，也称输入，把灯亮作为结果，也称输出。

在实现逻辑与运算功能的指示灯控制电路中，只有当两个开关同时闭合时，指示灯才会亮，即只有决定事物结果的全部条件同时具备时，结果才发生。这种因果关系叫作逻辑与。

在实现逻辑或运算功能的指示灯控制电路中，只要有任何一个开关闭合，指示灯就亮，即在决定事物结果的诸条件中只要有任何一个满足，结果就会发生。这种因果关系叫作逻辑或。

在实现逻辑非运算功能的指示灯控制电路中，开关断开时灯亮，开关闭合时灯反而不亮，即只要条件具备了，结果便一定不会发生；而条件不具备时，结果一定会发生。这种因果关系叫作逻辑非，也叫逻辑求反。

若以 A、B 表示开关的状态，并以 1 表示开关闭合，0 表示开关断开；以 F 表示指示灯的状态，并以 1 表示灯亮，0 表示不亮，将所有可能的输入组合列出，根据电路图得到对应的输出值，则可以列出以 0、1 表示的与、或、非逻辑关系的图表，这样的图表叫作真值表，如表 6-2 中所示。

表 6-2 列出了实现与、或、非逻辑运算功能的指示灯控制电路、逻辑真值表、逻辑表达式、逻辑符号。表 6-3 则列出了实现与非、或非、异或逻辑运算功能的逻辑真值表、逻辑表达式、逻辑符号。表中以"·"表示与运算，有时也省掉"·"；以"+"表示或运算；以变量上边的"−"表示非运算；以"⊕"表示异或运算。

表 6-2　实现与、或、非逻辑运算的电路图、真值表、表达式、逻辑符号

逻辑运算	实现相应逻辑运算的指示灯控制电路	真值表		逻辑表达式*	逻辑符号	
		输入	输出		国外书刊、资料	国家、IEEE 标准
与逻辑运算		A B	F	$F=A\cdot B$ 或 $F=AB$		
		0　0	0			
		0　1	0			
		1　0	0			
		1　1	1			
或逻辑运算		A B F		$F=A+B$		
		0　0　0				
		0　1　1				
		1　0　1				
		1　1　1				
非逻辑运算		A F		$F=\overline{A}$		
		0　1				
		1　0				

表 6-3　常用复合逻辑运算的表达式、真值表、逻辑符号

逻辑运算	逻辑表达式及其运算	真值表		逻辑符号	
		输入	输出	国外书刊、资料	国家、IEEE 标准
与非逻辑运算	$F=\overline{A\cdot B}=\overline{AB}$ $F=\overline{0\cdot0}=\overline{0}=1$ $F=\overline{0\cdot1}=\overline{0}=1$ $F=\overline{1\cdot0}=\overline{0}=1$ $F=\overline{1\cdot1}=\overline{1}=0$	A B / 0 0 / 0 1 / 1 0 / 1 1	F / 1 / 1 / 1 / 0		
或非逻辑运算	$F=\overline{A+B}$ $F=\overline{0+0}=\overline{0}=1$ $F=\overline{0+1}=\overline{1}=0$ $F=\overline{1+0}=\overline{1}=0$ $F=\overline{1+1}=\overline{1}=0$	A B / 0 0 / 0 1 / 1 0 / 1 1	F / 1 / 0 / 0 / 0		
异或逻辑运算	$F=A\oplus B=A\overline{B}+\overline{A}B$ $F=0\oplus0=0\cdot\overline{0}+\overline{0}\cdot0=0$ $F=0\oplus1=0\cdot\overline{1}+\overline{0}\cdot1=1$ $F=1\oplus0=1\cdot\overline{0}+\overline{1}\cdot0=1$ $F=1\oplus1=1\cdot\overline{1}+\overline{1}\cdot1=0$	A B / 0 0 / 0 1 / 1 0 / 1 1	F / 0 / 1 / 1 / 0		

6.2　逻辑门电路

用以实现基本逻辑运算和复合逻辑运算的单元电路称为逻辑门电路。逻辑门电路可以用分立元件(Separate Elements)构成，但多以集成电路方式构成，称为集成逻辑门(Integrated Logic Gates)，包括 TTL 门电路、MOS 门电路和 ECL 门(Emitter-Coupled Logic Gate)电路等。

6.2.1　二极管、三极管和场效应管开关电路

逻辑变量和逻辑运算的取值只能是 0 或 1，这里的 0 和 1 表示的是两种不同的逻辑状态，就像真与假、有与无、开与关、导通与截止、高电平与低电平等。在电路中通常用高电平与低电平表示这两种逻辑状态，用电路的通与断实现这两种逻辑状态。

用高电平表示逻辑 1，用低电平表示逻辑 0 时，称为正逻辑；相反，用低电平表示逻辑 1，用高电平表示逻辑 0 时，称为负逻辑。如无特殊说明，后续内容使用正逻辑。

图 6-3 给出了一个能获得高、低电平的电路结构及对应的逻辑状态约定。图中的输入 U_i 可控制开关 S 的断开与闭合。当开关 S 断开时，输出电压 U_o 为高电平，表示一种逻辑状态；而当开关 S 闭合时，输出电压 U_o 为低电平，表示另外一种逻辑状态。

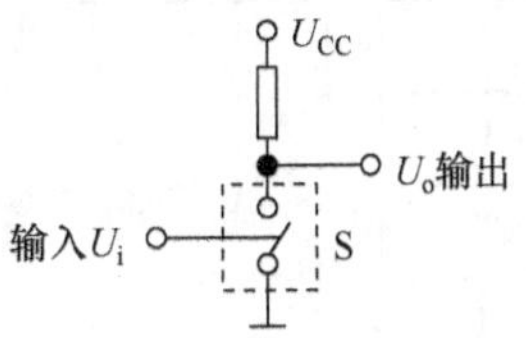

	输入 U_i		输出 U_o		
开关 S	逻辑表示 1	逻辑表示 2	电平	正逻辑表示	负逻辑表示
断开	0	1	高	1	0
闭合	1	0	低	0	1

图 6-3　获得高、低电平的电路结构及逻辑状态约定

开关 S 是以二极管或三极管或场效应管为主组成的。利用二极管的单向导通特性、三极管的饱和导通和截止、场效应管的导通和截止两种工作状态，起到开关 S 的作用。用二极管、三极管、场效应管构建的开关电路如图 6-4 所示。

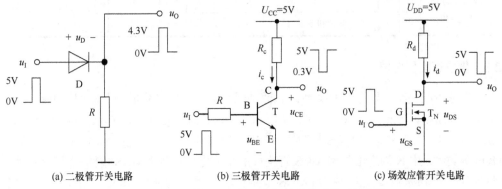

(a) 二极管开关电路　　(b) 三极管开关电路　　(c) 场效应管开关电路

图 6-4　用二极管、三极管、场效应管构建的开关电路

6.2.2 分立元件门电路

利用二极管、三极管作为开关元件，可以构建逻辑与门、逻辑或门、逻辑非门，电路如图 6-5 所示。设 A、B 两输入端的高、低电平分别为 $U_{IH}>2V$，$U_{IL}<1V$。假设二极管 D_1、D_2 的正向导通电压降 $u_D=0.7V$，三极管 T 基-射极导通电压降 $u_{BE}=0.7V$，集-射极饱和导通电压降 $u_{CE}=0.3V$，电路功能及逻辑功能参见表 6-4。

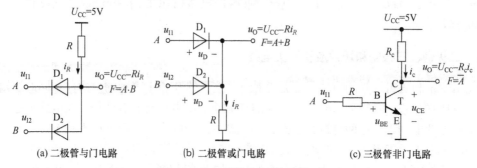

| | (a) 二极管与门电路 | (b) 二极管或门电路 | (c) 三极管非门电路 |

图 6-5　分立元件基本逻辑门电路

表 6-4　图 6-5 所示电路功能及逻辑状态约定

电路	输入		开关元件工作状态		输出	逻辑输入		逻辑输出	逻辑函数表达式
	u_{I1}	u_{I2}			u_O	A	B	F	
图 6-5(a)二极管与门电路	0V	0V	D_1 导通	D_2 导通	0.7V	0	0	0	$F=A \cdot B=AB$
	0V	5V	D_1 导通	D_2 截止	0.7V	0	1	0	
	5V	0V	D_1 截止	D_2 导通	0.7V	1	0	0	
	5V	5V	D_1 截止	D_2 截止	5V	1	1	1	
图 6-5(b)二极管或门电路	0V	0V	D_1 截止	D_2 截止	0V	0	0	0	$F=A+B$
	0V	5V	D_1 截止	D_2 导通	4.3V	0	1	1	
	5V	0V	D_1 导通	D_2 截止	4.3V	1	0	1	
	5V	5V	D_1 导通	D_2 导通	4.3V	1	1	1	
图 6-5(c)三极管非门电路	0V	—	T 截止		5V	0	—	1	$F=\bar{A}$
	5V	—	T 饱和导通		0.3V	1	—	0	

6.2.3 集成逻辑门电路

集成逻辑门电路主要有两种类型，一种是用双极型晶体管构成的双极型门电路，包括 TTL(Transistor-Transistor Logic)、ECL(Emitter-Coupled Logic)和 I²L(Integrated Injection Logic)等类型；另一种是用 MOS 场效应管构成的 MOS 门电路，包括 NMOS、PMOS、CMOS 等类型。用 N 沟道增强型 MOS 管构成的集成电路称为 NMOS 电路；用 P 沟道增强型 MOS 管构成的集成电路称为 PMOS 电路；用 N 沟道增强型 MOS 管和 P 沟道增强型 MOS 管互补构成的集成电路称为 CMOS 电路。PMOS 电路因速度低、电源为负且电压较高、不易与其他电路接口等而很少使用。NMOS 电路尽管功耗偏大,但工艺和结构比 CMOS 简单,仍在存储器、微处理器等大规模集成电路中获得应用。CMOS 电路的性能最好,因而应用最为广泛。

1. 典型 TTL 门电路

典型 TTL 门电路有与非门、与门、或非门电路。图 6-6 所示为 TTL 与非门电路,由输入级、中间级和输出级组成。输入级完成信号输入放大作用;中间级完成信号处理及耦合作用;输出级完成驱动放大作用。

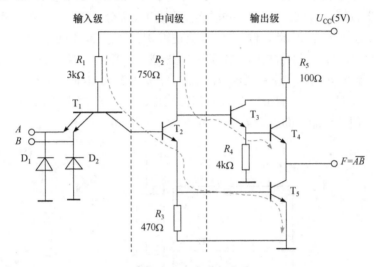

图 6-6 TTL 与非门电路

在图 6-6 所示电路中,A、B 为多发射极三极管 T_1 的两个射极输入端,在 AB 为逻辑 00、01、10 时,即 A、B 只要有一个为低电平时,T_1 就饱和导通,其集电极为低电平或逻辑 0,导致 T_2、T_5 截止,这时由 R_2、T_3 的基-射、R_4 构成通路(如图中虚线所示),能确保 T_3、T_4 饱和导通,因而输出 F 为高电平或逻辑 1;在 AB 为逻辑 11,即两个输入端同时为高电平时,T_1 处于倒置工作状态(基-射反偏,基-集正偏),这时由 R_1、T_1 的基-集、T_2 的基-射、T_5 的基-射构成通路(如图中虚线所示),确保 T_2、T_5 饱和导通,且 T_3、T_4 截止,因而输出 F 为低电平或逻辑 0。

2. 典型 NMOS 门电路

典型 NMOS 门电路有 NMOS 非门、NMOS 或非门、NMOS 与非门电路。图 6-7 所示为 NMOS 非门电路,由驱动、负载两部分组成。设 $U_{TN}=2V$,有 $u_{GS}<U_{TN}$,TN 截止;$u_{GS}>U_{TN}$,TN 导通。

在图 6-7 所示电路中,TN_1 是驱动管,TN_2 是负载管,TN_2 一直处于导通状态。输入 A 为低电平或逻辑 0 时,TN_1 截止,输出 F 为高电平或逻辑 1;输入 A 为高

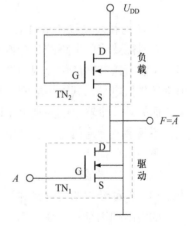

图 6-7 NMOS 非门电路

电平或逻辑 1 时，TN_1 饱和导通，输出 F 为低电平或逻辑 0。因而图 6-7 实现非门的功能，即 $F = \overline{A}$。

3. 典型 CMOS 门电路

典型 CMOS 门电路有 CMOS 非门、CMOS 与非门、CMOS 或非门电路。图 6-8 所示为 CMOS 或非门电路。电路由 TP、TN 两部分组成。设 $U_{TN}=2V$，有 $u_{GS}<U_{TN}$，TN 截止；$u_{GS}>U_{TN}$，TN 导通；设 $U_{TP}=-2V$，有 $u_{GS}<U_{TP}$，TP 导通；$u_{GS}>U_{TP}$，TP 截止。

在图 6-8 所示电路中，TP_1 与 TP_2 串联连接构成 TP 部分，TP_1 与 TP_2 任意 1 个或两个截止，TP 部分就截止。TN_1 与 TN_2 并联连接构成 TN 部分，TN_1 与 TN_2 任意 1 个或两个导通，TN 部分就导通。因此，输入 A、B 为逻辑 01(TP_1、TN_2 导通，TN_1、TP_2 截止)、10(TN_1、TP_2 导通，TP_1、TN_2 截止)、11(TP_1、TP_2 截止，TN_1、TN_2 导通)时，TP 部分截止，TN 导通，输出 F 为低电平或逻辑 0；输入 A、B 为逻辑 00 时，TP_1、TP_2 导通，即 TP 部分导通，而 TN_1、TN_2 截止，即 TN 部分截止，输出 F 为高电平或逻辑 1。因而图 6-8 实现或非门的功能，即 $F = \overline{A+B}$。

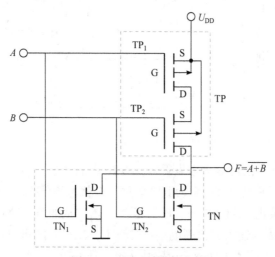

图 6-8 CMOS 或非门电路

4. 集电极或漏极开路门电路

有时需要将门电路的多个输出端并联，但是前面所讨论的 TTL、MOS 门电路的输出端不能直接并联使用。因为这些具有有源负载的推拉式输出级的门电路，无论输出高电平还是低电平，其输出电阻都很小。如果将两个门输出端并联，当一个输出端为低电平，而另外一个输出端为高电平时，必有很大的电流流过两个门的输出级。由于电流很大，不仅会使导通门的输出低电平严重抬高，破坏电路的逻辑功能，甚至会造成逻辑门输出级的永久损坏。

克服上述局限性的方法是把输出级改为三极管集电极开路或 MOS 管漏极开路的输出结构，这种结构的门电路称为集电极开路门或漏极开路门，简称 OC 或 OD 门，电路符号的输出端用符号"◇"表示，如图 6-9(a)所示。

OC 门或 OD 门工作时，需要外接负载电阻和电源，多个 OC 门或 OD 门的输出并联后，可共用一个集电极或漏极负载电阻 R_L 和电源 U_{CC}，如图 6-9(b)所示。显然只有当多个输出都为高电平时，F 才为高电平；只要其中有一个输出为低电平，F 就为低电平，即 $F=F_1F_2F_3=\overline{AB}\cdot\overline{CD}\cdot\overline{EF}$，因此实现了"线与"的逻辑功能。

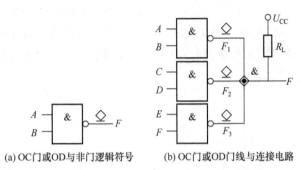

(a) OC门或OD与非门逻辑符号　　　(b) OC门或OD门线与连接电路

图 6-9　集电极开路门(OC)和漏极开路门(OD)

5. 三态门电路

计算机系统的各部件模块及芯片通常挂接在系统总线上，在某一时刻只能有一个发送端，为了使各模块芯片能够分时传送信号，需要具有三态输出的门电路，简称三态门，即输出端状态不仅有高电平和低电平，而且具有第三种状态——高阻状态(High-Impedance, Hi-Z)。每一种基本门电路都可以构成三态门电路，图 6-10(a)为 CMOS 三态非门电路，图 6-10(b)为三态与非门逻辑符号。

在图 6-10(a)中，当 $\overline{EN}$ 为逻辑 1 状态(高电平)时，TP_1、TP_2、TN_1、TN_2 均截止，输出端与电源和地之间的电阻都很大，输出 F 为高阻状态。当 $\overline{EN}$ 为逻辑 0 状态(低电平)时，TP_1 和 TN_1 均饱和导通，电路为正常反相器的功能，即 $F=\overline{A}$。

如果 $\overline{EN}$ 端的使能信号为低电平或逻辑 0 时，电路为正常门电路的工作状态，则控制端信号为低电平有效(Active-Low Enable)。

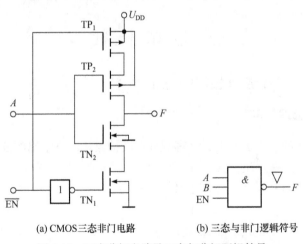

(a) CMOS三态非门电路　　　　(b) 三态与非门逻辑符号

图 6-10　三态非门电路及三态与非门逻辑符号

6. CMOS 传输门

所谓传输门(Transmission Gate)就是一种传输模拟信号的模拟开关。模拟开关广泛应用于采样-保持电路、斩/载波电路、模数转换和数模转换电路等。

CMOS 传输门由一个 P 沟道增强型 MOS 管和一个 N 沟道增强型 MOS 管并联而成，如图 6-11(a)所示，TP 和 TN 是结构对称的器件，其源极和漏极可以互换，分别作为信号的输入或输出，输入信号 U_I 为 $0\sim U_{DD}$ 范围内的任何值，而两个 MOS 管的栅极分别接一对互补的控制信号 C 和 $\overline{C}$。

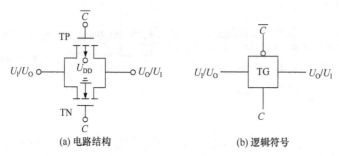

(a) 电路结构　　　　　　　(b) 逻辑符号

图 6-11　CMOS 传输门

在图 6-11(a)中，当 C 为低电平或逻辑 0 时，$\overline{C}$ 为高电平或逻辑 1，无论 U_I 为 $0\sim U_{DD}$ 范围内的任何值，TN 的栅源电压都小于 U_{TN}(如 U_{TN}=2V)，TP 的栅源电压大于 U_{TP}(如 U_{TP}=−2V)，TN 与 TP 同时截止，输入端与输出端断开，输入端的信号不能传送到输出端。当 C 为高电平或逻辑 1 时，$\overline{C}$ 为低电平或逻辑 0。这时，若输入信号 U_I 为低电平，TN 导通；输入信号 U_I 为高电平时，TP 导通；若 U_I 输入中间值，则 TN、TP 都导通。所以无论输入信号 U_I 为 $0\sim U_{DD}$ 范围内的任何值，TN 和 TP 至少有一个导通，导通电阻一般为几百欧，输入信号就能传输到输出端输出。如果负载电阻远大于导通电阻，则导通电阻可以忽略，输出电压约等于输入电压，即能实现模拟信号的传输。

6.3　逻　辑　代　数

逻辑代数是分析与设计逻辑电路的数学工具。

6.3.1　逻辑代数的公理与定理

公理是逻辑代数的基本出发点，是客观存在的抽象。以下给出的 5 组公理，可由逻辑代数 3 种基本运算直接得出，无须加以证明。

(1) X=0, if $X\neq 1$;　　　　X=1, if $X\neq 0$

(2) $\overline{0}=1$,　　　　　　　$\overline{1}=0$

(3) $0\cdot 0=0$,　　　　　　　$0+0=0$

(4) $1\cdot 1=1$,　　　　　　　$1+1=1$

(5) $0\cdot 1=1\cdot 0=0$,　　　　$0+1=1+0=1$

下面是单个变量的逻辑代数定理。

(1) 自等律：　$X+0=X$,　　　　　　　　　$X \cdot 1=X$

(2) 0-1 律：　$X+1=1$,　　　　　　　　　$X \cdot 0=0$

(3) 还原律：　$\overline{\overline{X}} = X$

(4) 同一律：　$X+X=X$,　　　　　　　　　$X \cdot X=X$

(5) 互补律：　$X + \overline{X} = 1$,　　　　　　$X \cdot \overline{X} = 0$

下面是二变量或三变量逻辑代数定理。

(1) 交换律：$X \cdot Y=Y \cdot X$　　　　　　　　　　　$X+Y=Y+X$

　　　　　　$A \oplus B = B \oplus A$　　　　　　　　　$A \odot B = B \odot A$

(2) 结合律：$X \cdot (Y \cdot Z) = X \cdot Y \cdot Z$　　　　　$X + (Y+Z) = (X+Y)+Z$

　　　　　　$A \oplus (B \oplus C) = (A \oplus B) \oplus C$　　$A \odot (B \odot C) = (A \odot B) \odot C$

(3) 分配律：$X \cdot (Y+Z) = X \cdot Y + X \cdot Z$　　$X + Y \cdot Z = (X+Y) \cdot (X+Z)$

　　　　　　$A \cdot (B \oplus C) = (A \cdot B) \oplus (A \cdot C)$

(4) 合并律：$X \cdot Y + X \cdot \overline{Y} = X(Y + \overline{Y}) = X$

　　　　　　$(X+Y) \cdot (X+\overline{Y}) = XX + X\overline{Y} + XY + Y\overline{Y} = X$

(5) 吸收律：$X + X \cdot Y = X$　　　　$X \cdot (X+Y) = X$　　　$X \cdot (\overline{X}+Y) = X \cdot Y$

　　　　　　$X + \overline{X} \cdot Y = X(Y + \overline{Y}) + Y(X + \overline{X}) = X + Y = Y + X\overline{Y}$

(6) 添加律(一致性定理)：

　　　　　　$X \cdot Y + \overline{X} \cdot Z + Y \cdot Z = X \cdot Y + \overline{X} \cdot Z + (X + \overline{X}) \cdot Y \cdot Z = X \cdot Y + \overline{X} \cdot Z$

　　　　　　$(X+Y) \cdot (\overline{X}+Z) \cdot (Y+Z) = (X+Y) \cdot (\overline{X}+Z)$

(7) 变量和常量的关系：

　　　　　　$A \oplus A = 0$,　$A \oplus \overline{A} = 1$　$\rightarrow$　$A \oplus 0 = A$,　$A \oplus 1 = \overline{A}$

　　　　　　$A \odot A = 1$,　$A \odot \overline{A} = 0$　$\rightarrow$　$A \odot 1 = 1$,　$A \odot 0 = \overline{A}$

(8) 广义同一律：　$X+X+ \cdots +X=X$,　　　　　　　　　$X \cdot X \cdot \cdots \cdot X=X$

(9) 摩根定律：

$\overline{X_1 \cdot X_2 \cdot \cdots \cdot X_n} = \overline{X_1} + \overline{X_2} + \cdots + \overline{X_n}$, 如 $\overline{A \cdot \overline{B} \cdot C \cdot \overline{D}} = \overline{A} + \overline{\overline{B}} + \overline{C} + \overline{\overline{D}} = \overline{A} + B + \overline{C} + D$

$\overline{X_1 + X_2 + \cdots + X_n} = \overline{X_1} \cdot \overline{X_2} \cdot \cdots \cdot \overline{X_n}$, 如 $\overline{A + \overline{B} + C + \overline{D}} = \overline{A} \cdot \overline{\overline{B}} \cdot \overline{C} \cdot \overline{\overline{D}} = \overline{A} \cdot B \cdot \overline{C} \cdot D$

$\overline{F(X_1, X_2, \cdots, X_n, +, \cdot)} = F(\overline{X_1}, \overline{X_2}, \cdots, \overline{X_n}, \cdot, +)$,

如 $\overline{A \cdot \overline{B} + C \cdot \overline{D}} = \overline{A \cdot \overline{B}} \cdot \overline{C \cdot \overline{D}} = (\overline{A} + \overline{\overline{B}}) \cdot (\overline{C} + \overline{\overline{D}}) = (\overline{A} + B) \cdot (\overline{C} + D)$

6.3.2　逻辑代数的基本规则

1. 代入规则

在任何含有变量 X 的逻辑等式中，如果将式中所有出现 X 的地方都用另一个逻辑式 F 来代替，则等式仍然成立，这就是代入规则。在应用代入规则时需要注意的是，为保证逻辑式中变量运算的次序不发生变化，应该在代入时添加括号。例如，若 $X \cdot Y + X \cdot \overline{Y} = X$ ，同时又有 $X = \overline{A} + B, Y = A \cdot (\overline{B} + C)$ ，那么等式 $(\overline{A} + B) \cdot (A \cdot (\overline{B} + C)) +$

$(\overline{A}+B)\cdot\overline{(A\cdot(\overline{B}+C))}=\overline{A}+B$ 成立。

2. 反演规则

对于任意一个逻辑式 F，若将其中所有的 "·" 换成 "+"，"+" 换成 "·"，0 换成 1，1 换成 0，原变量换成反变量，反变量换成原变量，则得到的结果就是 $\overline{F}$。这个规律叫作反演规则(摩根定律)。

反演规则为求取已知逻辑式的反逻辑式提供了方便。但是，在使用反演规则时，需要注意两个细节。

(1) 为确保逻辑表达式中变量运算的优先次序不变，要适时添加括号。

(2) 不属于单个变量上的反号应保留不变。

例如，$F=A+BC$ 时，有 $\overline{F}=\overline{A+BC}=\overline{A}\cdot\overline{BC}=\overline{A}\cdot(\overline{B}+C)$，而不是 $\overline{F}=\overline{A+BC}=\overline{A}\cdot\overline{BC}=\overline{A}\cdot\overline{B}\cdot\overline{C}$。

【例 6.1】 已知 $F=A+BC+CD$，求 $\overline{F}$。

解 设 $X=BC$，$Y=CD$，依据反演规则，有

$$\overline{X}=\overline{BC}=\overline{B}+\overline{C}，\quad \overline{Y}=\overline{CD}=\overline{C}+\overline{D}$$

依据代入规则，有

$$\overline{F}=\overline{A+BC+CD}=\overline{A+X+Y}=\overline{A}\cdot\overline{X}\cdot\overline{Y}=\overline{A}\cdot(\overline{B}+\overline{C})\cdot(\overline{C}+\overline{D})$$
$$=\overline{A}\,\overline{B}\,\overline{C}+\overline{A}\,\overline{C}+\overline{A}\,\overline{B}\,\overline{D}+\overline{A}\,\overline{C}\,\overline{D}=\overline{A}\,\overline{C}+\overline{A}\,\overline{B}\,\overline{D}$$

3. 对偶规则

对于任何一个逻辑式 F，若将其中的 "·" 换成 "+"，"+" 换成 "·"，0 换成 1，1 换成 0，则得到一个新的逻辑式 F_d，这个 F_d 就叫作 F 的对偶式。或者说，F 和 F_d 互为对偶式。若两逻辑式相等，则它们的对偶式也相等，这就是对偶规则。为确保逻辑表达式中变量运算的优先次序不变，在使用对偶规则时也要注意添加括号。例如，

若 $F_d=A+BC$，则 $F=A\cdot(B+C)$；

若 $F=\overline{AB+CD}$，则 $F_d=\overline{(A+B)(C+D)}$；

若 $F=\overline{A+B\cdot C+D}$，则 $F_d=\overline{AB+CD}$。

6.3.3 逻辑函数及其表示

描述输入逻辑变量和输出逻辑变量之间的因果关系的函数称为逻辑函数，也称二值逻辑函数。

描述输出与输入逻辑变量关系的方法有真值表、卡诺图、逻辑函数表达式、逻辑电路图和波形图等。这几种描述方法可以进行相互转换。

图 6-12 是一个简单的照明灯电路图。描述其逻辑功能时，设开关断开为逻辑 0，合上为逻辑 1，这是逻辑输入。设灯亮为逻辑 1，灯不亮为逻辑 0，这是逻辑输出。该电路的功能表、真值表分别如表 6-5、表 6-6 所示。

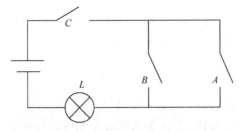

图 6-12 简单照明灯电路图

表 6-5 图 6-12 电路的功能表					表 6-6 图 6-12 电路的真值表				
输入			输出		输入			输出	
开关 C	开关 B	开关 A	灯的状态		C	B	A	L	
断开	断开	断开	不亮		0	0	0	0	
断开	断开	合上	不亮		0	0	1	0	
断开	合上	断开	不亮		0	1	0	0	
断开	合上	合上	不亮		0	1	1	0	
合上	断开	断开	不亮		1	0	0	0	
合上	断开	合上	亮		1	0	1	1	
合上	合上	断开	亮		1	1	0	1	
合上	合上	合上	亮		1	1	1	1	

图 6-12 中 3 个开关，对应 3 个逻辑变量，总共有 $2^3=8$ 种可能组合，真值表需要 8 行。若有 n 个逻辑变量，总共有 2^n 种可能组合，则真值表需要 2^n 行。

在表 6-6 所示真值表中，如果设逻辑非变量对应 0，逻辑原变量对应 1，则每一行对应的输出逻辑变量和输入逻辑变量之间的关系表达式如下：

$$\overline{L_0}=\overline{C}\,\overline{B}\,\overline{A},\quad \overline{L_1}=\overline{C}\,\overline{B}\,A,\quad \overline{L_2}=\overline{C}B\overline{A},\quad \overline{L_3}=\overline{C}BA$$

$$\overline{L_4}=C\overline{B}\,\overline{A},\quad L_5=C\overline{B}A,\quad L_6=CB\overline{A},\quad L_7=CBA$$

由于真值表给出的是所有可能的情况，将所有逻辑输出为 1 的项的表达式或在一起，就能得到相应的逻辑函数表达式。显然，由表 6-6 得到的逻辑函数表达式为

$$L=f(A,B,C)=L_5+L_6+L_7=C\overline{B}A+CB\overline{A}+CBA=CB+CA$$

这种形式的逻辑函数表达式也称为标准与-或表达式。

然而，如果设逻辑非变量对应 1，逻辑原变量对应 0，则每一行对应的输出逻辑变量和输入逻辑变量之间的关系表达式为

$$L_0=C+B+A,\quad L_1=C+B+\overline{A},\quad L_2=C+\overline{B}+A,\quad L_3=C+\overline{B}+\overline{A},$$

$$L_4=\overline{C}+B+A,\quad \overline{L_5}=\overline{C}+B+\overline{A},\quad \overline{L_6}=\overline{C}+\overline{B}+A,\quad \overline{L_7}=\overline{C}+\overline{B}+\overline{A}$$

将所有逻辑输出为 0 的项的表达式与在一起，就能得到相应的逻辑函数表达式。显然，由表 6-6 得到的逻辑函数表达式为

$$L = f(A,B,C) = (C + B + A)(C + B + \overline{A})(C + \overline{B} + A)(C + \overline{B} + \overline{A})(\overline{C} + B + A) = CB + CA$$

这种形式的逻辑函数表达式也称为标准或-与表达式。

6.3.4 逻辑函数的标准形式

逻辑函数的标准形式有与-或标准形式、或-与标准形式两种。

在有 n 个变量的逻辑函数中，若 m 为包含 n 个变量的与运算，而且这 n 个变量均以原变量或反变量的形式在 m 中出现且仅出现一次，则称 m 为该组变量的最小项(Minterm)。n 个变量的最小项有 2^n 个。最小项之或的形式是逻辑函数的与-或标准形式。

在有 n 个变量的逻辑函数中，若 M 为包含 n 个变量之或的运算，而且这 n 个变量均以原变量或反变量的形式在 M 中出现且仅出现一次，则称 M 为该组变量的最大项(Maxterm)。n 个变量的最大项有 2^n 个。最小项之与的形式是逻辑函数的或-与标准形式。

一个包含 A、B、C 三个变量的函数的最小项、最大项表达式、编号如表6-7所示。从表中容易知道，最小项与最大项的关系为：$m_i = \overline{M_i}$。

表6-7　包含 A、B、C 三个变量的函数的最小项、最大项表达式、编号

变量			ABC 的二进制值	ABC 的十进制值	A、B、C 三个变量最小项表达式：1用原变量表示，0用反变量表示	最小项表达式编号	A、B、C 三个变量最大项表达式：0用原变量表示，1用反变量表示	最大项表达式编号
A	B	C						
0	0	0	000	0	$\overline{A} \cdot \overline{B} \cdot \overline{C}$	m_0	$A + B + C$	M_0
0	0	1	001	1	$\overline{A} \cdot \overline{B} \cdot C$	m_1	$A + B + \overline{C}$	M_1
0	1	0	010	2	$\overline{A} \cdot B \cdot \overline{C}$	m_2	$A + \overline{B} + C$	M_2
0	1	1	011	3	$\overline{A} \cdot B \cdot C$	m_3	$A + \overline{B} + \overline{C}$	M_3
1	0	0	100	4	$A \cdot \overline{B} \cdot \overline{C}$	m_4	$\overline{A} + B + C$	M_4
1	0	1	101	5	$A \cdot \overline{B} \cdot C$	m_5	$\overline{A} + B + \overline{C}$	M_5
1	1	0	110	6	$A \cdot B \cdot \overline{C}$	m_6	$\overline{A} + \overline{B} + C$	M_6
1	1	1	111	7	$A \cdot B \cdot C$	m_7	$\overline{A} + \overline{B} + \overline{C}$	M_7

利用互补律 $X + \overline{X} = 1$ 可以把任何一个逻辑函数化为最小项之或的标准形式。可用最小项列表 $\sum m_i$ 表示，如 $\sum m_i (i = 7,6,5,4,1)$，意思是"变量 A、B、C 的最小项 1、4、5、6、7 的或"。

利用互补律 $X \cdot \overline{X} = 0$ 在缺少某一变量的和项中加上该变量，然后利用分配律 $A = A + X \cdot \overline{X} = (A + X)(A + \overline{X})$ 展开，就可以把任何一个逻辑函数化为最大项之与的标准形式。可用最大项列表 $\prod M_i$ 表示，如 $\prod M_i (i = 7,6,5,4,1)$，意思是"变量 A、B、C 的最大项 1、4、5、6、7 的与"。

【例6.2】　给定如下逻辑函数，将它们化为和之积、积之和的标准形式。

(1)　$F = A + \overline{B}C$；　　　　(2)　$F = (A + \overline{B})(B + C)$

解　(1) $F = A + \overline{B}C = A(B+\overline{B})(C+\overline{C}) + (A+\overline{A})\overline{B}C$

$\qquad = ABC + AB\overline{C} + A\overline{B}C + A\overline{B}\,\overline{C} + A\overline{B}C + \overline{A}\,\overline{B}C$

$\qquad = m_7 + m_6 + m_5 + m_4 + m_5 + m_1 = \sum m_i (i = 7,6,5,4,1)$

$\quad F = A + \overline{B}C = (A+\overline{B})(A+C) = (A+\overline{B}+C)(A+\overline{B}+\overline{C})(A+B+C)(A+\overline{B}+C)$

$\qquad = M_2 M_3 M_0 M_2 = \prod M_i (i = 0,2,3)$

(2)　$F = (A+\overline{B})(B+C) = (A+\overline{B}+C\overline{C})(A\overline{A}+B+C)$

$\qquad = (A+\overline{B}+C)(A+\overline{B}+\overline{C})(A+B+C)(\overline{A}+B+C)$

$\qquad = M_2 M_3 M_0 M_4 = \prod M_i (0,2,3,4) = \sum m_i (1,5,6,7)$

6.3.5　逻辑函数的化简

1. 逻辑函数的最简形式

化简逻辑函数的意义在于，用尽可能少的电子器件实现同一功能的逻辑电路，从而降低成本，提高设备的可靠性。化简逻辑函数的准则是：在与-或或者或-与逻辑函数式中，要求其中包含的与项或者或项最少，而且每个与项或者或项里的因子也不能再减少。化简逻辑函数的目的就是要消去多余的与项和每个与项中多余的因子，以得到逻辑函数式的最简形式。

在用门电路实现逻辑函数时，通常需要使用与门、或门和非门三种类型的器件。与非运算和或非运算是完备的逻辑运算。如果只有与非门一种器件，就必须将与-或逻辑函数式变换成全部由与非运算组成的逻辑式。为此，可用摩根定律将逻辑函数式进行变换，如

$$F = AC + \overline{B}C = \overline{\overline{AC} + \overline{\overline{B}C}} = \overline{\overline{AC} \cdot \overline{\overline{B}C}}$$

上式的最终形式称为与非-与非逻辑式。同理，如果只有或非门一种器件，就必须将或-与逻辑函数式变换成全部由或非运算组成的逻辑式。如

$$F = (\overline{A}+B)(\overline{B}+C) = \overline{\overline{(\overline{A}+B)(\overline{B}+C)}} = \overline{\overline{\overline{A}+B} + \overline{\overline{B}+C}}$$

逻辑函数化简的方法通常有公式法、卡诺图法、列表法。

2. 公式法化简

公式法化简的原理就是反复使用逻辑代数的公理和定理消去函数式中多余的与项和多余的因子，以求得函数式的最简形式。公式法化简经常使用的方法有以下几种。

(1) 并项法：利用合并律 $XY + X\overline{Y} = X$ 将两项合并为一项，并消去 Y 和 $\overline{Y}$ 这一对因子。而且，根据代入定理可知，X 和 Y 都可以是任何复杂的逻辑式。

(2) 吸收法：利用吸收律 $X + XY = X$ 可将 XY 项消去。X 和 Y 可以是任何一个复杂的逻辑式。

(3) 消因子法：利用吸收律 $X + \overline{X}Y = X + Y = Y + X\overline{Y}$ 将 $\overline{X}Y$ 中的 $\overline{X}$ 或 $X\overline{Y}$ 中的 $\overline{Y}$ 消去。X、Y 均可以是任何复杂的逻辑式。

(4) 消项法：利用添加律 $XY + \overline{X}Z + YZ = XY + \overline{X}Z + (X+\overline{X})YZ = XY + \overline{X}Z$ 将 YZ 项消去。其中 X、Y、Z 都可以是任何复杂的逻辑式。

(5) 添加项法：逆行利用添加律公式 $XY + \overline{X}Z = XY + \overline{X}Z + YZ$ 可以在逻辑函数式中添加一项，消去两项，从而达到化简的目的。其中 X、Y、Z 都可以是任何复杂的逻辑式。

【例 6.3】 用公式法化简下列逻辑函数。

(1) $F_1 = A\overline{B}C + A\overline{B}\overline{C}$ 　　　　　(2) $F_2 = B\overline{C}D + BC\overline{D} + B\overline{C}\overline{D} + BCD$

(3) $F_3 = A\overline{B} + A\overline{B}CD(E+F)$ 　　　(4) $F_4 = AB + \overline{A}C + \overline{B}C$

(5) $F_5 = A\overline{B}C\overline{D} + \overline{A}\overline{B}E + \overline{A}C\overline{D}E$ 　　(6) $F_6 = A\overline{B} + \overline{A}B + B\overline{C} + \overline{B}C$

解　(1) 用并项法化简有

$$F_1 = A\overline{B}(C + \overline{C}) = A\overline{B}$$

(2) 用并项法化简有

$$F_2 = B(\overline{C}D + C\overline{D} + \overline{C}\overline{D} + CD) = B(\overline{C}(D + \overline{D}) + C(\overline{D} + D)) = B(\overline{C} + C) = B$$

(3) 用吸收法化简有

$$F_3 = A\overline{B} + A\overline{B}CD(E+F) = A\overline{B}(1 + CD(E+F)) = A\overline{B}$$

(4) 用消因子法化简有

$$F_4 = AB + \overline{A}C + \overline{B}C = AB + (\overline{A} + \overline{B})C = AB + \overline{AB} \cdot C = AB + C$$

(5) 用消项法化简有

$$F_5 = A\overline{B}C\overline{D} + \overline{A}\overline{B}E + \overline{A}C\overline{D}E = A\overline{B} \cdot C\overline{D} + \overline{A}\overline{B} \cdot E + \overline{A} \cdot C\overline{D} \cdot E$$
$$= A\overline{B} \cdot C\overline{D} + \overline{A}\overline{B} \cdot E$$

(6) 用添加项法化简有

$$F_6 = A\overline{B} + \overline{A}B + B\overline{C} + \overline{B}C = A\overline{B} + B\overline{C} + (\overline{A}B + \overline{B}C)$$
$$= A\overline{B} + B\overline{C} + (\overline{A}B + \overline{B}C + \overline{A}C)$$
$$= (A\overline{B} + B\overline{C} + \overline{A}C) + B\overline{C} + \overline{A}B = (A\overline{B} + \overline{A}C) + B\overline{C} + \overline{A}B$$
$$= A\overline{B} + (\overline{A}C + B\overline{C} + \overline{A}B) = A\overline{B} + \overline{A}C + B\overline{C}$$

【例 6.4】 化简下列逻辑函数。

(1) $F_1 = AC + \overline{B}C + B\overline{D} + C\overline{D} + A(B + \overline{C}) + \overline{A}BC\overline{D} + A\overline{B}DE$

(2) $F_2 = A\overline{B} + B\overline{C} + C\overline{D} + D\overline{A} + \overline{A}C + \overline{A}C$

解　(1) $F_1 = AC + \overline{B}C + B\overline{D} + C\overline{D}(1 + \overline{A}B) + A \cdot \overline{\overline{B}C} + A\overline{B}DE$

$$= AC + \overline{B}C + B\overline{D} + C\overline{D} + A \cdot \overline{\overline{B}C} + A\overline{B}DE$$
$$= AC + (\overline{B}C + A \cdot \overline{\overline{B}C}) + B\overline{D} + C\overline{D} + A\overline{B}DE$$
$$= AC + (\overline{B}C + A) + B\overline{D} + C\overline{D} + A\overline{B}DE$$
$$= (AC + A + A\overline{B}DE) + (\overline{B}C + B\overline{D} + C\overline{D})$$
$$= A + \overline{B}C + B\overline{D}$$

(2) $F_2 = (A\overline{B} + B\overline{C} + \overline{A}C) + (C\overline{D} + D\overline{A} + \overline{A}C) = A\overline{B} + B\overline{C} + C\overline{D} + D\overline{A}$

用公式法化简逻辑函数，没有明显的可供遵循的规律，技巧性很强，而且不容易得知是否达到最简。

3. 卡诺图法化简

1) 逻辑函数的卡诺图表示法

卡诺图(Karnaugh Map)是逻辑函数真值表的图形表示，是由美国工程师卡诺(Karnaugh)首先提出的。图 6-13 中画出了二、三变量最小项的卡诺图。

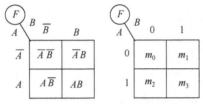

(a) 二变量卡诺图的两种形式

(b) 三变量卡诺图的两种形式

图 6-13　最小项的卡诺图

图形中方格的左侧和上侧标注的 0 和 1 表示使对应小方格内的最小项为 0 或 1 的变量取值。同时，这些 0 和 1 组成的二进制数所对应的十进制数大小也就是对应的最小项的编号。为了保证图中几何位置相邻的最小项在逻辑上也具有相邻性，这些数码不能按自然二进制数从小到大的顺序排列，而必须按格雷码的方式排列，即按任意两个相邻的代码只有一位二进制数不同的方式排列，这样可以确保相邻的两个最小项仅有一个变量是不同的。需要注意的是，卡诺图的最上面和最下面，最左面和最右面都具有逻辑相邻性。因此，从几何位置上应当把卡诺图看成上下、左右闭合的图形。

2) 用卡诺图表示逻辑函数

既然任何一个逻辑函数都能表示为若干最小项之或的形式，那么自然也就可以设法用卡诺图来表示任意一个逻辑函数。具体的方法是首先把逻辑函数化为最小项之或的形式，然后在卡诺图上与这些最小项对应的位置上填入 1，在其余的位置上填入 0，就得到了表示该逻辑函数的卡诺图。也就是说，任何一个逻辑函数都等于它的卡诺图中填入 1 的那些最小项之或。

【例 6.5】　用卡诺图表示逻辑函数 $F = \overline{A}\,\overline{B}\,\overline{C}\,D + \overline{A}B\overline{D} + ACD + A\overline{B}$。

解　首先将 F 化为最小项之和的形式。

$$F = \overline{A}\,\overline{B}\,C D + \overline{A}BC\overline{D} + \overline{A}B\overline{C}\,\overline{D} + ABCD + A\overline{B}CD + A\overline{B}\overline{C}D + A\overline{B}C\overline{D} + A\overline{B}\,\overline{C}D + A\overline{B}\,\overline{C}\,\overline{D}$$

$$= \overline{A}\,\overline{B}\,C D + \overline{A}BC\overline{D} + \overline{A}B\overline{C}\,\overline{D} + A\overline{B}\,\overline{C}\,\overline{D} + A\overline{B}\,\overline{C}D + A\overline{B}C\overline{D} + A\overline{B}CD + ABCD$$

$$= m_1 + m_4 + m_6 + m_8 + m_9 + m_{10} + m_{11} + m_{15}$$

　　画出四变量最小项的卡诺图，在对应于函数式中各最小项的位置上填入 1，其余位置上填入 0，就得到如图 6-14 所示的卡诺图。

【例 6.6】　已知逻辑函数的卡诺图如图 6-15 所示，写出该函数的逻辑式。

　　解　因为函数 F 等于卡诺图中填入 1 的那些最小项之和，所以有

$$F = \overline{A}B\overline{C} + \overline{A}B\overline{C} + AB\overline{C} + A\overline{B}\overline{C}$$

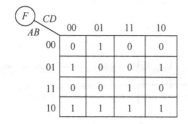

图 6-14　例 6.5 的卡诺图

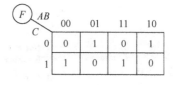

图 6-15　例 6.6 的卡诺图

3) 用卡诺图化简逻辑函数

　　利用卡诺图化简逻辑函数的方法称为卡诺图化简法。化简时依据的基本原理就是具有相邻性的最小项可以合并，并消去不同的因子。由于在卡诺图上几何位置相邻与逻辑上的相邻性是一致的，因而从卡诺图上能直观地找出那些具有相邻性的最小项并将其合并化简。

　　(1) 合并最小项的规则。

　　① 若两个最小项相邻，则可合并为一项并消去一对因子。合并后的结果中只剩下公共因子。在图 6-16(a) 和 (b) 中画出了两个最小项相邻的几种可能情况。例如，图 6-16(a) 中 $AB\overline{C}$ (m_6) 和 ABC (m_7) 相邻，故可合并为 $AB\overline{C} + ABC = AB(\overline{C} + C) = AB$。合并后将 C 和 $\overline{C}$ 一对因子消掉了，只剩下公共因子 A 和 B。

　　② 若四个最小项相邻并排列成一个矩形组，则可合并为一项并消去两对因子。合并后的结果中只包含公共因子。例如，在图 6-16(d) 中，$\overline{A}B\overline{C}D$ (m_5)、$\overline{A}BCD$ (m_7)、$AB\overline{C}D$ (m_{13})、$ABCD$ (m_{15}) 相邻，故可合并。合并后得到

$$\overline{A}B\overline{C}D + \overline{A}BCD + AB\overline{C}D + ABCD$$
$$= BD(\overline{A}\,\overline{C} + \overline{A}C + A\overline{C} + AC) = BD(\overline{A}\,\overline{C} + A\overline{C} + \overline{A}C + AC)$$
$$= BD(\overline{C} + C) = BD$$

可见，合并后消去了 A、$\overline{A}$、C、$\overline{C}$ 两对因子，只剩下四个最小项的公共因子 B 和 D。

　　③ 若八个最小项相邻并且排列成一个矩形组，则可合并为一项并消去三对因子。合并后的结果中只包含公共因子。例如，在图 6-16(e) 中，上边两行的八个最小项是相邻的，可将它们合并为一项 $\overline{C}$，左右两边的八个最小项是相邻的，可将它们合并为一项 $\overline{B}$。

　　由此可得到合并最小项的一般规则：如果有 2^n 个最小项相邻($n=1,2,\cdots$)并排列成一个矩形组，则它们可以合并为一项，并消去 n 对因子。合并后的结果中仅保留这些最小项的公共因子。

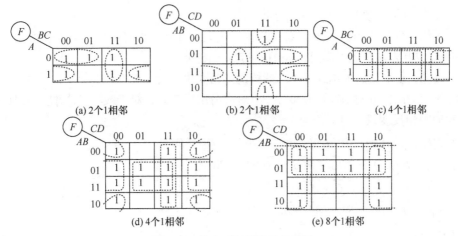

图 6-16　最小项相邻的几种情况

(2) 卡诺图化简法的步骤。

用卡诺图化简逻辑函数可按以下步骤进行。

① 填写卡诺图：可以先将函数化为最小项之或或最大项之与的形式。若化为最小项之或的形式，则在对应每个最小项的卡诺图方格中填 1；若化为最大项之与的形式，则在对应于每个最大项的卡诺图方格中填 0。

② 圈组：找出可以合并的最小项(最大项)。圈组原则为：

(a) 圈 1，可写出化简之后的 "与-或" 表达式，当然，所有的 1 必须圈定；圈 0，可写出化简之后的 "或-与" 表达式，当然，所有的 0 必须圈定。

(b) 每个圈组中 1 或 0 的个数为 2^n 个：首先，保证圈组数最少；其次，圈组范围尽量大；方格可重复使用，但每个圈组至少要有一个 1 或 0 未被其他组圈过。圈组步骤为：先圈孤立的 1 格(0 格)，再圈只能按一个方向合并的分组——圈要尽量大，圈其余可任意方向合并的分组。

③ 读图：将每个圈组写成与项(或项)，再进行逻辑或(与)。消掉既能为 0 也能为 1 的变量，保留始终为 0 或 1 的变量；对于 "与项"，0 对应写出反变量，1 对应写出原变量；对于 "或项"，0 对应写出原变量，1 对应写出反变量。

【例 6.7】　用卡诺图化简法将下面的逻辑函数化简为最简的或-与表达式或与-或表达式。

(1) $F_1(A,B,C,D) = \sum m(0,1,3,5,6,9,11,12,13)$

(2) $F_2(A,B,C,D) = \sum m(3,4,5,7,9,13,14,15)$

(3) $F_3(A,B,C,D) = \sum m(0,1,3,4,5,7)$

(4) $F_4 = A\overline{C} + \overline{A}C + B\overline{C} + \overline{B}C$

(5) $F_5 = ABC + ABD + \overline{A}\,\overline{C}D + \overline{A}\,\overline{B}C + \overline{A}C\overline{D}$

(6) $F_6(A,B,C,D) = \prod M(0,2,5,7,13,15)$

解　(1) 填写函数的卡诺图。若化为最小项之或的形式，则在对应每个最小项的卡诺图方格中填 1，如图 6-17(a)～(e)所示；若化为最大项之与的形式，则在对应于每个最大项的卡诺图方格中填 0，如图 6-17(f)所示。

(2) 圈组。保证圈组数最少，圈组范围尽量大。方格可重复使用，但每个圈组至少要有一个 1 或 0 未被其他组圈过，如图 6-17(a)～(e)所示。

(3) 读图，写出最简表达式如下。消掉既能为 0 也能为 1 的变量，保留始终为 0 或 1 的变量；对于与项，0 对应写出反变量，1 对应写出原变量；对于或项，0 对应写出原变量，1 对应写出反变量。

(1) $F_1(A,B,C,D) = \overline{A}BC\overline{D} + \overline{A}\,\overline{B}\,\overline{C} + AB\overline{C} + \overline{C}D + \overline{B}D$

(2) $F_2(A,B,C,D) = \overline{A}B\overline{C} + A\overline{C}D + \overline{A}CD + ABC$

(3) $F_3(A,B,C,D) = \overline{A}\,\overline{C} + \overline{A}D$

(4) $F_4 = A\overline{B} + \overline{A}C + B\overline{C} = A\overline{C} + \overline{B}C + \overline{A}B$

(5) $F_5 = A + \overline{D}$

(6) $F_6(A,B,C,D) = (A + B + D)(\overline{B} + \overline{D})$

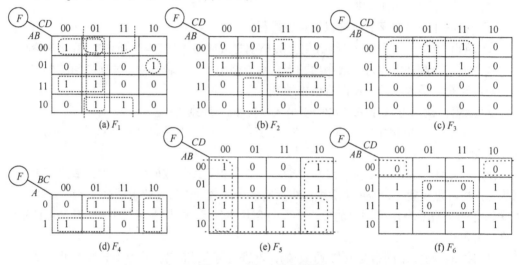

图 6-17　例 6.7 的卡诺图

在实际电路设计中，多采用与非门。因此需要将函数化为最简与非式时，采用合并 1 的方式；在需要将函数化为最简或非式时，采用合并 0 的方式；在需要将函数化为最简与或非式时，采用合并 0 的方式最为适宜，因为得到的结果正是与或非形式。如果要求得到 $\overline{F}$ 的化简结果，采用合并 0 的方式就更简便了。

4. 具有无关项的逻辑函数及其化简

对输入变量所加的限制称为约束。例如，用四个逻辑变量 A、B、C、D 表示 8421BCD 码，只允许 0000～1001 十个输入组合出现，而 1010～1111 六个输入则不允许出现，它们对应的最小项称为约束项。这里 A、B、C、D 是一组具有约束的变量。

通常用约束条件来描述约束的具体内容。例如，用四个逻辑变量 A、B、C、D 表示 8421BCD 码时的约束条件可以表示为

$$A\overline{B}C\overline{D} + A\overline{B}CD + AB\overline{C}\,\overline{D} + AB\overline{C}D + ABC\overline{D} + ABCD = 0$$

另一种情况是，输入变量对应的函数值可以等于 1，也可以等于 0，却不影响电路的功能，其对应的最小项称为任意项。

约束项和任意项统称为逻辑函数式中的无关项。这里所说的无关是指是否把这些最小项写入逻辑函数式无关紧要，可以写入，也可以删除。由无关项组成的输入组合称为 d 集(d-Set)。

无关项在卡诺图中用×(或∅、d)表示，在化简逻辑函数时，根据需要，这些无关项既可以当作 1 处理，也可以当作 0 处理，这样可让逻辑函数更简化，也有利于减少电路代价。

【例 6.8】 化简如下具有约束的逻辑函数。

(1) $F_1 = \overline{A}\,\overline{B}\,CD + \overline{A}BCD + \overline{A}\,\overline{B}\,\overline{C}\,\overline{D}$ ，

$\overline{A}\,\overline{B}CD + \overline{A}B\overline{C}D + \overline{A}B C\overline{D} + A\overline{B}\,\overline{C}D + ABCD + ABC\overline{D} + A\overline{B}C\overline{D} = 0$

(2) $F_2 = \overline{A}C\overline{D} + \overline{A}\,\overline{B}C\overline{D} + \overline{A}B\overline{C}D$ ，

$\overline{A}\overline{B}\overline{C}\overline{D} + \overline{A}\overline{B}CD + AB\overline{C}\,\overline{D} + A\overline{B}\overline{C}D + ABC\overline{D} + ABCD = 0$

解 化简具有无关项的逻辑函数时，用卡诺图化简法比较直观。

(1) 填写函数的卡诺图。无关项用 d 表示，如图 6-18 所示。

(2) 圈组。尽量利用无关项使圈组数最少，圈组范围尽量大，如图 6-18 所示。

(3) 读图，写出最简表达式如下：

$$F_1 = \overline{A}D + \overline{A}\,\overline{B}, \quad F_2 = B\overline{D} + \overline{A}\,\overline{D} + C\overline{D}$$

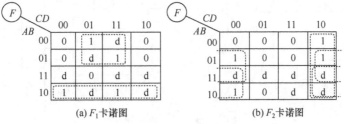

图 6-18　例 6.8 的卡诺图

6.4　组合逻辑电路的分析与设计

组合逻辑电路(Combinational Logic Circuits)由门电路组合而成，在电路结构上没有反馈回路，在功能上不具备记忆能力，即某一时刻的输出状态只取决于该时刻的输入状态，而与电路过去的状态无关。

组合逻辑电路实际上是逻辑函数的具体实现电路。组合逻辑电路按使用的基本开关元件不同进行分类，可以分为 MOS、TTL、ECL 等类型。

6.4.1　组合逻辑电路的分析

当研究某一给定的逻辑电路时，经常会遇到这样一类问题：需要推敲逻辑电路的设

计思想，或更换逻辑电路的某些组件，或判断定位逻辑电路的故障，或评价逻辑电路的技术经济指标。这样就需对给定的逻辑电路进行分析。

可见，组合逻辑电路的分析，就是根据给定的组合逻辑电路写出逻辑函数表达式，确定输出与输入的关系，并以此描述它的逻辑功能。必要时可以运用逻辑函数的化简方法对逻辑函数的设计合理性进行评定、改进和完善。

具体分析步骤如下：

(1) 根据给定的逻辑电路图，分别用符号标注各级门的输出。有些简单的逻辑电路，不加标注就可以直接写出输出逻辑函数与输入变量之间的关系。

(2) 从输入端到输出端，逐级写出逻辑函数表达式。

(3) 利用逻辑代数的代入规则，去掉除原始输入、最后输出外的其他所有变量符号，得到电路的输出函数与输入变量的逻辑函数表达式。

(4) 利用公式化简法、卡诺图化简法对上述逻辑函数进行化简。

(5) 列出真值表或画出波形图。

(6) 通过总结，判断出电路的逻辑功能，或评定电路的技术指标。该步往往需要经过认真分析才可以得出结论，有时可能还需要借助于分析者的实际经验。

【例 6.9】　分析图 6-19(a)所示逻辑电路的功能。

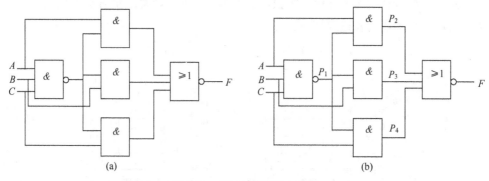

图 6-19　例 6.9 的逻辑电路图

解　(1) 根据给定的逻辑电路图，分别用 P_1、P_2、P_3、P_4 标注各级门的输出，如图 6-19(b)所示。

(2) 根据电路图中的逻辑门的功能，从输入到输出，逐级写出逻辑函数表达式：

$$P_1 = \overline{A \cdot B \cdot C}, \qquad P_2 = A \cdot P_1, \qquad P_3 = B \cdot P_1, \qquad P_4 = C \cdot P_1, \qquad F = \overline{P_2 + P_3 + P_4}$$

(3) 用代入规则将电路中添加的标注符号消除，得到最终逻辑函数表达式：

$$P_2 = A \cdot \overline{A \cdot B \cdot C}, \qquad P_3 = B \cdot \overline{A \cdot B \cdot C}, \qquad P_4 = C \cdot \overline{A \cdot B \cdot C}$$

$$F = \overline{A \cdot \overline{A \cdot B \cdot C} + B \cdot \overline{A \cdot B \cdot C} + C \cdot \overline{A \cdot B \cdot C}}$$

(4) 用公式法化简逻辑函数：

$$F = \overline{(A + B + C) \cdot \overline{A \cdot B \cdot C}} = \overline{A + B + C} + A \cdot B \cdot C = \overline{A} \cdot \overline{B} \cdot \overline{C} + A \cdot B \cdot C = \overline{ABC} + ABC$$

(5) 列写真值表，如表 6-8 所示。画出波形图，如图 6-20 所示。

表 6-8　例 6.9 的真值表

A	B	C	F
0	0	0	1
0	0	1	0
0	1	0	0
0	1	1	0
1	0	0	0
1	0	1	0
1	1	0	0
1	1	1	1

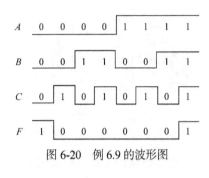

图 6-20　例 6.9 的波形图

(6) 分析逻辑功能。由真值表可知，该电路仅当输入 A、B、C 的取值都为 0 或都为 1 时，输出 F 才为 1；而其他情况的输出都为 0。也就是说，当输入变量的值一致时，输出为 1；输入变量的值不一致时，输出为 0。可见该电路具有检查输入信号是否一致的功能，一旦输出为 0，表明输入不一致。因此通常称该电路为"不一致电路"。

在某些可靠性要求非常高的系统中，往往采用几套设备同时工作，一旦运行结果不一致，便由"不一致电路"发出报警信号，通知操作人员排除故障，以确保系统的可靠性。

由分析可知，图 6-19(a) 所示的电路并不是最佳的，根据化简后的表达式 $F = \overline{A}\,\overline{B}\,\overline{C} + ABC$，可以得到更为简单明了的电路，如图 6-21 所示。

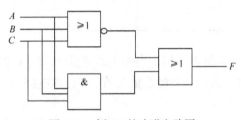

图 6-21　例 6.9 的改进电路图

【例 6.10】　分析图 6-22(a) 所示逻辑电路的功能。

解　(1) 根据给定的逻辑电路图，分别用 P_1、P_2、P_3、P_4 标注各级门的输出，如图 6-22(b) 所示。

(2) 根据电路图中的逻辑门的功能，从输入到输出，逐级写出逻辑函数表达式：

$$P_1 = \overline{ABC}, \qquad P_2 = \overline{A}BC, \qquad P_3 = A\overline{B}C, \qquad P_4 = AB\overline{C}, \qquad F = \overline{\overline{P_1} + \overline{P_2} + \overline{P_3} + \overline{P_4}}$$

(3) 用代入规则将电路中添加的标注符号消除。可以得到最终逻辑函数表达式：

$$F = \overline{\overline{\overline{ABC}} + \overline{\overline{A}BC} + \overline{A\overline{B}C} + \overline{AB\overline{C}}} = \overline{\overline{\overline{A}(\overline{B}C + B\overline{C})} + \overline{A(\overline{B}\,\overline{C} + AB\overline{C})}}$$

$$= \overline{\overline{\overline{A}(B \oplus C)} + \overline{A(\overline{B \oplus C})}} = A \oplus B \oplus C$$

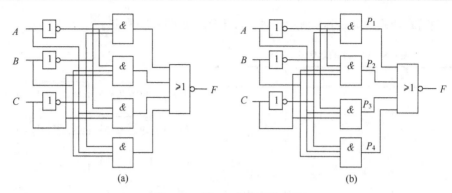

图 6-22　例 6.10 的逻辑电路图

（4）从逻辑函数表达式可以看出，已经是最简式，直接列出真值表，并画出波形图，分别如表 6-9、图 6-23 所示。

表 6-9　例 6.10 的真值表

A	B	C	F
0	0	0	0
0	0	1	1
0	1	0	1
0	1	1	0
1	0	0	1
1	0	1	0
1	1	0	0
1	1	1	1

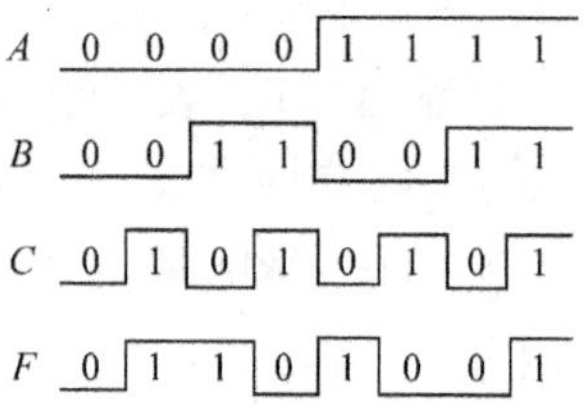

A　0　0　0　0　1　1　1　1
B　0　0　1　1　0　0　1　1
C　0　1　0　1　0　1　0　1
F　0　1　1　0　1　0　0　1

图 6-23　例 6.10 的波形图

（5）分析逻辑功能。由真值表可知，当输入的变量 A、B、C 取值为 1 的变量数为奇数时，函数 F 的取值为 1，否则函数的取值为 0。显然该电路是三变量奇校验电路，又称为奇偶校验器。

在计算机和数据通信中，常用奇偶校验电路检查接收的数据是否正确。例如，在发送端，将发送的字节数据通过奇偶校验电路产生校验位，并将校验位与字节数据一起发送；在接收端，接收到的数据也经过奇偶校验电路，产生的校验位与接收到的校验位相比较，据此判断数据传输是否发生了错误。需要说明的是，奇偶校验可以发现奇数个位数据的错误，而如果偶数个位同时发生了错误，该电路则不能发现。

6.4.2　组合逻辑电路的设计

组合逻辑电路的设计过程与其分析过程相反，它是根据给定逻辑要求的文字描述或者对某一逻辑功能的逻辑函数描述，在特定条件下，找出用最少的逻辑门来实现给定逻辑功能的方案，并画出逻辑电路图。

可见，组合逻辑电路的设计，就是根据实际逻辑问题，求出实现所需逻辑功能的最简逻辑电路。

具体设计步骤如下:

(1) 逻辑抽象(Logic Abstract)。分析设计题目要求,确定输入变量和输出逻辑函数的数目及其关系。许多设计要求往往没有直接给出明显的逻辑关系,因此要求设计者对所设计的逻辑问题有一个全面的理解,对每一种可能的情况都能做出正确的判断,有时还需要给予逻辑定义。例如,开关的状态用逻辑描述时,可以定义"开(ON)"为逻辑 1,"关(OFF)"为逻辑 0。

(2) 根据设计要求和定义的逻辑状态,列出真值表。

(3) 由真值表写出逻辑函数表达式,并用公式法或卡诺图化简后写出最简逻辑函数表达式。

(4) 根据要求使用的门电路类型,将逻辑函数转换为与之相适应的形式。

(5) 根据逻辑函数表达式画出逻辑电路图。

在组合逻辑电路的设计中,逻辑抽象是关键,需要仔细分析各种逻辑关系和因果关系,必须包括所有情况,不能遗漏。

【例 6.11】　设计一个组合逻辑电路,其输入为 4 位二进制数。当输入的数据能被 4 或 5 整除时,电路有指示。请分别用与非门和或非门实现。

解　(1) 题目的逻辑关系比较明显,输入的 4 位二进制数分别用 A、B、C、D 表示,且 A 为最高位,D 为最低位。电路状态指示用 F 表示,输入数据能被 4 或 5 整除时,F 为 1,否则为 0。

(2) 根据题目的要求和上述的状态约定,可以列出如表 6-10 所示的真值表。

(3) 逻辑函数的卡诺图如图 6-24 所示。

表 6-10　例 6.11 的真值表

输入				输出
A	B	C	D	F
0	0	0	0	1
0	0	0	1	0
0	0	1	0	0
0	0	1	1	0
0	1	0	0	1
0	1	0	1	1
0	1	1	0	0
0	1	1	1	0
1	0	0	0	1
1	0	0	1	0
1	0	1	0	1
1	0	1	1	0
1	1	0	0	1
1	1	0	1	0
1	1	1	0	0
1	1	1	1	1

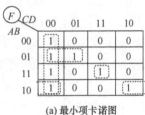

(a) 最小项卡诺图

(b) 最大项卡诺图

图 6-24　例 6.11 的卡诺图

用与非门实现,就需要写出逻辑函数的与-或表达式。按照最小项进行化简,如图 6-24(a)中所示的圈组,可以得到最简与-或逻辑函数表达式为

$$F = \overline{C}\,\overline{D} + \overline{A}B\overline{C} + A\overline{B}\,\overline{D} + ABCD$$

用或非门实现，就需要写出逻辑函数的或-与表达式。按照最大项进行化简，如图 6-24(b)中的圈组所示，可以得到最简或-与逻辑函数表达式为

$$F = (A + \overline{C})(B + \overline{D})(\overline{A} + C + \overline{D})(\overline{B} + \overline{C} + D)$$

(4) 用摩根定律对其进行变换，可得最简与非-与非、或非-或非逻辑函数表达式：

$$F = \overline{\overline{\overline{CD} + \overline{A}B\overline{C} + A\overline{B}\,\overline{D} + ABCD}} = \overline{\overline{\overline{C}\overline{D}} \cdot \overline{\overline{A}B\overline{C}} \cdot \overline{A\overline{B}\,\overline{D}} \cdot \overline{ABCD}}$$

$$F = \overline{\overline{(A+\overline{C})(B+\overline{D})(\overline{A}+C+\overline{D})(\overline{B}+\overline{C}+D)}} = \overline{\overline{A+\overline{C}} + \overline{B+\overline{D}} + \overline{\overline{A}+C+\overline{D}} + \overline{\overline{B}+\overline{C}+D}}$$

(5) 仅用与非门、或非门实现的电路分别如图 6-25(a)、(b)所示。

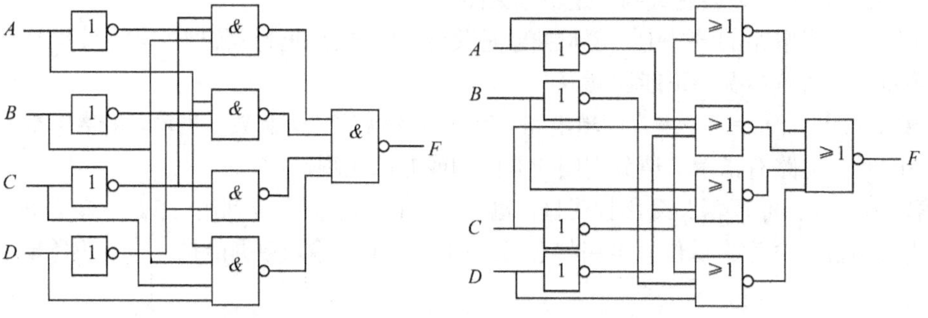

(a) 与非门实现电路　　　　　(b) 或非门实现电路

图 6-25　例 6.11 的逻辑电路图

【例 6.12】　某厂有 15kW 和 25kW 两台发电机组，有 10kW、15kW 和 25kW 三台用电设备。已知三台用电设备可能部分工作或都不工作，但不可能三台同时工作。请用与非门设计一个供电控制电路，使电力负荷达到最佳匹配。允许反变量输入。

解　(1) 逻辑关系分析。用电设备的开启情况决定了发电机组的工作状态，显然用电设备是原因，而发电机组是结果。设 10kW、15kW 和 25kW 用电设备分别用变量 A、B 和 C 表示，而 15kW、25kW 的发电机组分别用逻辑函数 Y、Z 表示。用电设备和发电机组工作时，用 1 表示；不工作时，用 0 表示。

要使电力负荷达到最佳匹配，应该根据用电设备的工作情况即负荷情况来决定两台发电机组启动与否。根据设计要求，当 10kW 或 15kW 用电设备单独工作时，只需要 15kW 的发电机组启动就可以了；当只有 25kW 的用电设备单独工作时，需要 25kW 的发电机组启动工作……由设计要求还知道，10kW、15kW 和 25kW 的用电设备不可能同时工作，因此当这 3 个变量的取值都为 1 时，函数 Y 和 Z 为无关项值。

(2) 根据上述的逻辑约定和分析，可得如表 6-11 所示的真值表。

(3) 逻辑函数的卡诺图如图 6-26 所示。最简逻辑函数表达式分别为

$$Y = A\overline{B} + \overline{A}B = \overline{\overline{A\overline{B} + \overline{A}B}} = \overline{\overline{A\overline{B}} \cdot \overline{\overline{A}B}}$$

$$Z = C + AB = \overline{\overline{C + AB}} = \overline{\overline{C} \cdot \overline{AB}}$$

表 6-11　例 6.12 的真值表

输入			输出	
A(10kW)	B(15kW)	C(25kW)	Y(15kW)	Z(25kW)
0	0	0	0	0
0	0	1	0	1
0	1	0	1	0
0	1	1	1	1
1	0	0	0	0
1	0	1	0	1
1	1	0	0	1
1	1	1	d	d

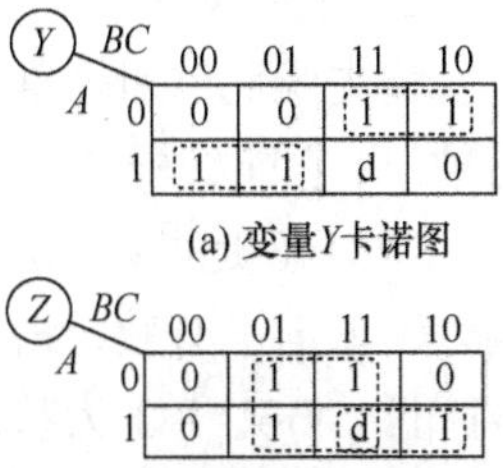

(a) 变量 Y 卡诺图

(b) 变量 Z 卡诺图

图 6-26　例 6.12 的逻辑函数的卡诺图

(4) 用与非门实现的逻辑电路图如图 6-27 所示。

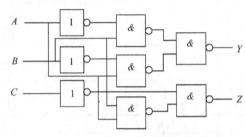

图 6-27　例 6.12 的逻辑电路图

6.4.3　常用组合逻辑器件

常用组合逻辑器件包括编码器(Encoder)、译码器(Decoder)、加法器(Adder)、数据选择器(Multiplexer)、多路分配器(Demultiplexer)、奇/偶校验电路(Parity Circuits)和算术运算电路(Arithmetic Logical Circuit)等。

1. 编码器

将一个数字、文字、人名或者信号用数字代码来表示的过程，称为编码，能完成编码功能的电路或装置称为编码器。

n 位二进制数编码可以表示 2^n 种不同的情况。一般而言，m 个不同的信号，至少需要用 n 位二进制数进行编码，m 和 n 之间的关系为 $m \leqslant 2^n$。例如，0~9 十个数字符号要用 4 位二进制数编码表示，当然 4 位二进制数编码可以表示 $2^4 = 16$ 种不同的情况。

1) 普通编码器

要对 8 个输入信号进行编码，如果在任何情况下，有且只有一个输入(如用高电平表示)，多个输入同时请求编码的情况是不可能也是不允许出现的，这时的编码比较简单，只需要将 8 个输入分别编码成 000、001、010、011、100、101、110、111 即可。这种编码器称为普通编码器。

普通编码器编码方案简单，也容易实现，但输入有约束，即在任意时刻只有一个输入要求编码，不允许两个或两个以上的输入信号同时有效，一旦出现多个输入同时有效的情况，编码器将产生错误的输出。

2) 优先编码器

优先编码器对全部编码输入信号规定了各不相同的优先等级,当多个输入信号同时有效时,它能够根据事先安排好的优先顺序,只对优先级最高的有效输入信号进行编码。

74×148 是可以完成优先编码功能的 8-3 线(2^3=8 输入 3 输出)优先编码器,EI 为使能输入,低电平有效,编号 7~0 为待编码信号输入,低电平有效,优先级按编号 7~0 顺次降低,GS、EO 为状态输出,$A_2A_1A_0$ 为编码输出,等于有效待编码输入信号中优先级最高的输入信号编号的 3 位自然二进制码的反码。74×148 的电路结构、引脚如图 6-28(a)、(b)所示,功能表如表 6-12 所示。

表 6-12　8-3 线优先编码器 74×148 的功能表

使能输入	待编码信号输入								状态输出		编码输出	
EI	7	6	5	4	3	2	1	0	GS	EO	$A_2A_1A_0$	$\overline{A_2A_1A_0}$
1	d	d	d	d	d	d	d	d	1	1	111	000
0	1	1	1	1	1	1	1	1	1	0	111	000
0	0	d	d	d	d	d	d	d	0	1	000	111
0	1	0	d	d	d	d	d	d	0	1	001	110
0	1	1	0	d	d	d	d	d	0	1	010	101
0	1	1	1	0	d	d	d	d	0	1	011	100
0	1	1	1	1	0	d	d	d	0	1	100	011
0	1	1	1	1	1	0	d	d	0	1	101	010
0	1	1	1	1	1	1	0	d	0	1	110	001
0	1	1	1	1	1	1	1	0	0	1	111	000

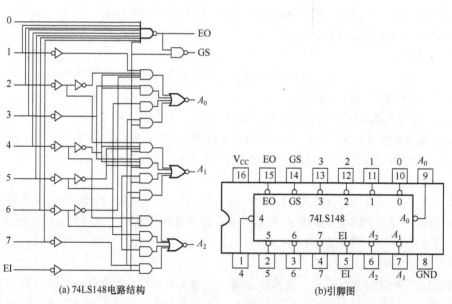

(a) 74LS148电路结构　　　　　　(b)引脚图

图 6-28　优先编码器

【例 6.13】　以 8-3 线优先编码器 74×148 为主要器件设计一个 16-4 线优先编码器。

解　16-4 线优先编码器有 16 个待编码输入信号、4 个经过编码的输出信号,优先级别按编号 15～0 顺次降低。由于单个编码器 74×148 的输入信号引脚数为 8 个，输出信号引脚数为 3 个，因此需要使用两片 74×148 芯片。

设待编码输入编号 15～8 接的 74×148 为 74×148-H，编号 7～0 接的 74×148 为 74×148-L。显然，当 74×148-H 有有效的待编码输入信号时，16-4 线优先编码器输出 $0A_2A_1A_0$，这时禁止 74×148-L 编码即可；而当 74×148-H 没有有效的待编码输入信号时，允许 74×148-L 编码，16-4 线优先编码器输出 $1A_2A_1A_0$。按这样的思路，可以得到如表 6-13 所示的由两片 74×148 实现 16-4 线优先编码器的功能表。

表 6-13　由两片 74×148 实现 16-4 线优先编码器的功能表

74×148-H					74×148-L					16-4 线编码输出	
EI	15～8	GS	EO	$A_2A_1A_0$	EI	15～8	GS	EO	$A_2A_1A_0$	A_3	$A_2A_1A_0$
1	任意	1	1	111	1	任意	1	1	111	1	111
0	有低电平	0	1	$A_2A_1A_0$	1	任意	1	1	111	0	$A_2A_1A_0$
0	无低电平	1	0	111	0	有低电平	0	1	$A_2A_1A_0$	1	$A_2A_1A_0$
0	无低电平	1	0	111	0	无低电平	1	0	111	1	111

从表 6-13 可得以下结论。

(1) 74×148-H 的输出 EO 与 74×148-L 的 EI 完全一致，因此，可将 74×148-H 的 EO 接 74×148-L 的 EI，通过 74×148-H 的工作状态控制 74×148-L 的工作。

(2) 将 74×148-H 的 3 位输出与 74×148-L 的 3 位输出的对应位相与，可得到 16-4 线优先编码器的低 3 位编码输出 $A_2A_1A_0$。

(3) 可将 74×148-H 的输出 GS 引出作为 16-4 线优先编码器的输出 A_3。

因此以两片 74×148 编码器为主要器件，再添加 3 个与门，就可以设计出 16-4 线优先编码器，如图 6-29 所示。

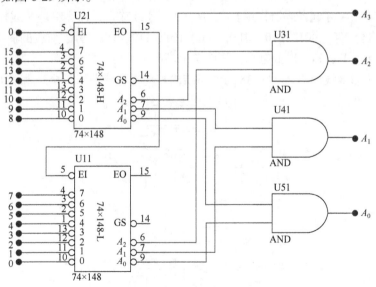

图 6-29　由 74×148 构成的 16-4 线优先编码器

2. 译码器

译码是编码的逆过程，是将数字代码翻译成它原来所代表的文字、数字或信息等的过程。能完成译码功能的电路或装置，称为译码器。数字译码器主要包括二进制译码器、BCD 码译码器和显示译码器等。图 6-30 给出了两个常用译码器的逻辑符号图。假设译码器有 n 个输入端，m 个译码输出端，如果 $m=2^n$，则称为全译码器，如果 $m<2^n$，则称为部分译码器。

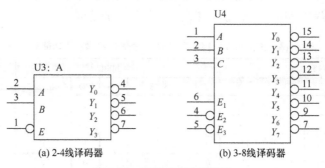

(a) 2-4线译码器   (b) 3-8线译码器

图 6-30   译码器逻辑符号图

1) 二进制译码器(Binary Decoder)

二进制译码器的输入是一组二进制代码，与这组代码对应的十进制值编号的输出端输出低电平或高电平，而其他输出端则输出高电平或低电平。

图 6-30(a)所示的 74×139 是 2-4 线译码器。其中 E 是使能端，$E=0$ 时，74×139 才起译码作用。B、A 是 2 线输入，$Y_0 \sim Y_3$ 是 4 线输出。2 线输入 BA 的 4 种组合 00、01、10、11，分别对应的输出是 Y_0 低电平、其他 3 个高电平，Y_1 低电平、其他 3 个高电平，Y_2 低电平、其他 3 个高电平，Y_3 低电平、其他 3 个高电平。

图 6-30(b)所示的 74×138 是 3-8 线译码器。其中 E_1、E_2、E_3 是控制端，E_1、E_2、E_3 为 100 时，74×138 才起译码器作用。C、B、A 是 3 线输入，$Y_0 \sim Y_7$ 是 8 线输出。输入 CBA 的 8 种组合 000、001、010、011、100、101、110、111，分别对应的输出是仅 Y_0、Y_1、Y_2、Y_3、Y_4、Y_5、Y_6、Y_7 低电平，其他 7 个高电平。

【例 6.14】 3-8 线译码器 74×138 的电路结构和功能表分别如图 6-31 和表 6-14 所示，

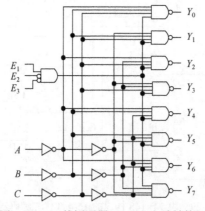

图 6-31   3-8 线译码器 74×138 电路结构图

用该译码器和逻辑门实现逻辑函数 $F(A,B,C)=\sum m(0,1,3,5,7)$。

表 6-14　3-8 线译码器 74×138 的功能表

输入						输出							
E_1	E_2	E_3	C	B	A	Y_0	Y_1	Y_2	Y_3	Y_4	Y_5	Y_6	Y_7
0	d	d	d	d	d	1	1	1	1	1	1	1	1
d	1	d	d	d	d	1	1	1	1	1	1	1	1
d	d	1	d	d	d	1	1	1	1	1	1	1	1
1	0	0	0	0	0	0	1	1	1	1	1	1	1
1	0	0	0	0	1	1	0	1	1	1	1	1	1
1	0	0	0	1	0	1	1	0	1	1	1	1	1
1	0	0	0	1	1	1	1	1	0	1	1	1	1
1	0	0	1	0	0	1	1	1	1	0	1	1	1
1	0	0	1	0	1	1	1	1	1	1	0	1	1
1	0	0	1	1	0	1	1	1	1	1	1	0	1
1	0	0	1	1	1	1	1	1	1	1	1	1	0

解　从表 6-14 可知，当 $E_1E_2E_3=100$ 时，有

$$Y_0 = \overline{C+B+A} = \overline{\overline{C}\cdot\overline{B}\cdot\overline{A}} = \overline{m_0} = M_0 \qquad Y_1 = \overline{C+B+\overline{A}} = \overline{\overline{C}\cdot\overline{B}\cdot A} = \overline{m_1} = M_1$$

$$Y_2 = \overline{C+\overline{B}+A} = \overline{\overline{C}\cdot B\cdot\overline{A}} = \overline{m_2} = M_2 \qquad Y_3 = \overline{C+\overline{B}+\overline{A}} = \overline{\overline{C}\cdot B\cdot A} = \overline{m_3} = M_3$$

$$Y_4 = \overline{\overline{C}+B+A} = \overline{C\cdot\overline{B}\cdot\overline{A}} = \overline{m_4} = M_4 \qquad Y_5 = \overline{\overline{C}+B+\overline{A}} = \overline{C\cdot\overline{B}\cdot A} = \overline{m_5} = M_5$$

$$Y_6 = \overline{\overline{C}+\overline{B}+A} = \overline{C\cdot B\cdot\overline{A}} = \overline{m_6} = M_6 \qquad Y_7 = \overline{\overline{C}+\overline{B}+\overline{A}} = \overline{C\cdot B\cdot A} = \overline{m_7} = M_7$$

所以

$$F(A,B,C)=\sum m(0,1,3,5,7)=m_0+m_1+m_3+m_5+m_7$$
$$=\overline{\overline{m_0+m_1+m_3+m_5+m_7}}=\overline{\overline{m_0}\cdot\overline{m_1}\cdot\overline{m_3}\cdot\overline{m_5}\cdot\overline{m_7}}$$
$$=\overline{Y_0\cdot Y_1\cdot Y_3\cdot Y_5\cdot Y_7}$$

或

$$F(A,B,C)=\sum m(0,1,3,5,7)=\prod M(2,4,6)=M_2\cdot M_4\cdot M_6=Y_2\cdot Y_4\cdot Y_6$$

因此，该逻辑函数可以用 3-8 线译码器 74×138 及一个五输入的与非门实现，如图 6-32(a) 所示；也可用 3-8 线译码器 74×138 及一个三输入的与门实现，如图 6-32(b) 所示。

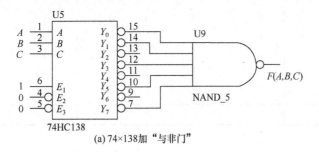

(a) 74×138加"与非门"

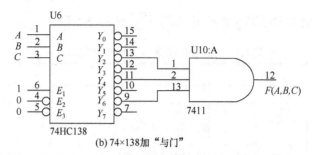

(b) 74×138加"与门"

图 6-32　用 3-8 线译码器实现逻辑函数的电路

2) BCD 码译码器

BCD 码译码器又称 4-10 线译码器，是将输入的 4 位二进制 BCD 码译成 10 个高、低电平输出的信号，分别代表十进制数 0,1,2,…,9。4 线输入共有 16 种状态组合，但 1010,1011,…,1111 六种状态是不会出现的，所以这六种状态称为约束项或称为伪码，不过，即使出现伪码，输出均为无效的高电平，也就是说，这种电路具有抗伪码功能。

BCD 码译码器 74×42 的电路结构和功能表分别如图 6-33 和表 6-15 所示。

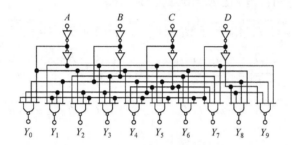

图 6-33　BCD 码译码器 74×42 电路结构图

表 6-15　BCD 码译码器 74×42 的功能表

输入				输出									
D	C	B	A	Y_0	Y_1	Y_2	Y_3	Y_4	Y_5	Y_6	Y_7	Y_8	Y_9
0	0	0	0	0	1	1	1	1	1	1	1	1	1
0	0	0	1	1	0	1	1	1	1	1	1	1	1
0	0	1	0	1	1	0	1	1	1	1	1	1	1
0	0	1	1	1	1	1	0	1	1	1	1	1	1
0	1	0	0	1	1	1	1	0	1	1	1	1	1
0	1	0	1	1	1	1	1	1	0	1	1	1	1
0	1	1	0	1	1	1	1	1	1	0	1	1	1
0	1	1	1	1	1	1	1	1	1	1	0	1	1
1	0	0	0	1	1	1	1	1	1	1	1	0	1
1	0	0	1	1	1	1	1	1	1	1	1	1	0
1	d	1	d	1	1	1	1	1	1	1	1	1	1

3) 显示译码器

在数字系统中，常常需要将数字、符号甚至文字的二进制代码翻译成人们习惯的形式并直观地显示出来，供人们读取以监视系统的工作情况。能够完成这种功能的译码器就称为显示译码器。

(1) 数码管显示原理。数码管有辉光数码管、荧光数码管、半导体数码管(Light Emitting Diode，LED)和液晶数码管(Liquid Crystal Display，LCD)等，现在最常用的是半导体数码管和液晶数码管。

按连接方式不同，数码管分为共阴极和共阳极两种。共阴极是指数码管的所有发光二极管的阴极连接在一起，而阳极分别由不同的信号驱动，并分别标识为 a、b、c、d、e、f、g、dp。显然，当公共极 com 为低电平，而阳极为高电平时，相应发光二极管亮，如果阳极为低电平，则相应发光二极管不亮；而当公共极 com 为高电平时，不管阳极为何电平，所有发光二极管都不亮。共阳极是指数码管的所有发光二极管的阳极连接在一起，而阴极分别由不同的信号驱动，并分别标识为 a、b、c、d、e、f、g、dp。显然，当公共极 com 为高电平，而阴极为低电平时，相应发光二极管亮，如果阴极为高电平，则相应发光二极管不亮；而当公共极 com 为低电平时，不管阴极为何电平，所有发光二极管都不亮，如图 6-34 所示。

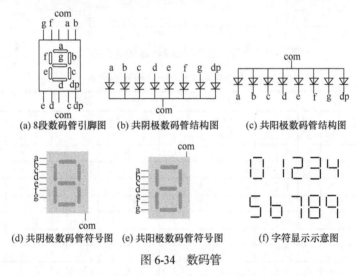

(a) 8段数码管引脚图　(b) 共阴极数码管结构图　(c) 共阳极数码管结构图

(d) 共阴极数码管符号图　(e) 共阳极数码管符号图　(f) 字符显示示意图

图 6-34　数码管

(2) 七段显示译码器 74×48 的电路结构如图 6-35 所示，D、C、B 和 A 为显示译码器的输入端，通常为二进制码。$Q_A \sim Q_G$ 为译码器的译码输出端。BI/RBO 为译码器的灭灯输入/灭零输出端，RBI 为译码器的灭零输入端，LT 为译码器的试灯输入端，是为了便于使用而设置的控制信号。

表 6-16 为七段显示译码器 74×48 的功能表，从功能表可见，只要试灯输入信号 LT 和灭灯输入信号 BI/RBO 均为高电平(也可以悬空)，就可以对输入为十进制数 1～15 的二进制码(0000～1111)进行译码，产生显示 1～15 所需的七段显示码(10～15 显示的是特殊符号)。如果 LT、RBI 和 BI/RBO 均为高电平输入，译码器可以对输入 0 的二进制码 0000 进行译码，并产生显示 0 所需的七段显示码。

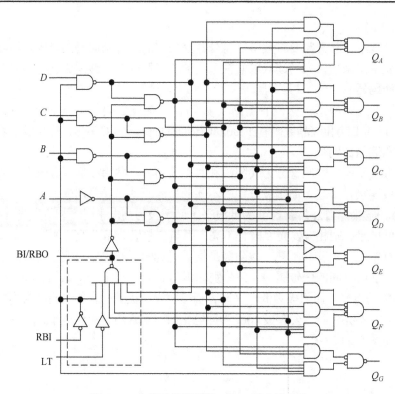

图 6-35　七段显示译码器 74×48 的电路结构

表 6-16　七段显示译码器 74×48 的功能表

功能	输入						输入/输出	输出							显示 字形
	LT	RBI	D	C	B	A	BI/RBO	Q_A	Q_B	Q_C	Q_D	Q_E	Q_F	Q_G	
0	1	1	0	0	0	0	1	1	1	1	1	1	1	0	0
1	1	×	0	0	0	1	1	0	1	1	0	0	0	0	1
2	1	×	0	0	1	0	1	1	1	0	1	1	0	1	2
3	1	×	0	0	1	1	1	1	1	1	1	0	0	1	3
4	1	×	0	1	0	0	1	0	1	1	0	0	1	1	4
5	1	×	0	1	0	1	1	1	0	1	1	0	1	1	5
6	1	×	0	1	1	0	1	0	0	1	1	1	1	1	6
7	1	×	0	1	1	1	1	1	1	1	0	0	0	0	7
8	1	×	1	0	0	0	1	1	1	1	1	1	1	1	8
9	1	×	1	0	0	1	1	1	1	1	0	0	1	1	9
10	1	×	1	0	1	0	1	0	0	0	1	1	0	1	c
11	1	×	1	0	1	1	1	0	0	1	1	0	0	1	コ
12	1	×	1	1	0	0	1	0	1	0	0	0	1	1	凵
13	1	×	1	1	0	1	1	1	0	0	1	0	1	1	王
14	1	×	1	1	1	0	1	0	0	0	1	1	1	1	Ł
15	1	×	1	1	1	1	1	0	0	0	0	0	0	0	(灭)
灭灯	×	×	×	×	×	×	0	0	0	0	0	0	0	0	(灭)
灭 0	1	0	0	0	0	0	出 0	0	0	0	0	0	0	0	(灭)
试灯	0	×	×	×	×	×	1	1	1	1	1	1	1	1	8

假设各控制信号都有效，可以根据功能表列出译码输出与译码输入的卡诺图，如图 6-36 所示。

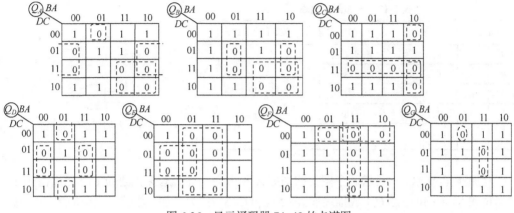

图 6-36　显示译码器 74×48 的卡诺图

根据卡诺图，可以得到正常译码输出时的各输出端与译码输入变量之间的逻辑函数表达式：

$$Q_A = (\overline{D} + \overline{B})(\overline{C} + A)(D + C + B + \overline{A}), \qquad Q_B = (\overline{D} + \overline{B})(\overline{C} + B + \overline{A})(\overline{C} + \overline{B} + A)$$

$$Q_C = (D + C)(C + \overline{B} + A), \qquad\qquad Q_D = (C + B + \overline{A})(\overline{C} + B + A)$$

$$Q_E = \overline{A}(\overline{C} + B), \qquad\qquad Q_F = (\overline{B} + \overline{A})(A_2 + \overline{A_1})(D + C + \overline{A})$$

$$Q_G = (\overline{C} + \overline{B} + \overline{A})(D + C + B + \overline{A})$$

从表 6-16 可见，当 BI/RBO 输入为高电平，而 LT 输入为低电平时，不论译码输入值如何，译码输出 $Q_A \sim Q_G$ 全部为高电平，数码管全亮。利用这一功能可以检测数码管的好坏，因此称 LT 为试灯输入端。

当 BI/RBO 为低电平时，其他所有输入信号不管为何值，译码输出 $Q_A \sim Q_G$ 全部为低电平，数码管全部熄灭。因此称 BI/RBO 为灭灯输入端。利用这一功能可以使数码管熄灭，降低系统的功耗。

当 BI/RBO 不作为输入端使用(即不外加输入信号)时，若 LT 输入为高电平、RBI 输入为低电平，且译码输入为 0 的二进制码 0000，译码器输出 $Q_A \sim Q_G$ 全部为低电平，数码管全部熄灭，不显示 0 字型，此时 BI/RBO 输出 0，指示处于灭零状态；而对于非 0 编码，译码器照常显示输出，所以称 RBI 为灭零输入端。将 RBI 和 BI/RBO 配合使用，可以实现多位十进制数码显示器整数前和小数后灭零控制。

另外，74×247、74×248、74×249、4511、4513 等也是七段数码管的显示译码驱动器，有些带有输出锁存，而有些还可以驱动小数点，所以有时又称其为八段显示译码驱动器。

3. 加法器

在计算机系统中，二进制的加、减、乘、除等算术运算都可以化作加法进行，所以加法器是最重要的组合逻辑电路。

半加器(Half Adder)是指两个 1 位的加数 A 和 B 相加得到 1 位本位和 S 与 1 位进位

C_o，或描述成 $A+B=C_oS$，该运算不考虑低位来的进位，称为半加。能够完成半加运算的电路称为半加器，其真值表如表 6-17 所示，逻辑电路如图 6-37 所示。

表 6-17 半加器真值表

输入		输出		描述	逻辑函数表达式
A	B	S	C_o	$A+B=C_oS$	
0	0	0	0	0+0=00	$S = \overline{A}B + A\overline{B} = A \oplus B$
0	1	1	0	0+1=01	$C_o = AB$
1	0	1	0	1+0=01	
1	1	0	1	1+1=10	

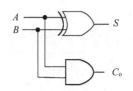

图 6-37 半加器逻辑电路图

全加器(Full Adder)是指两个同位的加数 A 和 B 及一个低位来的进位 C_{i-1} 相加得到 1 位本位和 S 与 1 位进位 C_i，或描述成 $A+B+C_i=C_oS$，称为全加。能够完成全加运算的电路称为全加器，其真值表如表 6-18 所示，逻辑电路如图 6-38 所示。

表 6-18 全加器真值表

输入			输出		描述	逻辑函数表达式
A	B	C_i	S	C_o	$A+B+C_i=C_oS$	
0	0	0	0	0	0+0+0=00	
0	0	1	1	0	0+0+1=01	
0	1	0	1	0	0+1+0=01	
0	1	1	0	1	0+1+1=10	$S = \overline{A}\overline{B}C_i + \overline{A}B\overline{C_i} + A\overline{B}\overline{C_i} + ABC_i$
1	0	0	1	0	1+0+0=01	$C_o = AB + AC_i + BC_i$
1	0	1	0	1	1+0+1=10	
1	1	0	0	1	1+1+0=10	
1	1	1	1	1	1+1+1=11	

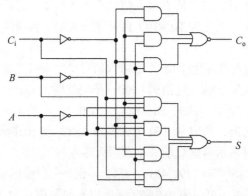

图 6-38 全加器的逻辑电路图

多位全加器(Multi-Bit Full Adder)有串行进位(Ripple Carry)和并行进位(Parallel Carry)两种。

串行进位的特点是低位的进位输出 C_o 依次加到下一个高位的进位输入 C_i，如图 6-39

所示,串行进位加法器的电路结构简单,但由于高位的加法运算要等到低位加法运算完成并得到结果后才可以进行,因此串行加法器的速度慢。

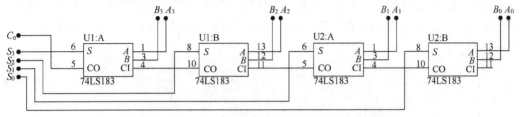

图 6-39　由 4 个 1 位全加器构建的 4 位串行进位加法器

　　并行进位加法器电路结构复杂,但速度快。并行进位加法器普遍采用超前进位法,超前进位并不是由前一级的进位输出来提供,而是由专门的进位电路(Carry Circuit)来提供,且这个专门的进位电路的输入都是待加数据的直接输入。图 6-40(a)是 4 位超前进位全加器 74LS283 电路结构图,图 6-40(b)是由 74LS283 构成的 8 位全加器。

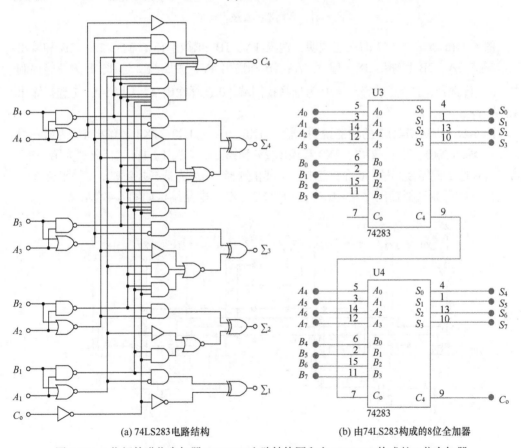

(a) 74LS283 电路结构　　　　　　　　　(b) 由74LS283构成的8位全加器

图 6-40　4 位超前进位全加器 74LS283 电路结构图和由 74LS283 构成的 8 位全加器

4. 数据选择器和数据分配器

数据选择器也叫多路开关,其功能是从多路输入数据中选择其中一路送到输出端。

而数据分配器是将单路输入数据根据要求分配到不同的输出端。

1) 数据选择器

数据选择器根据地址选择码从多路输入数据中选择一路到数据输出端输出，常用的数据选择器有二选一(如 74×157、74×257)、四选一(如 74×153、74×253)等，逻辑符号如图 6-41 所示。

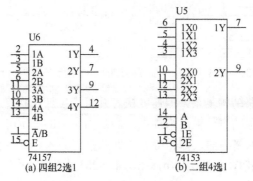

图 6-41　数据选择器逻辑符号

图 6-41(a)所示 74157 的功能说明：输入 1A、1B 和输出 1Y，输入 2A、2B 和输出 2Y，输入 3A、3B 和输出 3Y，输入 4A、4B 和输出 4Y，为四组 2 选 1。E 为使能控制端，0 允许选择，1 禁止选择。$\overline{A}/B$ 为选择控制端，0 选择输出 A，即 Y=A，1 选择输出 B，即 Y=B。

图 6-41(b)所示 74153 的功能说明：输入 1X0、1X1、1X2、1X3 和输出 1Y 为第一组 4 选 1，输入 2X0、2X1、2X2、2X3 和输出 2Y 为第二组 4 选 1。1E、2E 分别为第一组、第二组 4 选 1 使能控制端，0 允许选择，1 禁止选择。BA 为选择控制端，4 种组合 00、01、10、11 分别选择输出 Y 等于 X0、X1、X2、X3。电路结构如图 6-42 所示。

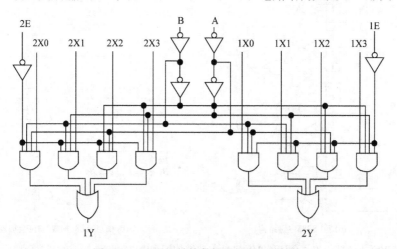

图 6-42　74×153 结构数据选择器电路结构

2) 数据分配器

数据分配器是将一路输入数据根据地址选择码分配给多路数据输出中的某一路输

出。它实现的是时分多路传输电路中接收端电子开关的功能，所以又称为解复用器。四路数据分配器 74×LS155 的电路结构和逻辑符号如图 6-43 所示，使能输入 1E、数据输入 1C、分配控制输入端 BA、输出 1Y0～1Y3 是第 1 组分配器，使能输入 2E、数据输入 2C、分配控制输入端 BA、数据输出 2Y0～2Y3 是第 2 组分配器。分配控制输入端 BA 的四种组合 00、01、10、11 分别对应 1Y0=1C、1Y1=1C、1Y2=1C、1Y3=1C，2Y0=$\overline{2C}$、2Y1=$\overline{2C}$、2Y2=$\overline{2C}$、2Y3=$\overline{2C}$。

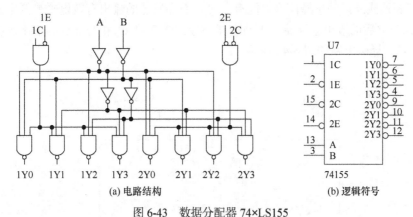

图 6-43　数据分配器 74×LS155

6.4.4　组合逻辑器件的应用

1. 译码器的应用

【例 6.15】　假设某计算机系统的地址线为 16 条，现要连接两片存储器和 3 个外设，它们占用的地址空间如表 6-19 所示。设计存储器和外设的译码电路。

表 6-19　存储器和外设占用的地址空间

类型和序号	占用的地址空间
存储器 1	0000H～3FFFH
存储器 2	4000H～7FFFH
外设 1	A000H～BFFFH
外设 2	C000H～DFFFH
外设 3	E000H～FFFFH

解　计算机系统的地址线有 16 条，共有 2^{16} 个不同的地址组合，即可访问 2^{16}=10000H 个存储器单元或输入输出寄存器，地址范围为 0000H～FFFFH。

对于存储器 1，将其占用的地址空间(Address Space)写成二进制的形式，首地址(First Address)为 0000000000000000B，末地址(End Address)为 0011111111111111B，占用的地址单元(Address Location)数目是 2^{14}=16384，这些地址值的共同特点是高两位都为 0，即如果要选中存储器 1，就要求高两位地址值为 00。通过类似的分析可知，要能选中存储器 2，则要求高两位地址为 01；要选中外设 1，要求高 3 位地址为 101；选中外设 2 和外设 3，要求高 3 位地址分别为 110 和 111。

如果将高 3 位地址 A_{15}、A_{14}、A_{13} 作为 3-8 线译码器 74×138 的 3 个译码输入端，则译码器的 O_0 和 O_1 输出有效时，应该选中存储器 1；而 O_2 和 O_3 输出有效时，应该选中存储器 2；O_5 输出有效时，应该选中外设 1；O_6 输出有效时，应该选中外设 2；O_7 输出有效时，应该选中外设 3。

每个存储器或外设的选择信号只能有一个，而译码器的输出有效电平是低电平，因此 O_0、O_1 相与之后的输出为存储器 1 的选择信号；而 O_2 和 O_3 相与之后的输出为存储器 2 的选择信号。译码电路如图 6-44 所示。

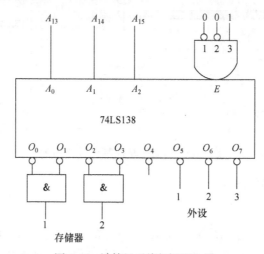

图 6-44　计算机系统的译码电路

【例 6.16】　以 3-8 线译码器 74×138 为主要器件设计一个 1-8 的数据分配器。

解　数据分配器的输入数据根据地址选择信号而决定由哪个数据输出端输出。当输入数据为 0 时，被选中的数据输出端为 0；当输入数据为 1 时，被选中的数据输出端为 1。而其他未被选中的数据输出端的状态都为 0。

3-8 线译码器的使能信号 E_1、E_2 连接在恒定的低电平上，使其一直有效。E_3 作为数据分配器的数据 D 输入端，而译码器的译码输入 A_2、A_1、A_0 则作为数据分配器的地址选择端 S_2、S_1、S_0。考虑到与数据分配器的输出状态一致，译码器的各个输出经过非门后作为数据分配器的数据输出端。

显然，当 D 为 1 时，若 $A_2A_1A_0=000$，则 $O_0 =0$，$D_0=1$，而 $O_1 \sim O_7$ 都为 1，即 $D_1 \sim D_7$ 都为 0；若 $A_2A_1A_0=001$，则 $O_1=0$，$D_1=1$，而 O_0 和 $O_2 \sim O_7$ 都为 1，即 D_0 和 $D_2 \sim D_7$ 都为 0；$A_2A_1A_0$ 的其他取值情况读者可以自己验证。而当 D 为 0 时，译码器的使能信号无效，译码器输出 $O_0 \sim O_7$ 都为 1，使 $D_0 \sim D_7$ 都为 0，即输出数据为 0。电路如图 6-45 所示。

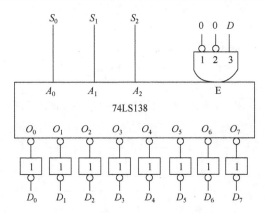

图 6-45 用译码器构成的数据分配器

2. 数据选择器的应用

数据选择器的数据选择端提供了所有取值的组合情况，其逻辑函数表达式为"与或"式的形式，容易实现各种逻辑函数，进而可以实现各种组合逻辑电路的设计。

【例 6.17】   用四选一数据选择器实现逻辑函数：

$$F(A,B,C,D) = A\overline{B}C + AB\overline{C} + \overline{A}CD$$

解   观察逻辑函数表达式可知，每个"与"项都包含了变量 A 和 C，因此用 A、C 作为数据选择器的选择输入端，将逻辑函数表达式进行如下变换：

$$F(A,B,C,D) = A\overline{B}C + AB\overline{C} + \overline{A}CD = \overline{A} \cdot \overline{C} \cdot 0 + \overline{A} \cdot C \cdot D + A \cdot \overline{C} \cdot B + A \cdot C \cdot \overline{B}$$

由数据选择器的 74LS153 功能表可知，任意 1 组四选一数据选择器的逻辑函数表达式为

$$Z = \overline{E} \cdot (\overline{S_1} \cdot \overline{S_0} \cdot I_0 + \overline{S_1} \cdot S_0 \cdot I_1 + S_1 \cdot \overline{S_0} \cdot I_2 + S_1 \cdot S_0 \cdot I_3)$$

对比两个逻辑函数表达式，令 $S_1 = A$，$S_0 = C$，则欲使数据选择器的输出等于待求逻辑函数，就要求 $E = 0$，$I_0 = 0$，$I_1 = D$，$I_2 = B$，$I_3 = \overline{B}$。用四选一数据选择器 74LS153 实现该逻辑函数的电路图如图 6-46 所示。

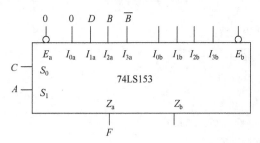

图 6-46 例 6.17 的电路图

习　题

6-1 将下列二进制数转换成十进制数。

(1) 1011   (2) 10101   (3) 11111   (4) 100001

6-2 完成下列数制转换。

(1) $(255)_{10}=($ 　　　　$)_2=($ 　　$)_{16}=($ 　　　　　　$)_{8421BCD}$

(2) $(11010)_2=($ 　　$)_{16}=($ 　　$)_{10}=($ 　　　$)_{8421BCD}$

(3) $(3FF)_{16}=($ 　　　　$)_2=($ 　　$)_{10}=($ 　　　　$)_{8421BCD}$

(4) $(100000110111)_{8421BCD}=($ 　　$)_{10}=($ 　　$)_2=($ 　　$)_{16}$

6-3　设 $Y_1=\overline{AB}$，$Y_2=\overline{A+B}$，$Y_3=A\oplus B$。已知 A、B 的波形如题 6-3 图所示。试画出 Y_1、Y_2、Y_3 对应 A、B 的波形。

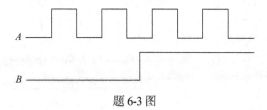

题 6-3 图

6-4　简述二极管、三极管的开关条件。

6-5　题 6-5 图中，哪个电路是正确的？并写出其表达式。

6-6　集成逻辑门电路的两种主要类型是什么？

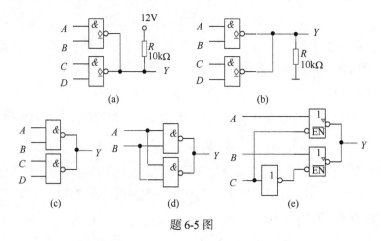

题 6-5 图

6-7　用公式化简下列逻辑函数：

(1) $Y=\overline{A}\,\overline{B}CD+ABD+A\overline{C}D$

(2) $Y=A\overline{C}+ABC+AC\overline{D}+CD$

(3) $Y=\overline{ABC}+A+B+C$

(4) $Y=AD+A\overline{D}+\overline{A}B+\overline{A}C+BFE+CEFG$

6-8　用卡诺图化简下列逻辑函数：

(1) $Y(A,B,C)=\sum m_i(i=0,2,4,7)$

(2) $Y(A,B,C)=\sum m_i(i=1,3,4,5,7)$

(3) $Y(A,B,C,D)=\sum m_i(i=2,6,7,8,9,10,11,13,14,15)$

(4) $Y(A,B,C,D)=\sum m_i(i=1,5,6,7,11,12,13,15)$

(5) $Y=\overline{A}\,\overline{B}C+\overline{A}B\overline{C}+\overline{A}C$

(6) $Y = \overline{\overline{\overline{AB}C} + A\overline{B}C + A\overline{B}\overline{C}}$

(7) $Y(A,B,C) = \sum m_i (i=0,1,2,3,4) + \sum d_i (i=5,7)$

(8) $Y(A,B,C,D) = \sum m_i (i=2,3,5,7,8) + \sum d_i (i=10,11,12,13,14,15)$

6-9 分析题 6-9 图所示电路的逻辑功能。

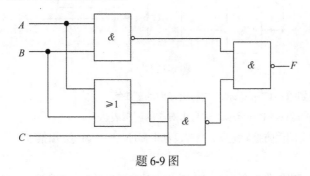

题 6-9 图

6-10 电路如题 6-10 图所示，要求：(1)写出该电路的逻辑函数表达式；(2)列出该电路的真值表。

6-11 电路如题 6-11 图所示，试分析该电路的逻辑功能。

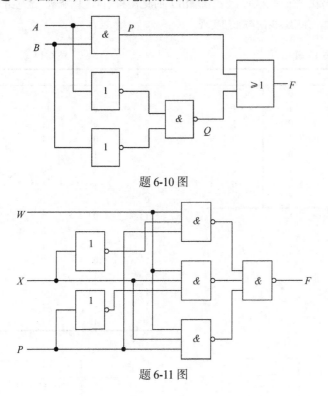

题 6-10 图

题 6-11 图

6-12 已知电路如题 6-12 图所示，试分析其逻辑功能。

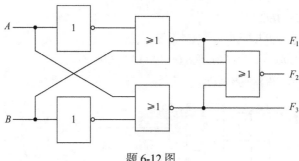

题 6-12 图

6-13 已知真值表如题 6-13 表所示，试写出对应的逻辑表达式。

6-14 已知真值表如题 6-14 表所示，试写出对应的逻辑表达式。

6-15 试设计一种房间消防报警电路，当温度和烟雾过高时，就会发出报警信号，要求使用与非门实现。

6-16 已知某组合逻辑电路的输入 A、B 和输出 F 的波形如题 6-16 图所示。写出 F 对 A、B 的逻辑表达式，用与非门实现该逻辑电路。

6-17 某组合逻辑电路的输入 A、B、C 和输出 F 的波形如题 6-17 图所示。试列出该电路的真值表，写出逻辑函数表达式，并用最少的与非门实现。

题 6-13 表

A	B	C	Y
0	0	0	0
0	0	1	1
0	1	0	1
0	1	1	0
1	0	0	1
1	0	1	0
1	1	0	0
1	1	1	1

题 6-14 表

A	B	C	D	Y
0	0	0	0	0
0	0	0	1	0
0	0	1	0	0
0	0	1	1	0
0	1	0	0	0
0	1	0	1	0
0	1	1	0	0
0	1	1	1	1
1	0	0	0	0
1	0	0	1	0
1	0	1	0	1
1	0	1	1	1
1	1	0	0	0
1	1	0	1	1
1	1	1	0	1
1	1	1	1	1

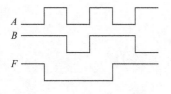

题 6-16 图

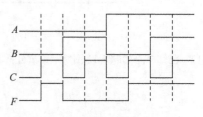

题 6-17 图

6-18　设计一个三变量的判奇电路,当有奇数个变量为 1 时,输出为 1,否则输出为 0,用最少的门电路实现此逻辑电路。

6-19　设计三变量 A、B、C 表决电路,其中 A 具有否决权。

6-20　某工厂有设备开关 A、B、C。按照操作规程,开关 B 只有在开关 A 接通时才允许接通;开关 C 只有在开关 B 接通时才允许接通。违反这一操作规程,则报警电路发出报警信号。设计一个由与非门组成的能实现这一功能的报警控制电路。

6-21　用与非门实现四变量的多数表决器,当四个变量中有多数变量为 1 时,输出为 1,否则为 0。

6-22　试用 74LS138 和适当的逻辑门电路实现下列两输出逻辑函数。

$$\begin{cases} Y_1 = A\overline{C} \\ Y_2 = AB\overline{C} + \overline{A}C \end{cases}$$

6-23　用 74LS138 译码器和适当的逻辑门电路设计一个全加器。

6-24　在某项比赛中,有 A、B、C 三名裁判。其中 A 为主裁判,当两名(必须包括 A 在内)或两名以上裁判认为运动员合格后发出得分信号。试用四选一数据选择器设计此逻辑电路。

第 7 章 触发器和时序逻辑电路

本章介绍触发器和时序逻辑电路,具体内容为锁存器和触发器、时序逻辑电路的分析、寄存器、计数器、555 定时器及其应用。

7.1 锁存器和触发器

锁存器(Latch)和触发器(Flip-Flop)是大多数时序电路(Sequential Circuit)的基本构件。带有反馈的组合电路是构成锁存器和触发器的基础。通常可以认为锁存器由一级反馈环构成,其输出会随着输入信号的变化而同时发生变化,即新的输入信号在读入的同时旧的存储信号即被取代。触发器一般由两级反馈环构成,其输出仅随控制输入或异步置位复位输入信号的变化而发生变化,触发器可以在读入新的输入信号的同时读出旧的存储信号的状态。

7.1.1 基本 S-R 锁存器

1. 物理结构

基本 S-R 锁存器又称置位复位锁存器(Set-Reset Latch),它是各种存储电路中结构最简单的一种,也是各种复杂存储电路结构的最基本组成单元。

基本 S-R 锁存器可用与非门组成,也可用或非门组成,分别如图 7-1(a)、(b)所示。由与非门构成的基本 S-R 锁存器的逻辑符号如图 7-1(c)所示,图中输入端 $\overline{S}_D$ 及 $\overline{R}_D$ 中出现的小圈表示低电平有效,不表示输入端求反。

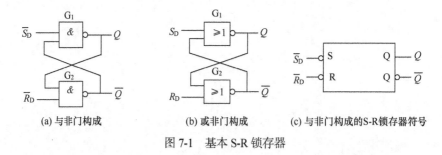

(a) 与非门构成　　　　(b) 或非门构成　　　　(c) 与非门构成的S-R锁存器符号

图 7-1　基本 S-R 锁存器

2. 工作原理

图 7-1(a)所示电路中,G_1、G_2 是两个与非门,$\overline{S}_D$ 及 $\overline{R}_D$ 为输入端,低电平有效。$\overline{S}_D$ 进行置位或预置,使输出端 Q 输出为 1;$\overline{R}_D$ 进行复位或清除,使输出端 Q 输出为 0。当 $Q=0$,$\overline{Q}=1$ 时,称基本 S-R 锁存器处于 0 态;当 $Q=1$,$\overline{Q}=0$ 时,称基本 S-R 锁存器处于 1 态。

基本 S-R 锁存器在输入信号 $\overline{S}_D$、$\overline{R}_D$ 未作用之前的状态称为原态,用 Q 和 $\overline{Q}$ 表示;经

$\overline{S}_{\mathrm{D}}$、$\overline{R}_{\mathrm{D}}$ 作用之后的状态称为新态，用 Q^* 和 $\overline{Q}^*$ 表示。新态可用下列方程确定：

$$Q^* = \overline{\overline{S}_{\mathrm{D}} \cdot \overline{Q}}, \qquad \overline{Q}^* = \overline{\overline{R}_{\mathrm{D}} \cdot Q}$$

基本 S-R 锁存器两个输入端 $\overline{S}_{\mathrm{D}}$、$\overline{R}_{\mathrm{D}}$ 的输入组合有四种情况，分别为 00、01、10、11，下面对四种情况下的工作状态进行说明。

1) $\overline{S}_{\mathrm{D}} = 0$、$\overline{R}_{\mathrm{D}} = 1$

由图 7-1(a)可知，当 $\overline{S}_{\mathrm{D}} = 0$ 时，无论 $\overline{Q}$ 为何种状态，都有 $Q^* = 1$，而 $\overline{R}_{\mathrm{D}} = 1$ 不会影响 G_2 的输出；紧接着由新态方程可得 $\overline{Q}^* = 0$，即电路被强制性地置位在 1 态。需要注意的是，这种情况下新状态变化顺序是先 $Q^* = 1$，然后 $\overline{Q}^* = 0$，或者说 Q^* 与 $\overline{Q}^*$ 并不是同时变化的，中间存在很短的时间间隔。

2) $\overline{S}_{\mathrm{D}} = 1$、$\overline{R}_{\mathrm{D}} = 0$

由图 7-1(a)可知，当 $\overline{R}_{\mathrm{D}} = 0$ 时，无论 $\overline{Q}$ 为何种状态，都有 $\overline{Q}^* = 1$，而 $\overline{S}_{\mathrm{D}} = 1$ 不会影响 G_1 的输出；紧接着由新态方程可得 $Q^* = 0$，即电路被强制性地置位在 0 态。这种情况下新状态变化顺序是先 $\overline{Q}^* = 1$，然后 $Q^* = 0$。

3) $\overline{S}_{\mathrm{D}} = \overline{R}_{\mathrm{D}} = 1$

由图 7-1(a)可知，当 $\overline{S}_{\mathrm{D}}$、$\overline{R}_{\mathrm{D}}$ 都为 1 时，它们不会影响与非门 G_1、G_2 的输出，因而 S-R 锁存器维持原来的状态不变。

4) $\overline{S}_{\mathrm{D}} = \overline{R}_{\mathrm{D}} = 0$

由图 7-1(a)可知，$\overline{S}_{\mathrm{D}} = 0$ 会强行让 $Q^* = 1$，而 $\overline{R}_{\mathrm{D}} = 0$ 会强行让 $\overline{Q}^* = 1$，这种情况是不允许出现的。因此 $\overline{S}_{\mathrm{D}} = \overline{R}_{\mathrm{D}} = 0$ 为禁止输入的一种输入组合。

由或非门组成的基本 S-R 锁存器的工作情况可做类似的分析。

3. 逻辑功能

锁存器的逻辑功能通常用以下两种方法描述。

1) 状态转换真值表及特征方程

为了表明基本 S-R 锁存器在输入信号作用下，下一个稳定状态 Q^*(新态)与原稳定状态 Q(原态)以及与输入信号 $\overline{S}_{\mathrm{D}}$、$\overline{R}_{\mathrm{D}}$ 之间的关系，可以将上述的分析结论用表格形式描述。表 7-1 为用与非门组成的基本 S-R 锁存器状态转换真值表及功能说明(表中的 $\varnothing$ 表示当 $\overline{S}_{\mathrm{D}}$、$\overline{R}_{\mathrm{D}}$ 从 0 同时回到 1 时，状态不能确定)。

描述 S-R 锁存器逻辑功能的函数表达式称为特征方程。由表 7-1 可以画出用与非门组成的基本 S-R 锁存器新态 Q^* 的卡诺图，如图 7-2 所示，并可由此推导出用与非门组成的基本 S-R 锁存器的特征方程为

$$Q^* = S_{\mathrm{D}} + \overline{R}_{\mathrm{D}} \cdot Q，约束条件为 \quad \overline{S}_{\mathrm{D}} + \overline{R}_{\mathrm{D}} = 1$$

2) 状态转换图和激励表

基本 S-R 锁存器的逻辑功能还可用状态转换图(State Transition Diagram)来描述。图 7-3 所示为用与非门组成的基本 S-R 锁存器的状态转换图。图中圆圈分别代表基本 S-R 锁存器的两个稳定状态，箭头表示在输入信号作用下状态转换的方向，箭头旁的标注表示状态转

表 7-1　用与非门组成的基本 S-R 锁存器
**　　　　状态转换真值表及功能说明**

$\overline{S}_D$	$\overline{R}_D$	$Q \rightarrow Q^*$	功能说明
0	0	$0 \rightarrow \varnothing$	禁止
0	0	$1 \rightarrow \varnothing$	禁止
0	1	$0 \rightarrow 0$	置 0
0	1	$1 \rightarrow 0$	置 0
1	0	$0 \rightarrow 1$	置 1
1	0	$1 \rightarrow 1$	置 1
1	1	$0 \rightarrow 0$	保持
1	1	$1 \rightarrow 1$	保持

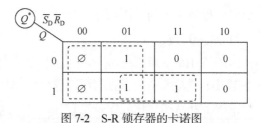

图 7-2　S-R 锁存器的卡诺图

换时的条件。由图 7-3 可见，若当前状态是 Q=0，当输入为 $\overline{S}_D$=0、$\overline{R}_D$=1 时，下一状态变为 Q^*=1；若输入为 $\overline{S}_D$=1、$\overline{R}_D$=0 或 1(用 $\varnothing$ 表示)，状态维持在 0。如果当前状态是 Q=1，则输入为 $\overline{R}_D$=0、$\overline{S}_D$=1 时，下一状态为 Q^*=0；若输入为 $\overline{R}_D$=1、$\overline{S}_D$=1 或 0，状态维持在 1。

　　表 7-2 表示了基本 S-R 锁存器由当前状态 Q 转移至所要求的下一状态 Q^* 时对输入信号的要求，因而称该表为基本 S-R 锁存器的激励表(Excitation Table)或驱动表。

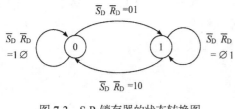

图 7-3　S-R 锁存器的状态转换图

表 7-2　S-R 锁存器激励表

状态转移	激励输入	
$Q \rightarrow Q^*$	$\overline{R}_D$	$\overline{S}_D$
$0 \rightarrow 0$	$\varnothing$	1
$0 \rightarrow 1$	1	0
$1 \rightarrow 0$	0	1
$1 \rightarrow 1$	1	$\varnothing$

7.1.2　同步 S-R 锁存器

　　在数字逻辑系统的实际应用中，常常需要使各基本 S-R 锁存器的逻辑状态在同一时刻更新，为此需要引入同步信号(Synchronous Signal)作为控制电路，这个同步信号便称为时钟脉冲(Clock Pulse，CP)，简称时钟。当 CP=1 时，该锁存器的功能与基本 S-R 锁存器相同；当 CP=0 时，该锁存器的状态保持不变。这种受时钟控制的基本 S-R 锁存器便称为同步 S-R 锁存器(Synchronous Set-Reset Latch)，又称可控 S-R 锁存器或称具有使能端的 S-R 锁存器。

　　图 7-4 所示为同步 S-R 锁存器的结构和符号。图 7-4(a)中的门 G_1 和 G_2 构成基本 S-R 锁存器，G_3 和 G_4 构成触发引导电路。在 CP=1 时，同步 S-R 锁存器的特征方程为 $Q^* = S + \overline{R}Q$，约束条件为 $SR = 0$，状态转换真值表如表 7-3 所示，波形图如图 7-5 所示。

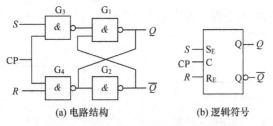

(a) 电路结构 (b) 逻辑符号

图 7-4 同步 S-R 锁存器的结构和符号

表 7-3 同步 S-R 锁存器的状态转换真值表

CP	S	R	$Q \to Q^*$	功能说明
0	$\varnothing$	$\varnothing$	$0 \to 0$	保持原态
0	$\varnothing$	$\varnothing$	$1 \to 1$	保持原态
1	0	0	$0 \to 0$	保持原态
1	0	0	$1 \to 1$	保持原态
1	0	1	$0 \to 0$	置 0
1	0	1	$1 \to 0$	置 0
1	1	0	$0 \to 1$	置 1
1	1	0	$1 \to 1$	置 1
1	1	1	$0 \to \varnothing$	禁止
1	1	1	$1 \to \varnothing$	禁止

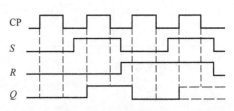

图 7-5 同步 S-R 锁存器的波形图(初态 Q=0)

7.1.3 D 锁存器

在一些数字系统中，数据只有一路信号，以高电平或低电平表示 1 或 0，因而只需要一个数据输入端。

图 7-6 所示为逻辑门控 D 锁存器(D Latch)的结构和符号，由同步 S-R 锁存器的 S 端和 R 端之间接入一个非门构成，该电路保证了 $SR = 0$ 的约束条件，消除了 S-R 锁存器可能出现的非定义状态，门控 D 锁存器的逻辑符号如图 7-6(b)所示。依照同步 S-R 锁存器的特征方程，可以得到 D 锁存器的特征方程为

$$Q^* = D$$

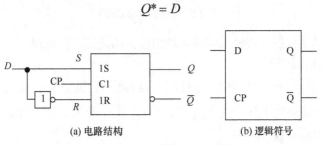

(a) 电路结构 (b) 逻辑符号

图 7-6 D 锁存器的结构和符号

D 锁存器电路的功能表和工作波形如图 7-7(a)、(b)所示。可见，图 7-7(a)所示的 D 锁

存器在时钟脉冲 CP 为高电平时，输出 Q 等于输入 D，而在 CP 为低电平时，输出 Q 的值保持不变，即 Q 的值被锁存。

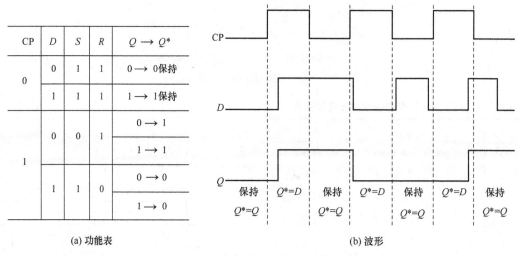

CP	D	S	R	$Q \rightarrow Q^*$
0	0	1	1	$0 \rightarrow 0$ 保持
	1	1	1	$1 \rightarrow 1$ 保持
1	0	0	1	$0 \rightarrow 1$
				$1 \rightarrow 1$
	1	1	0	$0 \rightarrow 0$
				$1 \rightarrow 0$

(a) 功能表

(b) 波形

图 7-7　D 锁存器的功能表和工作波形

7.1.4　J-K 触发器

图 7-8 是主从 J-K 触发器(Master-Slave J-K Flip-Flop)的电路结构及逻辑符号。主从 J-K 触发器是在时钟信号 CP 的上升沿到来时开始接收数据，在紧接着到来的 CP 的下降沿 Q 的状态才会发生改变。

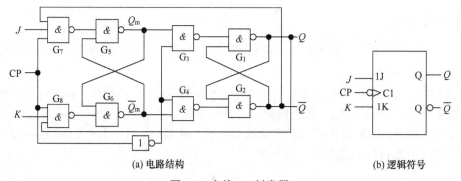

(a) 电路结构

(b) 逻辑符号

图 7-8　主从 J-K 触发器

下面结合主从 J-K 触发器输入端的 4 种组合，阐述其工作原理。

1) $J=1$、$K=0$ 时的情况

若 $Q=1$、$\overline{Q}=0(Q_m=1，\overline{Q}_m=0)$，$\overline{Q}$ 使门 G_7 封锁，G_7 输出为 1。G_8 门在 K 的作用下输出为 1，则主锁存器保持原态，$Q_m^*=Q_m=1$。当 CP 由 1 变为 0 后，从锁存器接收主锁存器的信息，也保持原态，$Q^*=Q=1$。

若 $Q=0$、$\overline{Q}=1$ 并在 CP=1 期间，Q 与 K 共同作用使 G_8 输出为 1，G_7 输出为 0，主锁存器置 1。当 CP 变为 0 后，从锁存器接收主锁存器信息变为 1 态，$Q^*=Q=1$。

所以当 $J=1$、$K=0$ 时，无论原态为 0 态还是 1 态，在 CP 为 1 期间主锁存器置 1，当 CP 变为 0 后从锁存器随着置 1。

2) $J=0$、$K=1$ 时的情况

同理可得，在 CP 为 1 期间主锁存器置 0，当 CP 变为 0 后，从锁存器随着置 0。

3) $J=K=0$ 时的情况

门 G_7、G_8 被封锁，G_7、G_8 输出均为 1，主锁存器在 CP 为 1 期间保持原态，在 CP 信号改变为 0 后，从锁存器也保持原态。

以上与主从 S-R 触发器的状态变化相同。

4) $J=K=1$ 时的情况

这在主从 S-R 触发器中是不允许的，在这种情况下，若 $Q=0$、$\bar{Q}=1$，门 G_8 在 Q 的作用下被封锁，其输出为 1，在 CP=1 时，G_7 输出为 0，主锁存器置 1，CP=0 后从锁存器也跟着置 1，$Q^*=1$。

若 $Q=1$，$\bar{Q}=0$，门 G_7 被封锁，输出为 1，在 CP=1 时，G_8 输出为 0，主锁存器被置 0。CP=0 以后从锁存器也被置 0，$Q^*=0$。由此可以得出，当 $J=K=1$ 时，主从 J-K 触发器的功能是将其原状态反相，即 $Q^*=\bar{Q}$。

由主从 J-K 触发器的工作原理，可得表 7-4 所示的工作特性表和图 7-9 所示的状态转换图。表 7-4 中的第一行表示时钟还没有到来时，触发器状态不发生改变，即保持原态。

主从 J-K 触发器的特征方程为

$$Q^* = J\bar{Q} + \bar{K}Q$$

表 7-4　主从 J-K 触发器的工作特性表

CP	J	K	Q	Q^*
$\varnothing$	$\varnothing$	$\varnothing$	$\varnothing$	Q
⌐⌐	0	0	0	0
⌐⌐	0	0	1	1
⌐⌐	0	1	0	0
⌐⌐	0	1	1	0
⌐⌐	1	0	0	1
⌐⌐	1	0	1	1
⌐⌐	1	1	0	1
⌐⌐	1	1	1	0

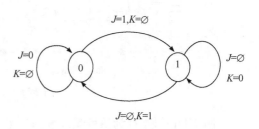

图 7-9　主从 J-K 触发器的状态转换图

7.1.5　T 触发器

将 J-K 触发器的输入 J、K 端连在一起，就可得到 T 触发器(T Flip-Flop)，如图 7-10 所示。将 $T=J=K$ 代入 J-K 触发器的特征方程，得到 T 触发器的特征方程为

$$Q^* = J\bar{Q} + \bar{K}Q = T\bar{Q} + \bar{T}Q = T \oplus Q$$

(a) J-K触发器构成的T触发器　　　(b) 上升沿触发T触发器　　　(c) 下降沿触发T触发器

图 7-10　T 触发器

显然，T 触发器的功能为：$T=0$ 时，$Q^*=Q$，即触发器被封锁，输出保持原状态；当 $T=1$ 时，在时钟脉冲 CP 上升沿或下降沿到来时，$Q^*=\bar{Q}$，即输出状态发生翻转。

7.1.6　维持阻塞 D 触发器

主从 J-K 触发器存在一个问题，即在 CP=1 期间，必须使输入信号保持不变。若 CP=1 期间出现干扰信号，触发器的实际输出状态就有可能会与期望的输出状态有所不同，也就是说主从 J-K 触发器的抗干扰能力不够强。维持阻塞 D 触发器(Remain Block D Flip-Flop)是一种典型的边沿型触发器，能解决这个问题。边沿型触发器的主要特点是触发器的状态只取决于上升沿(或下降沿)时刻的输入信号的状态，而与 CP=1 期间输入信号的变化情况无关。

维持阻塞 D 触发器的电路结构及逻辑符号如图 7-11 所示。

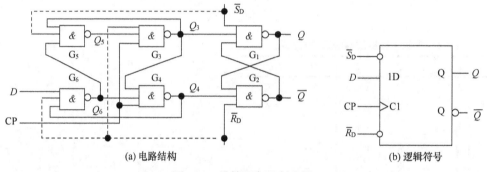

(a) 电路结构　　　　　　　　　　　(b) 逻辑符号

图 7-11　维持阻塞 D 触发器

图 7-11(a)中，D 为信号输入端，Q、$\bar{Q}$ 为输出端，虚线所示为异步置 0、置 1 电路，$\bar{S}_D$ 为异步置 1 端，$\bar{R}_D$ 为异步置 0 端。在图 7-11(b)所示 D 触发器的逻辑符号图中，CP 端没有小圆圈，而是有一个箭头，表示在 CP 上升沿边沿触发，$\bar{S}_D$ 和 $\bar{R}_D$ 端的小圆圈则表示低电平有效。

维持阻塞 D 触发器的工作原理在此不做详细分析，其真值表如表 7-5 所示，其工作波形如图 7-12 所示。

维持阻塞 D 触发器的状态方程为 $Q^*=D$。

表 7-5 维持阻塞 D 触发器的真值表

$\overline{R}_D$	$\overline{S}_D$	CP	D	Q	Q^*
0	1	$\varnothing$	$\varnothing$	0	1
1	0	$\varnothing$	$\varnothing$	1	0
1	1	↑	0	0	1
1	1	↑	1	1	0

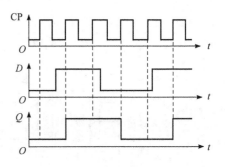

图 7-12 维持阻塞 D 触发器的波形

7.2 时序逻辑电路的分析

组合逻辑电路的输出仅与当前的输入有关,而与过去的输入无关。时序逻辑电路,简称时序电路(Sequential Circuits),其输出不仅与当前时刻的输入有关,与过去时刻的输入也有关。

时序电路一般分为同步时序电路(Synchronous Sequential Circuits)和异步时序电路(Asynchronous Sequential Circuits)两类。在同步时序电路中,所有存储电路状态的改变由同一时钟脉冲控制,即当时钟脉冲上升沿或下降沿到来时,所有存储电路的状态同时更新;而在异步时序电路中,存储电路的状态不是由同一个时钟脉冲所控制,也许有的有时钟输入端,有的没有时钟输入端,因此所有的存储电路的状态并不是同时更新的,而是有先有后,是异步的。

时序逻辑电路的分析就是根据所给的电路逻辑图找出电路所实现的功能。

7.2.1 同步时序逻辑电路的分析

同步时序逻辑电路中所有的触发器共用一个时钟信号,只要依次求出时序逻辑电路的驱动方程、输出方程和状态方程,再求出状态表、状态图、时序图中的一种或者多种,即可得到分析结果,流程如图 7-13 所示。

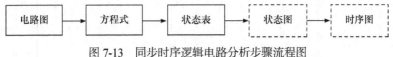

图 7-13 同步时序逻辑电路分析步骤流程图

图 7-13 中,状态图和时序图用虚线边框表示,表示时序逻辑电路分析步骤不是固定不变的,如果电路结构比较简单,则可以直接由状态表得出结论,如果电路结构比较复杂,则需要使用所有的描述方法,再综合进行判断得出结论。

【例 7.1】 试分析如图 7-14 所示电路实现的逻辑功能。

解 (1)确定电路中触发器的控制输入方程和输出方程。根据电路图,可得触发器控制输入方程为

$$\begin{cases} J_1 = 1 \\ K_1 = 1 \end{cases}, \quad \begin{cases} J_2 = \overline{Q}_3 Q_1 \\ K_2 = Q_1 \end{cases}, \quad \begin{cases} J_3 = Q_2 Q_1 \\ K_3 = Q_1 \end{cases}$$

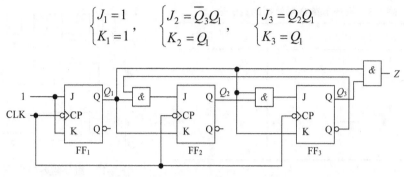

图 7-14　例 7.1 同步时序电路逻辑图

电路输出方程为

$$Z = Q_3 Q_1$$

J-K 触发器的特征方程为

$$Q^* = J\overline{Q} + \overline{K}Q$$

(2) 写出触发器的新态方程。将触发器的输入代入触发器的新态方程,有

$$Q_3^* = J_3\overline{Q}_3 + \overline{K}_3 Q_3 = Q_2 Q_1 \overline{Q}_3 + \overline{Q}_1 Q_3 = \overline{Q}_3 Q_2 Q_1 + Q_3 \overline{Q}_1$$

$$Q_2^* = \overline{Q}_3 Q_1 \overline{Q}_2 + \overline{Q}_1 Q_2 = \overline{Q}_3 Q_2 Q_1 + Q_2 \overline{Q}_1$$

$$Q_1^* = 1 \cdot \overline{Q}_1 + \overline{1} \cdot Q_1 = \overline{Q}_1$$

(3) 列出状态转移/输出真值表。由于 3 个触发器的状态有 8 种组合,因此可以列出如表 7-6 所示的状态转移/输出真值表。

表 7-6　例 7.1 状态转移/输出真值表

触发器原态				触发器激励输入						触发器新态				状态转换	输出
Q_3	Q_2	Q_1	原态编号	J_3	K_3	J_2	K_2	J_1	K_1	Q_3^*	Q_2^*	Q_1^*	新态编号	$S \to S^*$	Z
0	0	0	S_0	0	0	0	0	1	1	0	0	1	S_1	$S_0 \to S_1$	0
0	0	1	S_1	0	1	1	1	1	1	0	1	0	S_2	$S_1 \to S_2$	0
0	1	0	S_2	0	0	0	0	1	1	0	1	1	S_3	$S_2 \to S_3$	0
0	1	1	S_3	1	1	1	1	1	1	1	0	0	S_4	$S_3 \to S_4$	0
1	0	0	S_4	0	0	0	0	1	1	1	0	1	S_5	$S_4 \to S_5$	0
1	0	1	S_5	0	1	0	1	1	1	0	0	0	S_0	$S_5 \to S_0$	1
1	1	0	S_6	0	0	0	0	1	1	1	1	1	S_7	$S_6 \to S_7$	0
1	1	1	S_7	1	1	1	1	1	1	0	0	0	S_0	$S_7 \to S_0$	1

(4) 确定状态转移/输出图。根据表 7-6 的状态转移/输出真值表,画出的状态转移/输出图如图 7-15 所示。电路的 8 个状态用 8 个小圆圈来表示,圆圈中可用状态二进制组合或状态编号指示状态,用箭头指示原态到新态的变化方向,斜线左边为外输入值(本例无外输入就空着),右边为电路的输出 Z 的值。

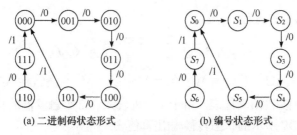

(a) 二进制码状态形式　　　　　　　(b) 编号状态形式

图 7-15　例 7.1 状态转移/输出图

(5) 画波形图。设时序电路起始状态为 S_0，在时钟作用下该电路波形如图 7-16 所示。

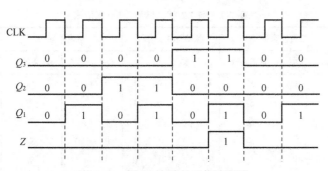

图 7-16　例 7.1 电路的工作波形图

注：Q_3、Q_2、Q_1 虚线左边为原态，右边为新态

(6) 分析逻辑功能。根据状态转移图可知，电路启动后，无论 3 个触发器的初始状态 $Q_3Q_2Q_1$ 为何值，最后都会进入每 6 个时钟按 $Q_3Q_2Q_1=000\rightarrow001\rightarrow010\rightarrow011\rightarrow100\rightarrow101$ 进行循环的稳定状态，且状态为 101 时输出 $Z=1$。若用 Z 的下降沿进行触发，则电路可称为六进制加法计数器，计的是时钟脉冲的下降沿，输出 Z 的下降沿代表进 1 位。

【例 7.2】　试分析图 7-17 所示同步时序电路的功能。

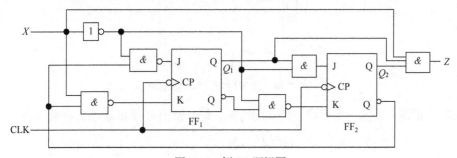

图 7-17　例 7.2 逻辑图

解　(1)写出电路控制输入方程和输出方程：

$$\begin{cases} J_2 = \overline{X}Q_1 \\ K_2 = \overline{\overline{X}\,\overline{Q_1}} = X + Q_1 \end{cases}, \quad \begin{cases} J_1 = \overline{\overline{X}\overline{Q_2}} = X + Q_2 \\ K_1 = \overline{X}\overline{Q_2} = \overline{X} + Q_2 \end{cases}, \quad Z = XQ_2Q_1$$

(2) 确定触发器新态方程：

$$Q_2^* = J_2\bar{Q}_2 + \bar{K}_2Q_2 = \bar{X}Q_1 \cdot \bar{Q}_2 + \overline{\overline{\bar{X}\bar{Q}_1}} \cdot Q_2 = \bar{X}\bar{Q}_2Q_1 + \bar{X}Q_2\bar{Q}_1$$

$$Q_1^* = J_1\bar{Q}_1 + \bar{K}_1Q_1 = \overline{\overline{X\bar{Q}_2}} \cdot \bar{Q}_1 + \overline{\overline{X\bar{Q}_2}} \cdot Q_1 = X\bar{Q}_1 + Q_2\bar{Q}_1 + X\bar{Q}_2Q_1$$

(3) 列出状态转移/输出真值表。由于 1 个外输入和 2 个触发器的状态共有 8 种组合，因此可以列出如表 7-7 所示的状态转移/输出真值表。

(4) 确定状态转移/输出图。根据表 7-7 的状态转移/输出真值表，画出状态转移/输出图如图 7-18 所示。图中斜线左边为外输入 X 的值，右边为电路的输出 Z 的值。

表 7-7　例 7.2 状态转移/输出真值表

外输入	触发器原态			触发器激励输入				触发器新态			状态转换	输出
X	Q_2	Q_1	原态编号	J_2	K_2	J_1	K_1	Q_2^*	Q_1^*	新态编号	$S \to S^*$	Z
0	0	0	S_0	0	0	0	1	0	0	S_0	$S_0 \to S_0$	0
0	0	1	S_1	1	1	0	1	1	0	S_2	$S_1 \to S_2$	0
0	1	0	S_2	0	0	1	1	1	1	S_3	$S_2 \to S_3$	0
0	1	1	S_3	1	1	1	1	0	0	S_0	$S_3 \to S_0$	0
1	0	0	S_0	0	1	1	0	0	1	S_1	$S_0 \to S_1$	0
1	0	1	S_1	0	1	1	0	0	1	S_1	$S_1 \to S_1$	0
1	1	0	S_2	0	1	1	1	0	1	S_1	$S_2 \to S_1$	0
1	1	1	S_3	0	1	1	1	0	0	S_0	$S_3 \to S_0$	1

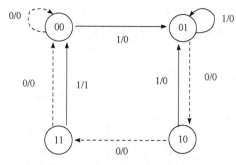

图 7-18　例 7.2 状态转移/输出图

(5) 分析逻辑功能。根据状态转移图可知，能让输出 $Z=1$ 的状态转移规律为

$$Q_2Q_1 = 00 \xrightarrow{0/0} 00 \xrightarrow{1/0} 01 \xrightarrow{0/0} 10 \xrightarrow{0/0} 11 \xrightarrow{1/1} 00$$

即输入 X 的值按 1001 变化时，输出 $Z=1$。可见该电路为序列检测器，其功能是，输出 $Z=1$ 时，指示输入了 1001 序列，否则就没有输入 1001 序列。

7.2.2　异步时序逻辑电路的分析

异步时序电路又称时钟异步状态机，其中的触发器不由同一个时钟信号所控制。分析时钟异步状态机时，关键是看不同触发器的时钟信号何时到达，从而确定触发器的状态何时更新。在具体分析时钟异步状态机时，首先要确定各个触发器的控制时钟，然后写出触发器的控制输入方程、电路的输出方程，再将控制输入方程代入特征方程中，最后根据控制时钟是否到达，求出在给定输入变量状态和电路状态下，状态机的新态和输出。

【例 7.3】 试分析图 7-19 所示异步时序逻辑电路的逻辑功能。

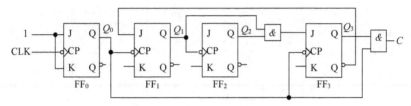

图 7-19 例 7.3 的异步时序电路

解 设 J-K 触发器 FF_0、FF_1、FF_2、FF_3 的时钟分别为 CP_0、CP_1、CP_2、CP_3。

(1) 写出触发器控制输入方程和电路输出方程。注意，悬空的输入引脚按高电平处理。

$$\begin{cases} J_0 = 1 \\ K_0 = 1 \\ CP_0 = CLK \end{cases}, \quad \begin{cases} J_1 = \overline{Q}_3 \\ K_1 = 1 \\ CP_1 = Q_0 \end{cases}, \quad \begin{cases} J_2 = 1 \\ K_2 = 1 \\ CP_2 = Q_1 \end{cases}, \quad \begin{cases} J_3 = Q_2 Q_1 \\ K_3 = 1 \\ CP_3 = Q_0 \end{cases}, \quad C = Q_3 Q_0$$

(2) 将触发器新态方程代入 J-K 触发器的特性方程，得到电路的新态方程：

$$Q_0^* = J_0 \overline{Q}_0 + \overline{K}_0 Q_0 = \overline{Q}_0, \quad Q_1^* = J_1 \overline{Q}_1 + \overline{K}_1 Q_1 = \overline{Q}_3 \overline{Q}_1,$$

$$Q_2^* = J_2 \overline{Q}_2 + \overline{K}_2 Q_2 = \overline{Q}_2, \quad Q_3^* = J_3 \overline{Q}_3 + \overline{K}_1 Q_3 = \overline{Q}_3 Q_2 Q_1$$

(3) 确定状态转移/输出真值表。没有外输入，4 个触发器的状态共有 16 种组合，因此可得表 7-8 所示的状态转移/输出真值表。

表 7-8 例 7.3 状态转移/输出真值表

触发器原态				触发器时钟(下降沿)及状态转换								触发器新态				输出
Q_3	Q_2	Q_1	Q_0	CP_0	$Q_0 \to Q_0^*$	CP_1	$Q_1 \to Q_1^*$	CP_2	$Q_2 \to Q_2^*$	CP_3	$Q_3 \to Q_3^*$	Q_3^*	Q_2^*	Q_1^*	Q_0^*	C
0	0	0	0	↓	$0 \to 1$		$0 \to 0$		$0 \to 0$		$0 \to 0$	0	0	0	1	0
0	0	0	1	↓	$1 \to 0$	↓	$0 \to 1$		$0 \to 0$	↓	$0 \to 0$	0	0	1	0	0
0	0	1	0	↓	$0 \to 1$		$1 \to 1$		$0 \to 0$		$0 \to 0$	0	0	1	1	0
0	0	1	1	↓	$1 \to 0$	↓	$1 \to 0$	↓	$0 \to 1$	↓	$0 \to 0$	0	1	0	0	0
0	1	0	0	↓	$0 \to 1$		$0 \to 0$		$1 \to 1$		$0 \to 0$	0	1	0	1	0
0	1	0	1	↓	$1 \to 0$	↓	$0 \to 1$		$1 \to 1$	↓	$0 \to 0$	0	1	1	0	0
0	1	1	0	↓	$0 \to 1$		$1 \to 1$		$1 \to 1$		$0 \to 0$	0	1	1	1	0
0	1	1	1	↓	$1 \to 0$	↓	$1 \to 0$	↓	$1 \to 0$	↓	$0 \to 1$	1	0	0	0	0
1	0	0	0	↓	$0 \to 0$		$0 \to 0$		$0 \to 0$		$1 \to 1$	1	0	0	1	1
1	0	0	1	↓	$1 \to 0$	↓	$0 \to 0$		$0 \to 0$	↓	$1 \to 0$	0	0	0	0	0
1	0	1	0	↓	$0 \to 1$		$1 \to 1$		$0 \to 0$		$1 \to 1$	1	0	1	1	1

续表

触发器原态				触发器时钟(下降沿)及状态转换								触发器新态				输出
Q_3	Q_2	Q_1	Q_0	CP_0	$Q_0 \to Q_0^*$	CP_1	$Q_1 \to Q_1^*$	CP_2	$Q_2 \to Q_2^*$	CP_3	$Q_3 \to Q_3^*$	Q_3^*	Q_2^*	Q_1^*	Q_0^*	C
1	0	1	1	↓	1→0	↓	1→0	↓	0→1	↓	1→0	0	1	0	0	0
1	1	0	0	↓	0→1		0→0		1→1		1→0	1	1	0	1	1
1	1	0	1	↓	1→0	↓	0→0		1→1	↓	1→0	0	1	0	0	0
1	1	1	0	↓	0→1		1→1		1→1		1→0	1	1	1	1	1
1	1	1	1	↓	1→0	↓	1→0	↓	1→0	↓	1→0	0	0	0	0	0

(4) 确定状态转移/输出图。完整的电路状态转移/输出图如图 7-20 所示。该状态转移/输出图表明，当电路初始状态处于循环圈中 10 种状态以外的任何一种状态时，在时钟信号作用下，最终都会进入状态循环中。具有这种特点的电路称为自行启动时序电路。

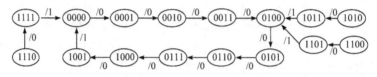

图 7-20　例 7.3 的状态转移/输出图

(5) 分析逻辑功能。根据状态转移图可知，电路启动后，无论 4 个触发器的初始状态 $Q_3Q_2Q_1Q_0$ 为何值，最后都会进入每 10 个时钟按 $Q_3Q_2Q_1Q_0$=0000→0001→0010→0011→0100→0101→0110→0111→1000→1001 首尾相接循环的稳定状态，且状态为 1001 时输出 C=1。该电路为异步十进制加法计数器，若用 C 的下降沿进行触发，计的就是时钟脉冲的下降沿的个数，输出 C 的下降沿代表进 1 位。

异步时序逻辑电路分析与同步时序逻辑电路分析的不同之处就在于列方程式时，异步时序逻辑电路要多列一组时钟方程。

7.3　寄 存 器

7.3.1　数码寄存器

数码寄存器用于寄存一组二进制代码。因为一个锁存器或触发器能存储 1 位二进制代码，所以用 N 个锁存器或触发器组成的寄存器能存储一组二进制代码。对寄存器中的锁存器或触发器只要求置 1 或置 0 即可。

寄存器可以由 R-S 触发器、J-K 触发器、D 触发器构成，各触发器通常在同一个时钟源的作用下工作。如图 7-21 所示是由 4 个 D 触发器构成的 4 位寄存器，当 CP 为上升沿时，数码 $D_0D_1D_2D_3$ 可以并行输入各触发器，这时，撤销 CP 信号，从 $D_0D_1D_2D_3$ 送入的数码就可以存储在 $Q_0Q_1Q_2Q_3$ 端。

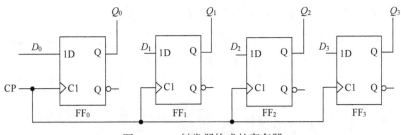

图 7-21　D 触发器构成的寄存器

7.3.2　移位寄存器

　　移位寄存器(Shift Registers)可以寄存数码，又可以在时钟脉冲的控制下实现寄存器中的数码向左或向右移动，因此可以用来实现数据的串行-并行转换、数值的运算以及数据处理等。

　　图 7-22 所示是由 J-K 触发器组成的 3 位右移寄存器，设移位寄存器的初始状态为 $Q_0Q_1Q_2=000$，从串行输入端把数码 $D=101$ 送入寄存器，经过 3 个时钟脉冲之后，数码 101 在 $Q_0Q_1Q_2$ 端并行输出。再经过 3 个时钟脉冲后，数码 101 在 Q_2 端串行输出。

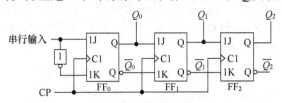

图 7-22　J-K 触发器组成的 3 位右移寄存器

　　J-K 触发器组成的 3 位右移寄存器的状态表如表 7-9 所示，在串行输入数码 $D=101$ 之后，始终令 $D=0$。从状态表可以看到，3 位移位寄存器各触发器的初始状态都是 0。经过 3 个时钟脉冲之后，数码 $D=101$ 已经移入寄存器，存储在 $Q_0Q_1Q_2$ 端。再经过 3 个时钟脉冲之后，数码 $D=101$ 已经完全移出寄存器。通常称前 3 个脉冲后数码存储在 $Q_0Q_1Q_2$ 端是移位寄存器的串行输入/并行输出工作方式，后 3 个脉冲后数码完全移出寄存器是移位寄存器的串行输入/串行输出工作方式。

表 7-9　J-K 触发器组成的 3 位右移寄存器状态表

CP	Q_0	Q_1	Q_2
CP 脉冲未到	0	0	0
1	1	0	0
2	0	1	0
3	1	0	1
4	0	1	0
5	0	0	1
6	0	0	0

　　图 7-22 所示 J-K 触发器组成的 3 位右移寄存器能完成右移功能是因为 $Q_0^{n+1}=D$，$Q_1^{n+1}=Q_0^n$，$Q_2^{n+1}=Q_1^n$。这样，始终保证在时钟脉冲的作用下新输入的数码寄存在 Q_0 端，

Q_0 端的状态右移寄存在 Q_1 端，Q_1 端的状态右移寄存在 Q_2 端。

　　要用 J-K 触发器组成 3 位左移寄存器，要满足 $Q_2^{n+1}=D$，$Q_1^{n+1}=Q_2^n$，$Q_0^{n+1}=Q_1^n$，保证在时钟脉冲的作用下新输入的数码寄存在 Q_2 端，Q_2 端的状态左移寄存在 Q_1 端，Q_1 端的状态左移寄存在 Q_0 端。图 7-23 所示是由 J-K 触发器组成的 3 位左移寄存器。

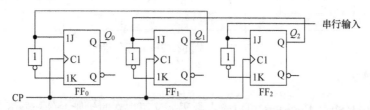

图 7-23　J-K 触发器组成的 3 位左移寄存器

7.3.3　集成寄存器

　　在寄存器基础上，通过增加一些控制电路(如输出三态控制)和辅助功能(如清零、置数、保持等)可构成集成寄存器。

　　集成寄存器的种类很多，工作方式有串行输入/串行输出、串行输入/并行输出、并行输入/串行输出、并行输入/并行输出。下面介绍一款常用的 74LS194 型集成寄存器，其外引线排列和逻辑符号如图 7-24 所示。

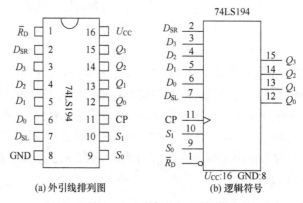

(a) 外引线排列图　　　　(b) 逻辑符号

图 7-24　74LS194 型集成寄存器

　　74LS194 型集成寄存器是 4 位双向移位寄存器，具有清零、并行输入、串行输入、数据右移和左移等功能。各引线端的功能是：1 为数据清零端 $\overline{R}_D$，低电平有效；3～6 为并行数据输入端 D_3～D_0；12～15 为数据输出端 Q_0～Q_3；2 为右移串行数据输入端 D_{SR}；7 为左移串行数据输入端 D_{SL}；9，10 为工作方式控制端 S_0，S_1($S_0=S_1=1$，数据并行输入；$S_0=1$，$S_1=0$，右移数据输入；$S_0=0$，$S_1=1$，左移数据输入；$S_0=S_1=0$，寄存器处于保持状态)；11 为时钟脉冲输入端 CP，上升沿有效(CP↑)。

　　74LS194 型移位寄存器的功能表如表 7-10 所示。

表 7-10 74LS194 型移位寄存器的功能表

输入										输出			
$\overline{R}_D$	CP	S_1	S_0	D_{SL}	D_{SR}	D_3	D_2	D_1	D_0	Q_3	Q_2	Q_1	Q_0
0	×	×	×	×	×			×		0	0	0	0
1	0	×	×	×	×			×		Q_{3n}	Q_{2n}	Q_{1n}	Q_{0n}
1	↑	1	1	×	×	d_3	d_2	d_1	d_0	d_3	d_2	d_1	d_0
1	↑	0	1	×	d			×		d	Q_{3n}	Q_{2n}	Q_{1n}
1	↑	1	0	d	×			×		Q_{2n}	Q_{1n}	Q_{0n}	d
1	×	0	0	×	×			×		Q_{3n}	Q_{2n}	Q_{1n}	Q_{0n}

用两片 74LS194 型 4 位移位寄存器可构成 8 位双向移位寄存器，电路连接如图 7-25 所示。当 G=0 时，数据右移；G=1 时，数据左移。具体分析从略。

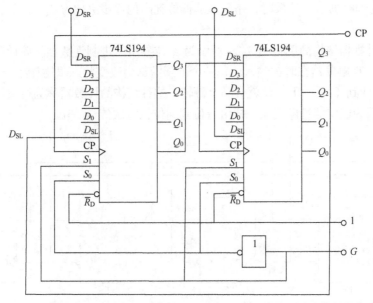

图 7-25 用两片 74LS194 型 4 位移位寄存器接成 8 位双向移位寄存器的电路

7.4 计 数 器

在状态图中包含循环的任何时钟状态机都可以称为计数器(Counters)。计数器的模是指在循环中的状态个数。一个有 m 个状态的计数器称为模 m 计数器，有时也称为 m 分频计数器(Divide-by-m Counter)。计数器不仅能用于对时钟脉冲计数，还可以用于分频、定时、产生节拍脉冲和脉冲序列以及进行数字运算等。构成计数器的核心电路是存储电路。

按计数过程中的数字增减，可以把计数器分为加法计数器、减法计数器和可逆计数器

(或称加/减计数器)。随着计数脉冲的不断输入而做递增计数的称为加法计数器，做递减计数的称为减法计数器，可增可减的称为可逆计数器。

　　按数字的编码方式，可以把计数器分成二进制计数器、二-十进制计数器、循环码计数器等。此外，也用计数器的计数容量来区分各种不同的计数器，如十进制计数器、十六进制计数器等。

　　按计数器中的锁存器/触发器是否同时翻转，可以把计数器分为同步计数器(又称为并行计数器)和异步计数器(又称为串行计数器)。在同步计数器中，每当时钟脉冲输入时，触发器的翻转同时发生。而在异步计数器中，触发器的翻转有先有后，不同时发生。比较而言，同步计数器的工作速度比异步计数器快，但电路实现往往还需门电路配合，电路结构比异步计数器要复杂一些。

7.4.1　异步二进制计数器

　　异步计数器中，各级触发器的状态不是在同一时钟作用下同时发生转移。异步计数器在做加法计数即"加1"计数时，是采取从低位到高位逐步进位方式工作的，各个触发器不是同步翻转的。

　　二进制计数器结构简单，图 7-26 所示为 4 位异步二进制计数器。该计数器由四级 T 触发器构成，T 触发器在时钟输入的每一个下降沿都会改变状态(即翻转)，于是当且仅当前一位由 1 变到 0 后，下一位就会马上翻转。这种结构的计数器称为行波计数器(Ripple Counters)，因为进位信息像波浪一样由低位到高位，每次传送一位。

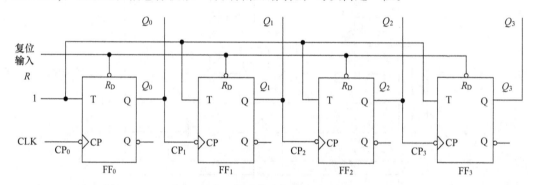

图 7-26　4 位异步二进制计数器

　　由图 7-26 可见，四级触发器的时钟依次分别为：输入脉冲 $CP_0=CLK$、$CP_1=Q_0$、$CP_2=Q_1$、$CP_3=Q_2$。由此，可推出各级触发器的状态转移方程为

$$Q_0^* = T_0\bar{Q}_0 + \bar{T}_0 Q_0 = \bar{Q}_0, \quad Q_1^* = T_1\bar{Q}_1 + \bar{T}_1 Q_1 = \bar{Q}_1$$
$$Q_2^* = T_2\bar{Q}_2 + \bar{T}_2 Q_2 = \bar{Q}_2, \quad Q_3^* = T_3\bar{Q}_3 + \bar{T}_3 Q_3 = \bar{Q}_3$$

　　由该方程组可得到状态转移表如表 7-11 所示，相应的状态转移/输出图如图 7-27 所示。

表 7-11　4 位异步二进制计数器的状态转移表

时钟序号	触发器 0		触发器 1		触发器 2		触发器 3		状态转移
	CP_0	$Q_0 \rightarrow Q_0^*$	CP_1	$Q_1 \rightarrow Q_1^*$	CP_2	$Q_2 \rightarrow Q_2^*$	CP_3	$Q_3 \rightarrow Q_3^*$	$Q_3Q_2Q_1Q_0 \rightarrow Q_3^*Q_2^*Q_1^*Q_0^*$
1	↓	0→1		0→0		0→0		0→0	0000→0001
2	↓	1→0	↓	0→1		0→0		0→0	0001→0010
3	↓	0→1		1→1		0→0		0→0	0010→0011
4	↓	1→0	↓	1→0	↓	0→1		0→0	0011→0100
5	↓	0→1		0→0		1→1		0→0	0100→0101
6	↓	1→0	↓	0→1		1→1		0→0	0101→0110
7	↓	0→1		1→1		1→1		0→0	0110→0111
8	↓	1→0	↓	1→0	↓	1→0	↓	0→1	0111→1000
9	↓	0→1		0→0		0→0		1→1	1000→1001
10	↓	1→0	↓	0→1		0→0		1→1	1001→1010
11	↓	0→1		1→1		0→0		1→1	1010→1011
12	↓	1→0	↓	1→0	↓	0→1		1→1	1011→1100
13	↓	0→1		0→0		1→1		1→1	1100→1101
14	↓	1→0	↓	0→1		1→1		1→1	1101→1110
15	↓	0→1		1→1		1→1		1→1	1110→1111
16	↓	1→0	↓	1→0	↓	1→0	↓	1→0	1111→0000

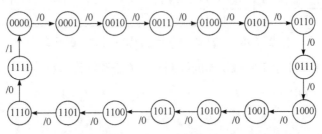

图 7-27　4 位异步二进制计数器状态转移/输出图

由图 7-27 所示状态转移/输出图可以清楚地看到，从初态 0000 开始，每输入一个计数脉冲，计数器的状态按二进制递增(加 1)，输入第 16 个计数脉冲后，计数器又回到 0000 状态。因此它是 2^4 进制的加法计数器，也称模十六加法计数器。

7.4.2　异步十进制计数器

十进制计数器读数符合习惯，所以经常采用。在二进制计数器基础上得到的十进制计数器，也称为二-十进制计数器。

最常用的 8421 编码方式，是取 4 位二进制数前面的 0000～1001 来表示十进制的 0～9，将后面的 1010～1111 去掉。也就是计数器计到第 9 个脉冲时再来一个脉冲，状态由 1001 变为 0000，10 个脉冲循环一次。表 7-12 是 8421 码十进制加法计数器的状态表。

图 7-28 所示为用 J-K 触发器实现的 8421 码异步十进制加法计数器。在时钟出现下降沿时，触发器状态更新，触发器激励输入端有效；在时钟没有出现下降沿时，触发器状态

保持不变，触发器激励输入端无效。

表 7-12　8421 码十进制加法计数器的状态表

计数脉冲数	二进制数				十进制数
	Q_3	Q_2	Q_1	Q_0	
0	0	0	0	0	0
1	0	0	0	1	1
2	0	0	1	0	2
3	0	0	1	1	3
4	0	1	0	0	4
5	0	1	0	1	5
6	0	1	1	0	6
7	0	1	1	1	7
8	1	0	0	0	8
9	1	0	0	1	9
10	0	0	0	0	进位

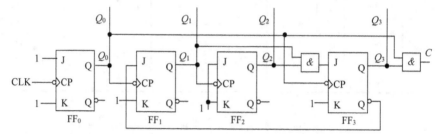

图 7-28　8421 码异步十进制加法计数器逻辑图

由图 7-28 可见，4 个 J-K 触发器的控制输入方程和输出方程为

$$\begin{cases} J_3 = Q_2Q_1 \\ K_3 = 1 \end{cases}, \quad \begin{cases} J_2 = 1 \\ K_2 = 1 \end{cases}, \quad \begin{cases} J_1 = \overline{Q_3} \\ K_1 = 1 \end{cases}, \quad \begin{cases} J_0 = 1 \\ K_0 = 1 \end{cases}, \quad C = Q_3Q_0$$

进一步分析，可得该电路的状态转移真值表如表 7-13 所示，状态转移/输出图和波形图如图 7-29 所示。

表 7-13　模 10 异步计数器的状态转移真值表

时钟序号	触发器 0		触发器 1		触发器 2		触发器 3		状态转移
	CP_0	$Q_0 \to Q_0^*$	CP_1	$Q_1 \to Q_1^*$	CP_2	$Q_2 \to Q_2^*$	CP_3	$Q_3 \to Q_3^*$	$Q_3Q_2Q_1Q_0 \to Q_3^*Q_2^*Q_1^*Q_0^*$
1	↓	0 → 1		0 → 0		0 → 0		0 → 0	0000 → 0001
2	↓	1 → 0	↓	0 → 1		0 → 0	↓	0 → 0	0001 → 0010
3	↓	0 → 1		1 → 1		0 → 0		0 → 0	0010 → 0011
4	↓	1 → 0	↓	1 → 0	↓	0 → 1	↓	0 → 0	0011 → 0100
5	↓	0 → 1		0 → 0		1 → 1		0 → 0	0100 → 0101
6	↓	1 → 0	↓	0 → 1		1 → 1		0 → 0	0101 → 0110
7	↓	0 → 1		1 → 1		1 → 1		0 → 0	0110 → 0111
8	↓	1 → 0	↓	1 → 0	↓	1 → 0	↓	0 → 1	0111 → 1000
9	↓	0 → 1		0 → 0		0 → 0		1 → 1	1000 → 1001
10	↓	1 → 0	↓	0 → 0		0 → 0	↓	1 → 0	1001 → 0000

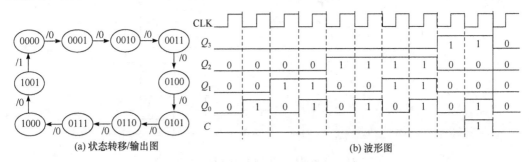

(a) 状态转移/输出图　　　　　　　　(b) 波形图

图 7-29　模 10 异步计数器

注：Q_3、Q_2、Q_1、Q_0 虚线左边为原态，右边为新态，C 的下降沿做进位识别

7.4.3　同步计数器

同步计数器是将计数脉冲同时引入各级触发器，当输入时钟脉冲触发时，各级触发器的状态同时发生变化。例 7.1 中所介绍的就是一种模 6 同步二进制加法计数器。

图 7-30 为用 J-K 触发器实现的模 8 同步二进制加法计数器，该计数器的控制输入方程和输出方程为

$$\begin{cases} J_2 = K_2 = Q_1Q_0 \\ J_1 = K_1 = Q_0 \\ J_1 = K_1 = 1 \end{cases} \quad , \quad C = Q_2Q_1Q_0$$

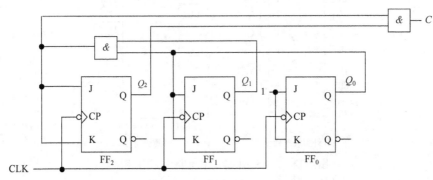

图 7-30　模 8 同步二进制加法计数器的逻辑图

由输入方程和输出方程可得状态转移/输出真值表如表 7-14 所示，波形如图 7-31 所示。

表 7-14　模 8 同步二进制加法计数器的状态转移/输出真值表

时钟序号	触发器原态			触发器新态			输出
	Q_2	Q_1	Q_0	Q_2^*	Q_1^*	Q_0^*	C
1	0	0	0	0	0	1	0
2	0	0	1	0	1	0	0
3	0	1	0	0	1	1	0
4	0	1	1	1	0	0	0
5	1	0	0	1	0	1	0
6	1	0	1	1	1	0	0
7	1	1	0	1	1	1	0
8	1	1	1	0	0	0	1

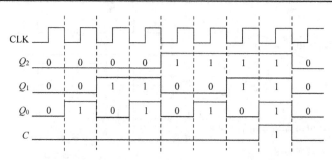

图 7-31 模 8 同步二进制加法计数器的波形图

注：Q_2、Q_1、Q_0 虚线左边为原态，右边为新态，C 的下降沿做进位识别

7.4.4 集成计数器

在基本计数器基础上增加一些附加电路可构成集成计数器，其功能有所扩展。下面分别介绍几款集成计数器。

1. 74LS161 型集成计数器

74LS161 型集成计数器是 4 位同步二进制计数器(也可认为是十六进制计数器)，其外引线排列和逻辑符号如图 7-32 所示。

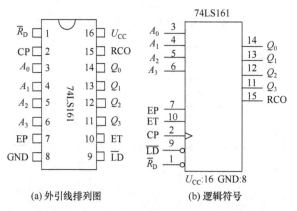

(a) 外引线排列图 (b) 逻辑符号

图 7-32 74 LS161 型 4 位同步二进制计数器

74LS161 型集成计数器各引线端的功能是：1 为数据清零端 $\overline{R}_D$ ，低电平有效；2 为时钟脉冲输入端 CP，上升沿有效(CP↑)；3~6 为数据输入端 A_0~A_3，是预置数，可预置任何一个 4 位二进制数；7、10 为计数控制端 EP、ET：当两者或其中之一为低电平时，计数器保持原态，当两者均为高电平时，计数；9 为同步并行置数控制端 $\overline{LD}$ ，低电平有效；11~14 为数据输出端 Q_3~Q_0；15 为进位输出端 RCO，高电平有效。

74LS161 型同步二进制计数器的功能表如表 7-15 所示。

表 7-15 74LS161 型同步二进制计数器的功能表

输入									输出			
$\overline{R}_D$	CP	$\overline{LD}$	EP	ET	A_3	A_2	A_1	A_0	Q_3	Q_2	Q_1	Q_0
0	×	×	×	×			×		0	0	0	0
1	↑	0	×	×	d_3	d_2	d_1	d_0	d_3	d_2	d_1	d_0

续表

$\overline{R_D}$	CP	$\overline{LD}$	EP	ET	A_3	A_2	A_1	A_0	Q_3	Q_2	Q_1	Q_0
					\<输入\>				\<输出\>			
1	↑	1	1	1	×				计数			
1	×	1	0	×	×				保持			
1	×	1	×	0	×				保持			

2. 74LS160 型集成计数器

74LS160 型集成计数器是同步十进制计数器,其外引线排列和逻辑符号与前述 74LS161 型集成计数器完全相同。

3. 74LS290 型集成计数器

74LS290 型集成计数器是异步二-五-十进制计数器,其外引线排列和逻辑符号如图 7-33 所示, 其功能表如表 7-16 所示。

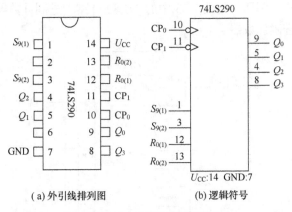

(a) 外引线排列图　　　　(b) 逻辑符号

图 7-33　74LS290 型集成计数器

表 7-16　74LS290 型集成计数器的功能表

$R_{0(1)}$	$R_{0(2)}$	$S_{9(1)}$	$S_{9(2)}$	Q_3	Q_2	Q_1	Q_0
1	1	0	×	0	0	0	0
		×	0				
×	×	1	1	1	0	0	1
×	0	×	0	计数			
0	×	0	×	计数			
0	×	×	0	计数			
×	0	0	×	计数			

$R_{0(1)}$ 和 $R_{0(2)}$ 是清零输入端，由功能表可见，当两端全为 1 时，将 4 个触发器清零；$S_{9(1)}$ 和 $S_{9(2)}$ 是置 "9" 输入端，由功能表可见，当两端全为 1 时，$Q_3Q_2Q_1Q_0 =1001$，即表示十进制数 9。清零时，$S_{9(1)}$ 和 $S_{9(2)}$ 中至少有一端为 0，不使置 1，以保证清零可靠进行。它有两个时钟脉冲输入端 CP_0 和 CP_1，下面按二、五、十进制三种情况来分析。

(1) 只输入计数脉冲 CP_0，由 Q_0 输出，FF_1~FF_3 三位触发器不用，为二进制计数器。

(2) 只输入计数脉冲 CP_1，由 Q_3、Q_2、Q_1 输出，为五进制计数器。

(3) 将 Q_0 端与 FF_1 的 CP_1 端连接，输入计数脉冲 CP_0，为 8421 码异步十进制计数器，即从初始状态 0000 开始计数，经过十个脉冲后恢复 0000。

7.4.5　任意进制计数器

常用的计数器主要是二进制和十进制，当需要其他进制的计数器时，可通过现有的计数器改接得到。下面介绍两种改接方法。

1. 清零法

如将某一进制的计数器适当改接，利用其清零端进行反馈置 0，可得到小于原来进制的多种进制的计数器。例如，将图 7-33 中的 74LS290 型十进制计数器改接成图 7-34 所示的电路，就构成六进制计数器。

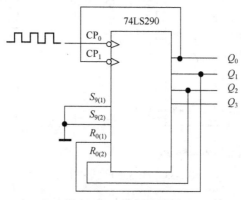

图 7-34　六进制计数器

图 7-34 所示电路从 0000 开始计数，来 5 个脉冲 CP_0 后，变为 0101(表 7-12)。当第 6 个脉冲来到后，出现 0110 的状态，由于 Q_2 和 Q_1 端分别接到 $R_{0(2)}$ 和 $R_{0(1)}$ 清零端，强迫清零，0110 这一状态转瞬即逝，显示不出，立即回到 0000。它经过 6 个脉冲循环一次，故为六进制计数器，状态循环如图 7-35 所示，其状态循环中不含 0110,0111,1000,1001 四个状态。

$0000 \to 0001 \to 0010 \to 0011 \to 0100 \to 0101 \to 0110 \to R_0$ (清零)

图 7-35　六进制计数器的状态循环图($Q_3Q_2Q_1Q_0$)

可用多片计数器级联构成多于原进制的计数器。图 7-36 所示为用两片 74LS290 型计数器连成的六十进制电路，个位(1)为十进制，十位(2)为六进制。

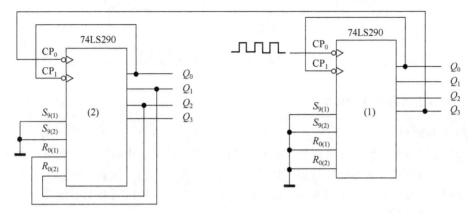

图 7-36　六十进制电路

个位十进制计数器经过 10 个脉冲循环一次，每当第 10 个脉冲来到时，Q_3 由 1 变为 0(表 7-16)，相当于一个下降沿，使十位六进制计数器计数。个位计数器经过第一次 10 个脉冲，十位计数器计数为 0001；经过 20 个脉冲，十位计数器计数为 0010；以此类推，经过 60 个脉冲，十位计数器计数为 0110。接着，立即清零，个位和十位计数器都恢复为 0000。这就是六十进制计数器。数字钟表中的分、秒显示就可利用此电路加以实现。

2. 置数法

此法适用于有并行预置数的计数器。图 7-37 是七进制计数器，由 74LS160 型同步十进制计数器改接而得。74 LS160 型的功能表与 74LS161 型的相同，见表 7-15。

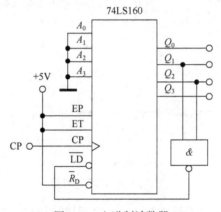

图 7-37　七进制计数器

在图 7-37 中，预置数为 0000。当第 6 个 CP 上升沿来到时，输出状态为 0110，使 $\overline{LD}=0$。此时预置数尚未置入输出端，待第 7 个 CP 上升沿来到时才置入，输出状态变为 0000。此后，$\overline{LD}$ 又由 0 变为 1，进行下一个计数循环。可见，这点和图 7-34 由 74LS290 型改接的六进制计数器不同。图 7-37 所示电路的状态循环图如图 7-38 所示，与图 7-35 相比，多了一个状态 0110，为七进制计数器。

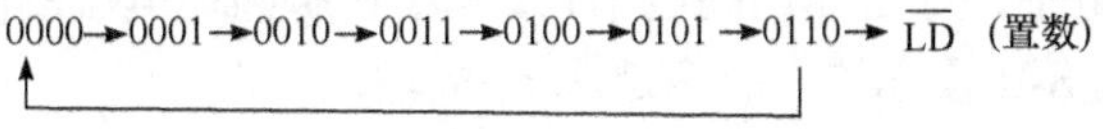

$$0000 \rightarrow 0001 \rightarrow 0010 \rightarrow 0011 \rightarrow 0100 \rightarrow 0101 \rightarrow 0110 \rightarrow \overline{LD} \quad (置数)$$

图 7-38　七进制计数器的状态循环图($Q_3Q_2Q_1Q_0$)

7.5　555 定时器及其应用

7.5.1　555 定时器的结构和功能

1．电路结构

555 定时器是一种兼容模拟和数字电路于同一硅片的混合中规模集成电路，通过添加有限的外围元器件，就可构成许多实用的电子电路，如施密特触发器、单稳态触发器和多谐振荡器等，在波形的产生与变换、信号的测量与控制、家用电器和电子玩具等许多领域中得到了广泛应用。

图 7-39 所示的是国产双极型定时器 CB555 的电路结构和引脚排列，图 7-39(a)中虚线外的阿拉伯数字为器件外部引出端的编号。

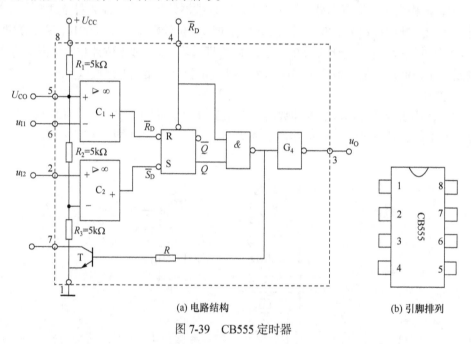

(a) 电路结构　　　　　　　　　　　(b) 引脚排列

图 7-39　CB555 定时器

555 定时器的结构包括以下组成部分：①电压比较器 C_1、C_2；②分压器 R_1、R_2、R_3；③S-R 锁存器；④放电三极管 T；⑤反相器 G_4。

555 定时器各引脚的功能如下：

(1) 1 脚接地，8 脚接工作电源 U_{CC}。

(2) 2 脚为触发输入端，接比较器 C_2 的同相输入端 U_{2+}；6 脚为阈值电压输入端，接比较器 C_1 的反相输入端 U_{1-}。2 脚电压 $u_{I2} > U_{2-}$ 时 C_2 输出高电平，反之输出低电平；6 脚电压 $u_{I1} > U_{1+}$ 时 C_1 输出低电平，反之输出高电平；2 脚、6 脚两端电位的高低控制比较器 C_1 和 C_2 的输出，从而控制 S-R 锁存器，决定 3 脚 u_O 的输出状态。

(3) 4 脚为复位输入端($\overline{R}_D$)。当 $\overline{R}_D$ 为低电平时，不管其他输入端的状态如何，输出 u_O

为低电平。正常工作时，应将其接高电平。

(4) 5 脚为控制电压输入端。当不加控制电压时，比较器 C_1 和 C_2 的参考电压分别为 $U_{1+}=2/3U_{CC}$，$U_{2-}=1/3U_{CC}$。

(5) 7 脚为放电端。

2. 电路功能

在正常工作时，4 脚即直接复位输入端为高电平，5 脚即控制电压输入端经 $0.01\mu F$ 的电容接地，电路的状态主要取决于 6 脚阈值电压输入端和 2 脚触发信号输入端这两个输入端的电平。

(1) 当 $U_{1+}>2/3U_{CC}$，$U_{2-}>1/3U_{CC}$ 时，比较器 C_1 输出低电平，比较器 C_2 输出高电平，基本 R-S 触发器被置 0，放电三极管 T 导通，输出端 u_O 为低电平。

(2) 当 $U_{1+}<2/3U_{CC}$，$U_{2-}<1/3U_{CC}$ 时，比较器 C_1 输出高电平，比较器 C_2 输出低电平，基本 R-S 触发器被置 1，放电三极管 T 截止，输出端 u_O 为高电平。

(3) 当 $U_{1+}<2/3U_{CC}$，$U_{2-}>1/3U_{CC}$ 时，比较器 C_1 输出高电平，比较器 C_2 输出高电平，基本 R-S 触发器的状态保持不变，电路保持原状态不变。

根据以上的分析，可以得到 555 定时器的功能表如表 7-17 所示。

表 7-17　555 定时器的功能表

R_D	u_{I1}	u_{I2}	u_O	T
0	×	×	0	导通
1	$<\dfrac{2U_{CC}}{3}$	$<\dfrac{U_{CC}}{3}$	1	截止
1	$>\dfrac{2U_{CC}}{3}$	$>\dfrac{U_{CC}}{3}$	0	导通
1	$<\dfrac{2U_{CC}}{3}$	$>\dfrac{U_{CC}}{3}$	不变	不变

7.5.2　由 555 定时器构成的施密特触发器

1. 施密特触发器

施密特触发器是具有回差特性的数字传输门，有以下特点。

(1) 施密特触发器输出有两种稳定状态：0 态和 1 态。

(2) 施密特触发器采用电平触发。也就是说，施密特触发器的输出是高电平还是低电平取决于输入信号的电平。

(3) 对于正向和负向增长的输入信号，电路有不同的阈值电平 V_{T+} 和 V_{T-}。当输入信号电压 v_I 上升时，与 V_{T+} 比较，大于 V_{T+}，输出状态翻转；当输入信号电压 v_I 下降时，与 V_{T-} 比较，小于 V_{T-}，输出状态翻转。这个特点是施密特触发器最主要的特点，是与普通电压比较器的区别所在。

施密特触发器分为同相施密特触发器和反相施密特触发器两种，同相施密特触发器和反相施密特触发器的电压传输特性如图 7-40 所示。

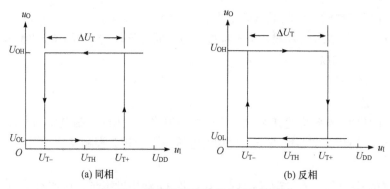

图 7-40　施密特触发器的电压传输特性

施密特触发器主要参数如下：

(1) 上限阈值电压 U_{T+}。输入信号电压 u_I 上升过程中，输出电压 u_O 状态翻转时，所对应的输入电压值。

(2) 下限阈值电压 U_{T-}。输入信号电压 u_I 下降过程中，输出电压 u_O 状态翻转时，所对应的输入电压值。

(3) 回差电压 ΔU_T。将 U_{T+} 和 U_{T-} 之间的差值定义为回差电压，用 ΔU_T 表示，即 $\Delta U_T = U_{T+} - U_{T-}$。

两次触发电平的不一致性称为施密特触发器的回差特性，又叫迟滞特性，这正是施密特触发器最重要的电气特性。正是由于施密特触发器具有回差特性，所以与电压比较器相比，施密特触发器具有较强的抗干扰能力。施密特触发器的回差电压越大，电路的抗干扰能力也越强，但灵敏度会相应降低。

2. 施密特触发器的实现

将 555 定时器的两个电压比较器输入端 2 和 6 连在一起作为外加信号输入端，清 0 端 4 接高电平 U_{CC}，5 端对地接 0.01μF 电容，就构成了施密特触发器，如图 7-41 所示。

下面分析图 7-41 所示电路的工作原理。

1) 输入信号从 0 逐渐升高的过程

当 $u_I < 4V$ 时，$R=1$，$S=0$，$Q_2=1$，故 u_O 输出高电平；当 $4V < u_I < 8V$ 时，$R=1$，$S=0$，$Q_2=1$，故 u_O 保持不变，输出仍然为高电平；当 $u_I > 8V$ 时，$R=0$，$S=1$，$Q_2=0$，故 u_O 输出低电平，因此 $U_{T+} = 8V$。

2) 输入信号从 $u_I > 2/3 U_{CC}$ 逐渐下降的过程

当 $u_I > 8V$ 时，$R=0$，$S=1$，$Q_2=0$，故 u_O 输出低电平；当 $4V < u_I < 8V$ 时，$R=1$，$S=1$，$Q_2=0$，故 u_O 保持不变，仍然输出低电平；当 $u_I < 4V$ 时，$R=1$，$S=0$，$Q_2=1$，故 u_O 输出高电平，因此 $U_{T-} = 4V$。

由以上分析可以得电路的回差电压为：$\Delta U_T = U_{T+} - U_{T-} = 8 - 4 = 4(V)$。电路的输入、输出电压波形如图 7-42 所示。

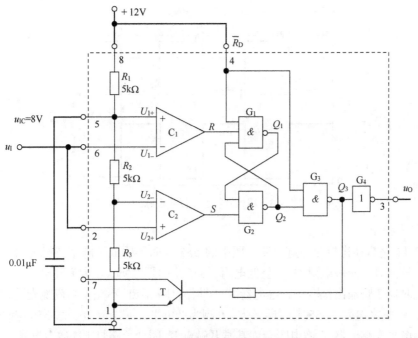

图 7-41 由 555 定时器构成的施密特触发器

注：虚线框外的是 555 外部电路，虚线框内是 555 内电路

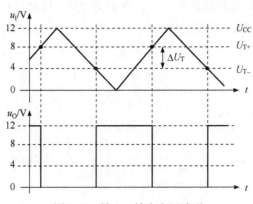

图 7-42 输入、输出电压波形

3. 施密特触发器的应用

1) 波形变换与整形

利用施密特触发器的回差特性，可以将输入三角波、正弦波、锯齿波等缓慢变化的周期信号变换成矩形脉冲输出。图 7-42 所示是把三角波变为方波的例子，脉冲宽度可通过控制回差值来改变。

当矩形脉冲在传输过程中发生畸变或受到干扰而变得不规则时，可利用施密特触发器的回差特性将其整形，进而获得比较理想的矩形脉冲波。图 7-43 是用施密特触发器实现脉冲整形的例子。

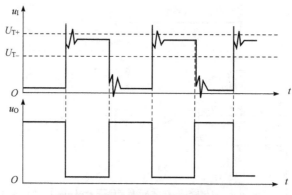

图 7-43 用施密特触发器实现脉冲整形

2) 灯光控制

图 7-44 是自动光控照明灯电路。图中的 555 定时器构成了施密特触发器。当白天外界的光线较强时，光敏电阻器 R_L 呈低电阻，555 定时器 2 脚、6 脚为高电平，$v_I > 2/3U_{CC}$，故 555 定时器 3 脚输出低电平，继电器 K 不动作，路灯 EL 不亮。当夜晚光线较弱时，光敏电阻器 R_L 呈高电阻，555 定时器 2 脚、6 脚为低电平，$u_I < 1/3U_{CC}$，故 555 定时器 3 脚输出变为高电平，继电器 K 通电吸合，其常开触点 K_1 闭合，路灯 EL 通电发光。图中的 R_1 与 C_1 组成干扰脉冲吸收电路，可防止短暂强光(如雷电闪光等)干扰电路的正常工作。由于 555 定时器构成的施密特触发器具有 $1/3U_{CC}$ 的回差电压，从而可避免继电器在光控临界点处频繁跳动而造成路灯 EL 的不断闪亮。

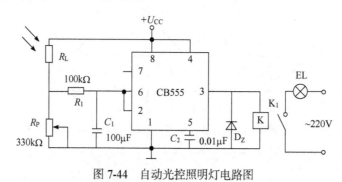

图 7-44 自动光控照明灯电路图

7.5.3 由 555 定时器构成的单稳态触发器

1. 单稳态触发器

单稳态触发器(One-shot Monostable Multivihrator)，又称单稳态振荡器(Monostable Multivibrator)，是广泛应用于脉冲整形、延时和定时的常用电路。它具有以下特点：①有稳态和暂稳态两个不同的工作状态；②在外界触发脉冲的作用下，能从稳态翻转到暂稳态，在暂稳态维持一段时间以后，再自动返回稳态；③暂稳态维持时间的长短取决于电路本身的参数，与触发脉冲的宽度和幅度无关。

单稳态触发器在实际生活中有许多应用的例子。例如，楼道灯控制系统，平时楼道灯不亮，当人走过(相当于外部加了一个触发信号)时，楼道灯点亮，过了一定时间后自动熄灭。显然，楼道灯有两种状态，灭的状态为稳态，亮的状态为暂稳态。

图 7-45 所示为单稳态触发器的输入、输出电压波形，单稳态触发器有下列主要参数：①输出脉冲宽度 t_{w}，即输出端维持暂稳态的时间，由电路本身的参数决定，与触发脉冲的宽度和幅度无关；②最小工作周期 $T_{\min}$，在暂稳态期间，电路不响应触发信号，因此，两个触发信号之间的最小时间间隔 $T_{\min} > t_{\mathrm{w}}$。

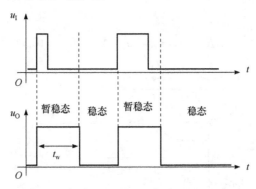

图 7-45　单稳态触发器的输入、输出电压波形

2. 单稳态触发器的实现

图 7-46 所示为由 555 定时器构成的单稳态触发器电路和输入、输出波形。其详细工作原理在此不做分析，其工作情况如下：

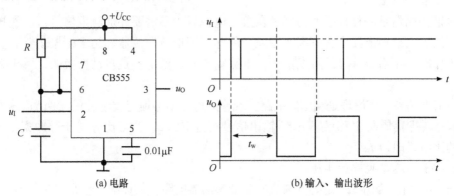

(a) 电路　　　　　　　　　　　(b) 输入、输出波形

图 7-46　由 555 定时器构成的单稳态触发器

(1) u_{I} 持续高电平，即无触发信号输入，电路工作在稳定状态。

(2) u_{I} 从高电平变到低电平，即 u_{I} 下降沿触发，电路的输出为高电平，电路由稳态转入暂稳态。暂稳态的维持时间为

$$t_{\mathrm{w}} = RC \ln \frac{U_{\mathrm{CC}} - 0}{U_{\mathrm{CC}} - 2/3U_{\mathrm{CC}}} = RC \ln 3 \approx 1.1RC$$

通常 R 的取值为几百欧到几兆欧，电容的取值为几百皮法到几百微法。调节 R、C 可产生比触发脉冲宽度长得多的暂稳态维持时间。

3. 单稳态触发器的应用

单稳态触发器可用于延时、定时或脉冲整形。

图 7-47 是一个光控照明灯电路。当楼道无人走过时，V_L 发出的红外光使 V_{TL1} 导通，则 555 定时器的 2 脚为高电平，3 脚输出低电平，电路为稳定状态。继电器 K 不动作，路灯 EL 不亮。当楼道有人走过时，V_L 发出的红外光被遮挡，V_{TL1} 截止，则 555 定时器的 2 脚变为低电平，3 脚输出高电平，电路进入暂稳态。继电器 K 通电吸合，常开触点 K_1 闭合，路灯 EL 通电发光。光照延时时间等于单稳态触发器输出脉冲宽度 t_w，即光照延时时间为

$$t_w \approx 1.1RC = 1.1 \times 2 \times 10^6 \times 4.7 \times 10^{-6} = 10.34(\text{s})$$

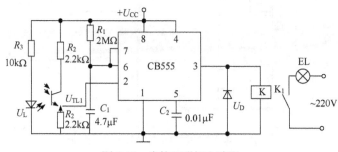

图 7-47　光控照明灯电路图

7.5.4　由 555 定时器构成的多谐振荡器

1. 多谐振荡器

多谐振荡器是一种自激振荡器，在接通电源后，不需要外加触发信号，便能自动产生矩形波。由于矩形波中含有高次谐波，因此把矩形波振荡器称为多谐振荡器。多谐振荡器工作时，不需要外界的触发信号，电路输出高、低电平是自动切换的，属于无稳态电路。

多谐振荡器工作原理是利用门电路实现输入电压不停地充放电过程，多谐振荡器主要参数有：①振荡周期 T 和频率 f；②输出信号的占空比 q。占空比 q 等于脉冲宽度与脉冲周期的比值，即 $q=t_w/T$。

2. 多谐振荡器电路的实现

图 7-48 所示为由 555 定时器构成的多谐振荡器电路。其详细工作原理在此不做分析，电路工作情况为：电容 C 在 $u_C=1/3U_{CC}$ 和 $u_C=2/3U_{CC}$ 之间不停地进行充电和放电，在输出端产生周期性的矩形波。

电容 C 电压从 $1/3U_{CC}$ 上升到 $2/3U_{CC}$ 所需要的时间为

$$T_1 = (R_1 + R_2)C \ln \frac{U_{CC} - 1/3U_{CC}}{U_{CC} - 2/3U_{CC}} = (R_1 + R_2)C \ln 2$$

电容 C 电压从 $2/3U_{CC}$ 下降到 $1/3U_{CC}$ 所需要的时间为

$$T_1 = R_2C \ln \frac{U_{CC} - 1/3U_{CC}}{U_{CC} - 2/3U_{CC}} = R_2C \ln 2$$

故电路的振荡周期为

$$T = T_1 + T_2 = (R_1 + R_2)C\ln 2 + R_2 C\ln 2 = (R_1 + 2R_2)C\ln 2 \approx 0.69(R_1 + 2R_2)C$$

振荡频率为

$$f = \frac{1}{T} = \frac{1}{(R_1 + 2R_2)C\ln 2}$$

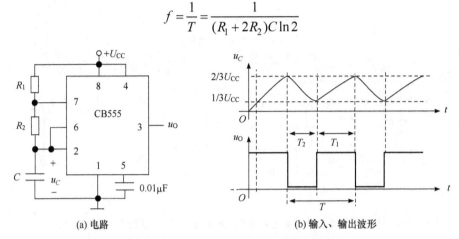

(a) 电路　　　　　　　　(b) 输入、输出波形

图 7-48　由 555 定时器构成的多谐振荡器

改变电阻 R_1、R_2 和电容 C，即可改变振荡器的频率，输出脉冲的占空比为

$$q = \frac{T_1}{T} = \frac{R_1 + R_2}{R_1 + 2R_2}$$

习　题

7-1　基本 R-S 触发器如题 7-1 图所示，试画出 Q 对应 $\overline{R}$ 和 $\overline{S}$ 的波形(设 Q 的初态为 0)。

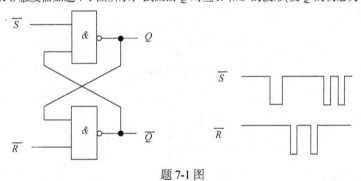

题 7-1 图

7-2　同步 R-S 触发器如题 7-2 图所示，试画出 Q 对应 R 和 S 的波形(设 Q 的初态为 0)。

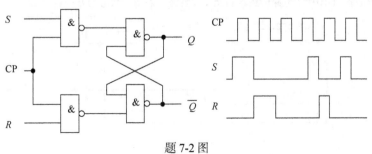

题 7-2 图

7-3 设题 7-3 图中的触发器 CP、CLK 接图中的 CP 脉冲波形, 所有触发器的初始状态均为 0, 试画出所有触发器 Q 端的波形。

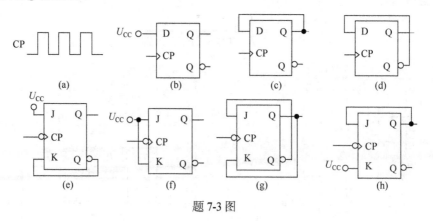

题 7-3 图

7-4 设题 7-4 图中的触发器的初始状态均为 0, 试画出对应 A、B 的 X、Y 的波形。

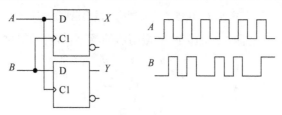

题 7-4 图

7-5 试分析题 7-5 图所示电路的逻辑功能。设各触发器初始状态为 0。

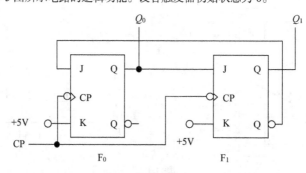

题 7-5 图

7-6 试分析题 7-6 图所示电路的逻辑功能。设各触发器初始状态为 0。

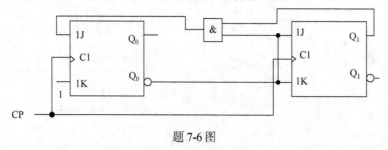

题 7-6 图

7-7　试分析题 7-7 图所示电路的逻辑功能。设各触发器初始状态为 0。

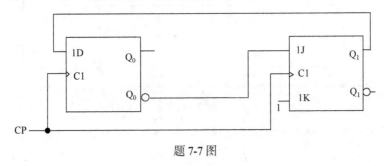

题 7-7 图

7-8　试分析题 7-8 图所示电路，列状态表。设各触发器初始状态为 0。

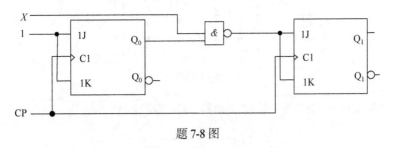

题 7-8 图

7-9　试分析题 7-9 图所示电路，列状态表。设各触发器初始状态为 0。

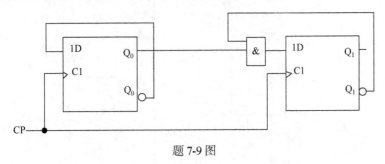

题 7-9 图

7-10　试分析题 7-10 图所示电路的逻辑功能。设各触发器初始状态为 0。

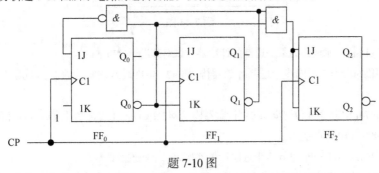

题 7-10 图

7-11　试分析题 7-11 图所示电路的逻辑功能。设各触发器初始状态为 0。

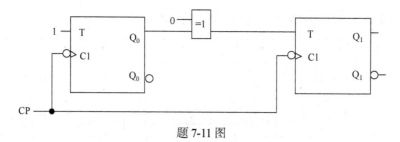

题 7-11 图

7-12　试分析题 7-12 图所示时序电路的逻辑功能。

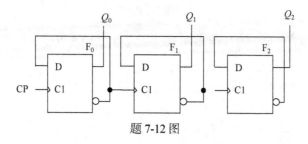

题 7-12 图

7-13　题 7-13 图所示电路为某一进制的计数器，试对其进行分析。

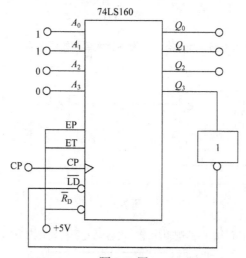

题 7-13 图

7-14　题 7-14 图所示电路为某一进制的计数器，试对其进行分析。

7-15　试用 74LS160 型同步十进制计数器构成 8421BCD 码八进制计数器：(1)用清零法；(2)用置数法。

7-16　试用 74LS161 型 4 位同步二进制计数器构成 8421BCD 码十二进制计数器：(1)用清零法；(2)分别用 $A_3A_2A_1A_0$=0000、0100 的置数法。

7-17　试用两片 74 LS290 型异步十进制计数器接成二十四进制计数器。

7-18　由 555 定时器构成的单稳态触发器如图 7-39 所示，如要改变由 555 定时器组成的单稳态触发器的脉宽，可以采取哪些方法？若 U_{CC}=12V，R=10kΩ，C=0.1μF，试求脉冲宽度 t_W。

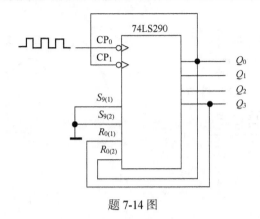

题 7-14 图

7-19 由 555 定时器构成的多谐波发生器如题 7-19 图所示，若 U_{CC}=9V，R_1=20kΩ，R_2=5kΩ，C=220pF，计算电路的振荡周期、频率及占空比。若不改变振荡频率而要改变脉冲宽度应该怎么办？

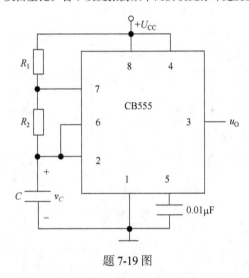

题 7-19 图

7-20 由 555 定时器组成的施密特触发器具有回差特性，回差电压 ΔU_T 的大小对电路有何影响，怎样调节？当 U_{DD}=12V 时，U_{T+}、U_{T-}、ΔU_T 各为多少？当控制端 C-U 外接 8V 电压时，U_{T+}、U_{T-}、ΔU_T 各为多少？

7-21 电路如题 7-21(a)图所示，若输入信号 U_I 如题 7-21(b)图所示，请画出 U_o 的波形。

7-22 电路如题 7-22 图所示，这是一个根据周围光线强弱可自动控制 VB 亮、灭的电路，其中 VT 是光敏三极管，有光照时导通，有较大的集电极电流，光暗时截止，试分析电路的工作原理。

7-23 试分析题 7-23 图所示电路的工作原理和功能。

7-24 如题 7-24 图所示为一防盗报警电路，有一细铜丝放在入侵者必经之处，m、n 两端由此铜丝接通。当入侵者闯入时铜丝将被碰断，扬声器即发出报警声。(1)请说明此时 555 定时器接成基本电路的名称；(2)分析报警电路的工作原理。

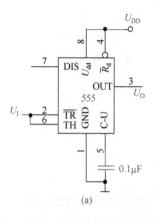

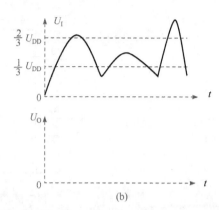

题 7-21 图

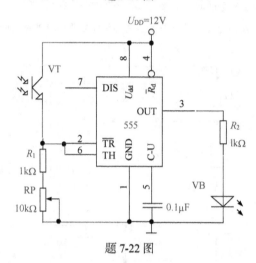

题 7-22 图

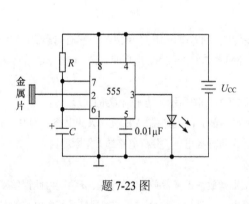

题 7-23 图

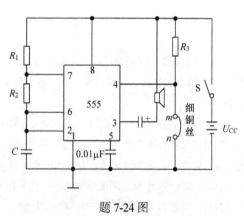

题 7-24 图

第8章 半导体存储器和可编程逻辑器件

本章介绍常用半导体器件，具体内容为只读存储器及其结构、随机存取存储器及其结构、存储器扩展、可编程逻辑器件。

8.1 只读存储器及其结构

只读存储器(ROM)中的数据可以长期掉电保存，在正常工作时它存储的数据是固定不变的，只能读出来，不能随时写入。根据制造工艺和数据的写入方式，有掩模编程只读存储器(Mask-Programmed ROM，MROM)、可编程只读存储器(Programmable ROM，PROM)、可擦除的可编程只读存储器(Erasable Programmable ROM，EPROM)、带电可擦可编程只读存储器(Electrically Erasable Programmable ROM，EEPROM)和快闪存储器(Flash Memory)。

ROM 的电路结构包含存储矩阵(Storage Matrix)、地址译码器和输出缓冲器(Output Buffer)三个组成部分，如图 8-1 所示。存储矩阵由许多存储单元排列而成。存储单元可以用二极管构成，也可以用双极型三极管或 MOS 管构成，每个单元能存放 1 位二值代码(0或1)。每一个或一组存储单元有一个对应的地址代码。地址译码器的作用是将输入的地址代码译成相应的控制信号，利用这个控制信号选中存储矩阵中的指定单元，并把相应的数据送到输出缓冲器。输出缓冲器能提高存储器的带负载能力，还能实现对输出状态的三态控制，以便与系统的总线连接。

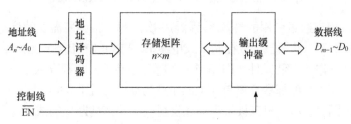

图 8-1 ROM 的电路结构框图

掩模编程只读存储器中存储的信息由生产厂家在掩模工艺过程中写入，用户无法修改，常用于计算机中的开机启动。MROM 的主要优点是存储内容固定，掉电后信息仍然存在，可靠性高；缺点是信息一次写入(制造)后就不能修改。图 8-2(a)是具有两位地址输入和 4 位数据输出的 ROM 电路。存储矩阵实际上是由 4 个二极管或门电路组成的编码器，由 MOS 管构成的存储单元如图 8-2(b)所示。地址译码器由 4 个二极管与门电路组成。两位地址(也称地址线)A_1A_0 的 4 种组合 00、01、10、11 通过地址译码器，分别选中字线(Word Line)W_0、W_1、W_2、W_3，被选中的字线为高电平，未被选中的字线为低电平。当 W_0、W_1、W_2、W_3 中的任意 1 根字线上出现高电平，同时控制线 $\overline{EN}=0$ 时，在 4 根位线(Bit Line，也称数据线)D_3、D_2、D_1、D_0上会输出一组 4 位二值代码。图 8-2(a)的功能如图 8-2(d)所示。为了简化作图，在接入存储器件的矩阵交叉点上画一个圆点代替存储器件，如图 8-2(c)所示。交叉点的数目也就是存储单元数。习惯上用存储单元的数目表示存储器的存储量，或称容量(Size)，并写成"字线根数×位数"的形式。例如，图 8-2(a)、(b)、(c)中 ROM 的存储量应表示成"4×4 位"。

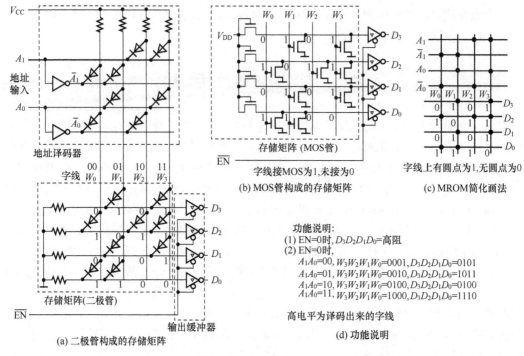

图 8-2　两位地址输入 4 位数据输出的 MROM 电路

PROM 允许用户通过专用的设备(编程器)一次性写入自己所需要的信息，只能写入一次，适合小批量生产，常用于工业控制机或电器中。PROM 在出厂时已经在存储矩阵的所有交叉点上全部制作了存储元件，即相当于在所有存储单元中都存入了 1。在写入数据时只要设法将需要存入 0 的那些存储单元上的 1 变为 0 即可。图 8-3(a)是熔丝型(Fuse) PROM 存储单元的原理图。它由一只三极管和串在发射极的快速熔断丝组成。在写入数据时只要设法将需要存入 0 的那些存储单元上的熔丝烧断即可。

EPROM 可多次编程，便于用户根据需要来写入，并能把已写入的内容擦去后再改写。EPROM 采用 MOS 管，速度较慢。由叠栅注入 MOS 管(Stacked-gate Injection Metal-Oxide-Semiconductor，SIMOS)构成的 EPROM 存储单元如图 8-4(a)所示。

EEPROM 是一种随时可写入而无须擦除原先内容的存储器，其写操作比读操作时间要长得多。EEPROM 比 EPROM 贵，集成度低，成本较高，一般用于保存系统设置的参数、IC 卡上存储信息、电视机或空调中的控制器。但由于其可以在线修改，所以可靠性不如 EPROM。由浮栅隧道氧化层(Floating Gate Tunnel Oxide，Flotox)MOS 管构成的 EEPROM 存储单元如图 8-4(b)所示。

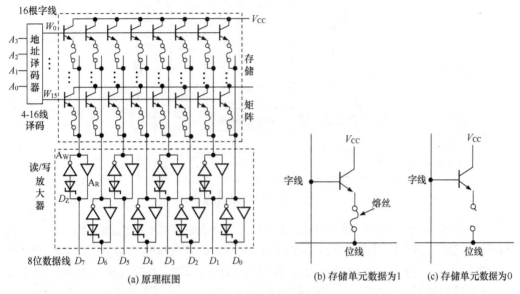

(a) 原理框图

(b) 存储单元数据为1

(c) 存储单元数据为0

图 8-3　熔丝型 PROM

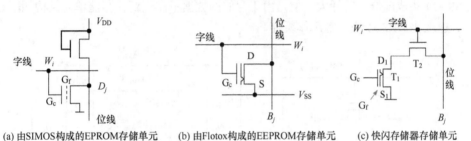

(a) 由SIMOS构成的EPROM存储单元　　(b) 由Flotox构成的EEPROM存储单元　　(c) 快闪存储器存储单元

图 8-4　EPROM、EEPROM、快闪存储器存储单元示意图

　　快闪存储器是一种高密度、非易失性的读/写半导体存储器，它既有 EEPROM 的特点，又有 RAM 的特点，是一种全新的存储结构，存储单元如图 8-4(c)所示。闪存芯片采用单一电源(3V 或者 5V)供电，擦除和编程所需的特殊电压由芯片内部产生，因此可以在线系统擦除与编程。闪存也是典型的非易失性存储器，在正常使用情况下，其浮置栅中所存电子可保存 100 年而不丢失。目前，闪存已广泛用于制作各种移动存储器，如 U 盘及数码相机/摄像机所用的存储卡等。

8.2　随机存取存储器及其结构

　　随机存取存储器(RAM)是一种既可以随时将数据写入任何一个指定的存储单元，也可以随时将信息从任何一个指定地址读出的功能完善的电路，和 ROM 相比，优点是读/写方便，使用灵活；缺点是数据易失，即掉电会丢失存储的数据，不利于数据的长期保存。RAM 的电路结构如图 8-5 所示。

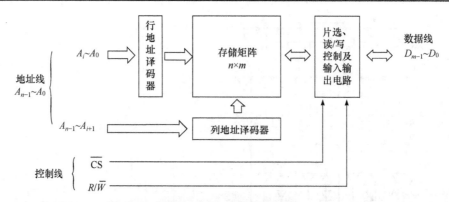

图 8-5　RAM 总体结构框图

根据存储单元工作原理的不同，RAM 可分为静态存储器(Static Random Access Memory，SRAM)和动态存储器(Dynamic Random Access Memory，DRAM)。DRAM 存储单元的电路结构简单、集成度高，用电容存储的数据必须隔一段时间刷新(Refresh)一次，存储单元结构如图 8-6(a)所示，否则存储的信息就会丢失，常用作系统内存。和 DRAM 相比，SRAM 集成度低、功耗大，但是由于存储的数据不需刷新，存储单元结构如图 8-6(b)所示，速度比 DRAM 快，常用作缓存。

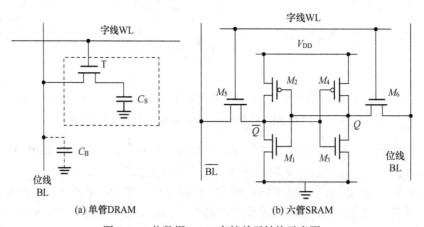

(a) 单管DRAM　　　　　　　　　　　　　(b) 六管SRAM

图 8-6　1 位数据 RAM 存储单元结构示意图

在图 8-6(b)中，①$M_1 \sim M_4$ 是存储单元，而 $M_5 \sim M_6$ 用于门控访问。M_1 和 M_2、M_3 和 M_4 是两个反相门的循环链接，有两种稳定状态：0 和 1。②WL 高电平，从 BL 读出数据。③WL 高电平，BL 高电平或低电平，强制覆盖原来 Q 的状态。

8.3　存储器扩展

当一片 RAM 器件不能满足存储量的需要时，可以将若干片 RAM 组合到一起，扩展成一个容量更大的 RAM。图 8-7 是部分存储器的逻辑符号。2716 是 11 根地址线、8 根数据线、容量为 2K×8 位的 EPROM；2816 是 11 根地址线、8 根数据线、容量为 2K×8 位的

EEPROM；2164 是 8 根可复用为行、列的地址线，1 位输入数据线(D)，1 位输出数据线(Q)，容量为 64K×1 位的 DRAM。

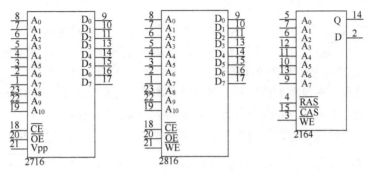

图 8-7　存储器逻辑符号

扩展存储器容量的方式有两种：位扩展(Bit Extension)和字扩展(Word Extension)。

如果每一片 RAM 中的字数已够用而每个字的位数不够用，应采用位扩展的连接方式，将多片 RAM 组合成位数更多的存储器。

如果每一片 RAM 中的位数已够用而字数不够用，应采用字扩展方式，也称地址扩展方式。

如果每一片 RAM 中的位数、字数都不够用，应同时采用位、字扩展方式。

8.4　可编程逻辑器件

可编程逻辑器件(Programmable Logic Device，PLD)是作为一种通用型器件生产的，然而它们的逻辑功能又是由用户通过对器件编程来自行设定的。它可以把一个数字系统集成在一片 PLD 上，而不必由芯片制造厂设计和制作专用集成芯片。PLD 具有通用型器件批量大、成本低和专用型器件构成系统体积小、电路可靠等优点。

自 20 世纪 80 年代以来，PLD 发展非常迅速，可编程器件主要有可编程阵列逻辑(Programmable Array Logic，PAL)器件、通用阵列逻辑(Generic Array Logic，GAL)器件、复杂可编程逻辑器件(Complex Programmable Logic Device，CPLD)和现场可编程门阵列(Field Programmable Gate Array，FPGA)等。

可编程逻辑器件的出现，改变了传统的数字系统设计方法。传统的数字系统采用固定功能器件(通用型器件)，通过设计电路来实现系统功能。采用可编程逻辑器件，通过定义器件内部逻辑输入、输出引出端，将原来由电路板设计完成的大部分工作放在芯片设计中进行。这样不仅可通过芯片设计实现各种数字逻辑系统的功能，而且由于引出端定义的灵活性，大大减轻了电路图设计和电路板设计的工作量和难度，从而有效地增强了设计的灵活性，提高了工作效率。可编程逻辑器件是实现数字系统的理想器件。

在采用 PLD 设计逻辑电路时，设计者需要利用 PLD 开发软件和硬件。PLD 开发软件根据系统设计的要求，可自动进行逻辑电路设计输入、编译、逻辑划分、优化和模拟，得到一个满足设计要求的 PLD 编程数据下载到编程器，编程器可将该编程数据写入 PLD 中，使 PLD 具有设计所要求的逻辑功能。

8.4.1 可编程阵列逻辑器件

PAL 器件是 20 世纪 70 年代末出现的一种低密度、一次性可编程逻辑器件。

最简单的 PAL 电路结构形式包含一个可编程的与逻辑阵列和一个固定的或逻辑阵列，是 PAL 的基本电路结构，如图 8-8 所示。

由图 8-8 可见，在没有编程以前，与逻辑阵列的所有交叉点上均有熔丝接通。编程是将有用的熔丝保留，将无用的熔丝熔断，从而得到所需要的电路。

图 8-9 是一个经过编程以后得到的 PAL 器件的结构图。它所产生的逻辑函数为

$$Y_0 = I_0 I_1 I_2 + I_1 I_2 I_3 + I_0 I_2 I_3 + I_0 I_1 I_3, \quad Y_1 = \overline{I_0 I_1} + \overline{I_1 I_2} + \overline{I_2 I_3} + \overline{I_0 I_3}$$

$$Y_2 = I_0 \overline{I_1} + \overline{I_0} I_1, \qquad\qquad Y_3 = I_1 I_2 + \overline{I_0 I_1}$$

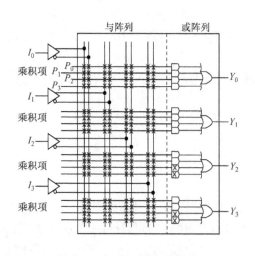 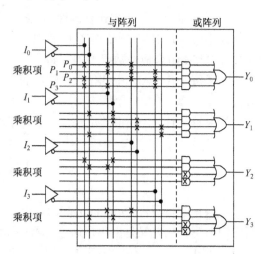

图 8-8 PAL 的基本电路结构　　　　　图 8-9 编程以后的 PAL 器件结构图

8.4.2 通用阵列逻辑器件

GAL 器件是继 PAL 器件之后，在 20 世纪 80 年代中期推出的一种低密度可编程逻辑器件。它在结构上采用了输出逻辑宏单元(Output Logic Macro Cell，OLMC)结构形式。在工艺上吸收了 EEPROM 的浮栅技术，从而使 GAL 器件具有可擦除、可重新编程、数据可长期保存和可重新组合结构的特点。因此，GAL 器件比 PAL 器件功能更加全面，结构更加灵活，它可取代大部分中、小规模的数字集成电路和 PAL 器件，增加了数字系统设计的灵活性。

GAL 器件的基本结构类型分为 3 种，即 PAL 型 GAL 器件、在系统编程型 GAL 器件和 FPLA 型 GAL 器件。

PAL 型 GAL 器件结构如图 8-10 所示。这类器件在电路结构上继承了 PAL 器件与阵列可编程和或阵列固定的基本结构，但在输出电路中采用了可编程的输出逻辑宏单元。GAL 由可编程与逻辑阵列、固定或逻辑阵列、OLMC 及部分输入/输出缓冲门电路组成。实际

上，GAL 的或阵列包含在 OLMC 中。

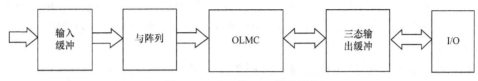

图 8-10　PAL 型 GAL 器件结构

通用型 GAL 器件主要有 GAL16V8 和 GAL20V8 两个系列，其中 GAL16V8 可替代相应的 20 个引出端的 PAL 器件，GAL20V8 可替代相应的 24 个引出端的 PAL 器件。

8.4.3　复杂可编程逻辑器件与现场可编程门阵列

CPLD 采用 CMOS EPROM、E^2PROM、Flash 存储器和 SRAM 等编程技术，从而构成了高密度、高速度和低功耗的可编程逻辑器件。CPLD 的 I/O 端口数和内含触发器多达数百个，其集成度远远高于可编程逻辑器件 PAL 和 GAL。因此，采用 CPLD 设计数字系统，体积小、功耗低、可靠性高，且有更大的灵活性。

CPLD 大致可分为两类：一类是由 GAL 器件发展而来的，其主体仍是与阵列和宏单元结构，称为 CPLD 的基本结构；另一类是分区阵列结构的 CPLD。生产厂商主要有 Xilinx、Altera 和 Lattice 3 家公司，其他厂商还有 Cypress、Actel 等公司。

几乎在 CPLD 发明的同时，一些 IC 制造商采用了不同的方法来扩展可编程逻辑芯片的规模。与 CPLD 相比，FPGA 包含数量更多的单个逻辑构件(Individual Logic Blocks)，并提供更大的、支配整个芯片的分布式互连结构(Distributed Interconnection Structure)。

现场可编程门阵列器件与前面提到的 PLD 所采用的与-或逻辑阵列加上输出逻辑单元的结构形式不同。FPGA 的电路结构是由若干独立的可编程逻辑模块组成的，用户可以通过编程将这些模块连接成所需要设计的数字系统。因为这些模块的排列形式和门阵列中单元的排列形式相似，所以沿用了门阵列的名称。FPGA 也属于高密度 PLD。

FPGA 一般是由 3 个可编程逻辑模块：可配置逻辑模块(Configurable Logic Blocks，CLB)、输入/输出模块(Inputl Output Blocks，IOB)和互连资源(Interconnect Capital Resource，ICR)，以及一个用于存放编程数据的静态存储器组成的。

8.4.4　可编程逻辑器件的开发

可编程逻辑器件集成度高、速度快、功耗低、结构灵活、使用方便、具有用户可定义逻辑功能和加密功能，可以实现各种逻辑设计，是数字系统设计的理想集成电路器件。然而，要使 PLD 实现设计要求的逻辑功能，必须借助于适当的 PLD 开发工具，即 PLD 开发软件和硬件两者结合使用，完成从设计、验证到器件最终实现其预定的逻辑功能。

可编程逻辑器件的开发过程分为两个阶段，第一个阶段是从设计输入到器件编程数据文件(JEDEC)的生成；第二个阶段是从装入 JEDEC 到成功地写进 PLD。每个阶段都有一定的开发工具支持。以手工的方式来产生 JEDEC 文档过于复杂，所以多半改用计算机程序来产生，这种程序称为逻辑编译器(logic Compiler)，它与程序开发撰写时所用的软件编译器类似，而要编译之前的原始代码(也称源代码)也得用特定的编程语言来撰写，称为硬件描述语言，简称 HDL。HDL 有很多种，如 ABEL、AHDL、Confluence、CUPL、HDCal、JHDL、Lava、Lola、MyHDL、PALASM、RHDL 等。目前最知名也最普遍使用的是 VHDL 与 Verilog。

高密度可编程逻辑器件的开发流程如图 8-11 所示。

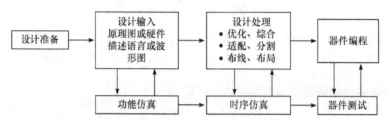

图 8-11　高密度可编程逻辑器件的开发流程

8.4.5　硬件描述语言 Verilog 简介

Verilog HDL 是一种硬件描述语言，用于从算法级、门级到开关级的多种抽象设计层次的数字系统建模。被建模的数字系统对象的复杂性可以介于简单的门和完整的电子数字系统之间。数字系统能够按层次描述并可在相同描述中显式地进行时序建模。

Verilog HDL 程序是由模块构成的。每个模块的内容都嵌在 module 和 endmodule 两条语句之间，每个模块实现特定的功能，模块是可以进行层次嵌套的。每个模块首先要进行端口定义，并说明输入(input)和输出(output)，然后对模块的功能进行逻辑描述。

Verilog HDL 程序的书写格式自由，一行可以写几条语句，一条语句也可以分多行写。除了 endmodule 语句外，每条语句的最后必须有分号，可以用/*……*/和//…… 对 Verilog HDL 程序的任何部分进行注释。

图 8-12 是由基本逻辑门实现的与-或-非逻辑电路及其 Verilog HDL 描述。

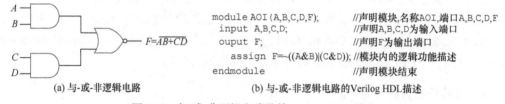

(a) 与-或-非逻辑电路　　　　　　　　　(b) 与-或-非逻辑电路的 Verilog HDL 描述

图 8-12　与-或-非逻辑电路及其 Verilog HDL 描述

习　题

8-1　ROM 主要由哪几部分组成？

8-2　试比较 ROM、PROM 和 EPROM 及 EEPROM 的异同。

8-3　PROM、EPROM 和 EEPROM 在使用上有哪些优缺点？

8-4　RAM 由主要由哪几部分组成？各有什么作用？

8-5　静态 RAM 和动态 RAM 有哪些区别？

8-6　RAM 和 ROM 有什么区别？它们各适用于什么场合？

8-7　比较 GAL 和 PAL 器件在电路结构形式上有什么不同?

8-8　由 PAL 编程的组合逻辑电路如题 8-8 图所示, 写出 Y_1、Y_2、Y_3、Y_4 与 A、B、C、D 的逻辑关系表达式。

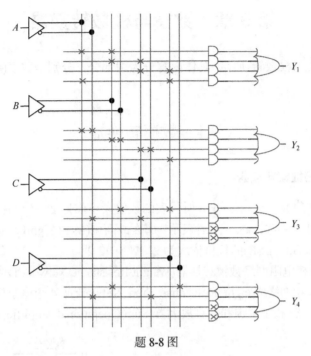

题 8-8 图

8-9　可编程逻辑器件有哪些种类? 有什么共同特点?

第 9 章 数模与模数转换器

本章介绍数模与模数转换器，具体内容分为两部分，分别是数模(D/A)转换器和模数(A/D)转换器。

9.1 数模转换器

9.1.1 权电阻网络数模转换器

一个多位二进制数中每一位的 1 所代表的数值大小称为这一位的权(Weight)。如果一个 n 位二进制数用 $D_N=d_{n-1}d_{n-2},\cdots,d_1d_0$ 表示，那么最高位(Most Significant Bit, MSB)到最低位(Least Significant Bit，LSB)的权将依次为 $2^{n-1}2^{n-2}\cdots2^12^0$。

图 9-1 是 4 位权电阻网络数模转换器(Weight Resistance Network D/A Converter)的原理图，它由权电阻求和网络(Weight Resistance Sum Network)、4 个电子模拟开关(Electronic Analog Switch) $S_0\sim S_3$ 和 1 个求和运算放大器(Sum Operational Amplifier)组成。

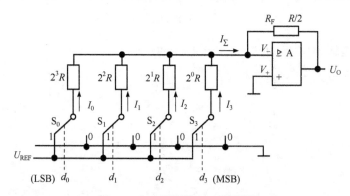

图 9-1 权电阻网络 D/A 转换器

电子模拟开关($S_0\sim S_3$)由电子器件构成，其动作受二进制数 $d_0\sim d_3$ 控制。当 $d_i=1$ 时，则相应的开关 S_i 接到参考电压 U_{REF} 上，有支路电流 I_i 流向求和运算放大器；当 $d_i=0$ 时，开关 S_i 接到位置 0，将相应电流直接接地而不进入运放。

电子模拟开关的简化原理电路如图 9-2 所示。当 $d=1$ 时，T_2 管饱和导通，T_1 管截止，则 S 与 a 点通；当 $d=0$ 时，T_1 管饱和导通，T_2 管截止，则 S 接地。前者相当于开关 S 接到了"1"端，后者则相当于开关 S 接到了"0"端。

求和运算放大器是一个接成负反馈的运算放大器。为了简化分析计算，可以把运算放大器近似地看成理想放大器，即它的开环放大倍数为无穷大，输入电流为零(输入电阻为无穷大)，输出电阻为零。当同相输入端 V_+ 的电位高于反相输入端 V_- 的电位时，输出端对

地的电压 U_O 为正；当 U_- 高于 U_+ 时，U_O 为负。

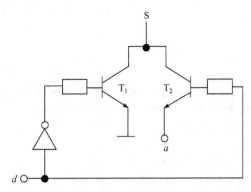

图 9-2 电子模拟开关简化原理电路

当参考电压经电阻网络到 U_- 时，只要 U_- 稍高于 U_+，便在 U_O 产生很负的输出电压。U_O 经 R_F 反馈到 U_- 端使 U_- 降低，其结果必然使 $U_- \approx U_+ = 0$。

在认为运算放大器输入电流为零的条件下可以得到：

$$U_O = -R_F(I_3 + I_2 + I_1 + I_0) \tag{9-1}$$

由于 $U_+ \approx 0$，因此各支路电流分别为

$$I_3 = \frac{U_{REF}}{R}d_3, \quad I_2 = \frac{U_{REF}}{2R}d_2, \quad I_1 = \frac{U_{REF}}{2^2 R}d_1, \quad I_0 = \frac{U_{REF}}{2^3 R}d_0$$

$d_3 = d_2 = d_1 = d_0 = 1$ 时，$I_3 = \dfrac{U_{REF}}{R}$，$I_2 = \dfrac{U_{REF}}{2R}$，$I_1 = \dfrac{U_{REF}}{2^2 R}$，$I_0 = \dfrac{U_{REF}}{2^3 R}$

$d_3 = d_2 = d_1 = d_0 = 0$ 时，$I_3 = I_2 = I_1 = I_0 = 0$

将它们代入式(9-1)并取 $R_F = R/2$，则得到

$$V_O = -\frac{U_{REF}}{2^4}(2^3 d_3 + 2^2 d_2 + 2^1 d_1 + 2^0 d_0)$$

对于 n 位的权电阻网络数模转换器，当反馈电阻取为 $R/2$ 时，输出电压的计算公式可写成

$$V_O = \frac{U_{REF}}{2^n}(d_{n-1} + 2^{n-2}d_{n-2} + \cdots + 2^1 d_1 + 2^0 d_0) = -\frac{U_{REF}}{2^n}D_N$$

上式表明，输出的模拟电压正比于输入的数字量 D_N，从而实现了从数字量到模拟量的转换。当 $\overline{D_N} = 0$ 时 $U_O = 0$，当 $D_N = 11\cdots11$ 时 $V_O = -(2^{n-1}/2^n)U_{REF}$，故 U_O 的最大变化范围是 $0 \sim U_O = -(2^{n-1}/2^n)U_{REF}$。从上式中还可以看到，在 V_{REF} 为正电压时输出电压 U_O 始终为负值，要想得到正的输出电压，可以将 U_{REF} 取为负值。

9.1.2 倒 T 形电阻网络数模转换器

倒 T 形电阻网络 D/A 转换器电路如图 9-3 所示，电阻网络中只有 R、$2R$ 两种阻值的电阻。从图中可知，因为求和放大器反相输入端 V_- 的电位始终接近于零，所以无论开关 S_3、S_2、S_1、S_0 合到哪一边，都相当于接到了"地"电位上，流过每个支路的电流也始终

不变。但应注意，U_- 并没有接地，只是电位与"地"相等，因此这时又把 U_- 端称作"虚地"点。从参考电源流入倒 T 形电阻网络的总电流为 $I=U_{REF}/R$，而每个支路的电流依次为 $I/2$、$I/4$、$I/8$ 和 $I/16$。

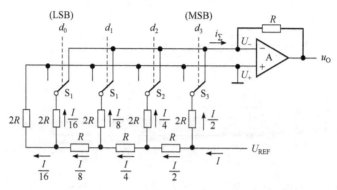

图 9-3 倒 T 形电阻网络 D/A 转换器

如果令 $d_i=0$ 时开关 S_i 接地(接放大器的 U_+)，而 $d_i=1$ 的 S_i 接至放大器的输入端 U_-，则由图 9-3 可知

$$i_{\Sigma} = \frac{1}{2}d_3 + \frac{1}{4}d_2 + \frac{1}{8}d_1 + \frac{1}{16}d_0$$

在求和放大器的反馈电阻阻值等于 R 的条件下，输出电压为

$$U_O = -Ri_{\Sigma} = -\frac{U_{REF}}{2^4}(d_3 2^3 + d_2 2^2 + d_1 2^1 + d_0 2^0)$$

对于 n 位输入的倒 T 形电阻网络数模转换器，在求和放大器的反馈电阻阻值为 R 的条件下，输出模拟电压的计算公式为

$$U_O = -Ri_{\Sigma} = -R\frac{U_{REF}}{R}\frac{1}{2^n}(d_{n-1} 2^{n-1} + d_{n-2} 2^{n-2} + \cdots + d_1 2^1 + d_0 2^0) = -\frac{U_{REF}}{2^n}D_N$$

上式说明输出的模拟电压与输入的数字量成正比。

单片集成数模转换器 AD7520 采用的是倒 T 形电阻网络，如图 9-4 所示，它的输入为

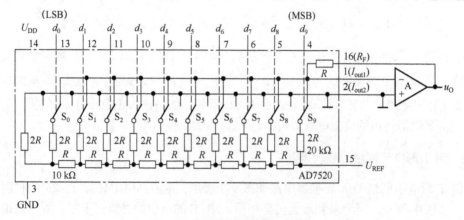

图 9-4 集成数模转换器 AD7520

10 位二进制数 $d_9d_8d_7d_6d_5d_4d_3d_2d_1d_0$。使用 AD7520 时需要外加运算放大器，运算放大器的反馈电阻可以使用 AD7520 内设的反馈电阻 R，也可以另选反馈电阻接到 I_{REF}，必须保证有足够的稳定度，才能确保应有的转换精度。一个典型的数模转换应用电路如图 9-5 所示。

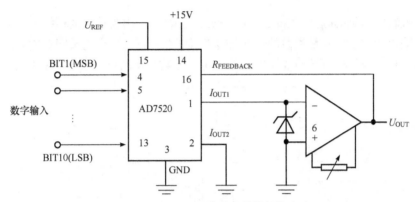

图 9-5　由 AD7520 构建的数模转换电路

9.1.3　数模转换器的主要技术指标

1. 分辨率

数模转换器的分辨率是指最小输出电压(对应的输入二进制数为 1)与最大输出电压(对应的输入二进制数的所有位全为 1)之比。例如，十位数模转换器的分辨率为

$$\frac{1}{2^{10}-1}=\frac{1}{1023}\approx 0.001=0.1\%$$

2. 转换误差

转换器实际能达到的转换精度，还与转换误差有关。误差是由参考电压偏离标准值、运算放大器的零点漂移、模拟开关的压降以及电阻阻值的偏差等原因所引起的。转换误差通常用输出电压满刻度的百分数表示，也可用最低有效位的倍数表示。

3. 输出电压(或电流)的建立时间

从输入数字信号起，到输出电压或电流到达稳定值所需时间，称为建立时间。建立时间包括两部分：一是距运算放大器最远的那一位输入信号的传输时间；二是运算放大器到达稳定状态所需时间。由于倒 T 形电阻网络数模转换器是并行输入的，其转换速度较快。目前，像十位或十二位单片集成数模转换器(不包括运算放大器)的转换时间一般不超过 $1\mu s$。

4. 电源抑制比

在高质量的数模转换器中，要求模拟开关电路和运算放大器的电源电压发生变化时，对输出电压的影响非常小。输出电压的变化与相对应的电源电压变化之比，称为电源抑制比。

此外，还有功率消耗、温度系数以及输入高、低逻辑电平的数值等技术指标。

9.2　模数转换器

9.2.1　模数转换的基本原理

在模数转换器(Analog to Digital Converter，ADC)中，因为输入的模拟信号在时间上是连续的而输出的数字信号是离散的，所以转换只能在一系列选定的瞬间对输入的模拟信号取样，然后把这些取样值转换成输出的数字量。模数转换的过程如图 9-6 所示。

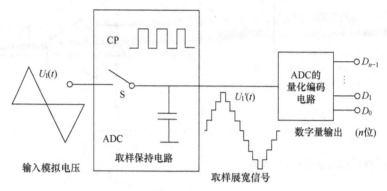

图 9-6　模拟量到数字量的转换过程

模数转换的过程是首先对输入的模拟电压信号取样，取样结束后进入保持阶段，在保持时间内将取样的电压量化为数字量，并按一定的编码形式给出转换结果。然后，开始下一次取样。

1. 取样定理

为了能正确无误地用取样信号 U_S 表示模拟信号 U_I，取样信号必须有足够高的频率。可以证明，为了保证能从取样信号将原来的被取样信号恢复，必须满足：

$$f_S \geqslant 2f_{I(max)}$$

式中，f_S 为取样频率；$f_{I(max)}$ 为输入模拟信号的最高频率分量的频率。

在满足 $f_S \geqslant 2f_{I(max)}$ 的条件下，可以用低通滤波器将 U_S 还原为 U_I。这个低通滤波器的电压传输特性在低于 $f_{I(max)}$ 的范围内应保持不变，而在 f_S-$f_{I(max)}$ 以前应迅速下降为 0，如图 9-7 所示。

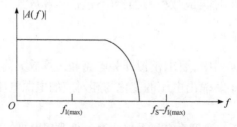

图 9-7　低通滤波器的电压传输特性

2. 量化和编码(Quantification and Coding)

由于数字信号不仅在时间上是离散的,而且数值大小的变化也是不连续的。也就是说,任何一个数字量的大小只能是某个规定的最小数量单位的整数倍。在进行模数转换时,必须把取样电压表示为这个最小单位的整数倍。这个转化过程称为量化,所取的最小数量单位称为量化单位,用Δ表示。显然,数字信号最低有效位的 1 所代表的数量大小就等于Δ。

把量化的结果用代码(可以是二进制,也可以是其他进制)表示出来,称为编码。这些代码就是模数转换的输出结果。

既然模拟电压是连续的,那么它就不一定能被Δ整除,因而量化过程不可避免地会引入误差,这种误差称为量化误差。将模拟电压信号划分为不同的量化等级时通常有图 9-8(a)、(b)所示的两种方法,它们的量化误差不同。

图 9-8　对单极性模拟电平的量化和编码

例如,要求把 0～1V 的模拟电压信号转换成 3 位二进制代码,最简单的方法是取$\Delta=(1/8)$V,并规定凡数值为 0～(1/8)V 的模拟电压都当作 0 对待,用二进制数 000 表示;凡数值为(1/8～2/8)V 的模拟电压都当作1Δ对待,用二进制数 001 表示,等等,如图 9-8(a)所示。不难看出,这种量化方法可能带来的最大量化误差可达Δ,即 1/8V。

为了减小量化误差,通常采用图 9-8(b)的改进方法划分量化电平。在这种划分量化电平的方法中,取量化电平$\Delta=(2/15)$V,并将输出代码 000 对应的模拟电压范围规定为(0～1/15)V,即 0～1/2Δ,这样可以将最大量化误差减小到 1/2Δ,即(1/15)V。这个道理不难理解,因为现在将每个输出二进制代码所表示的模拟电压值规定为它所对应的模拟电压范围的中间值,所以最大量化误差自然不会超过 1/2Δ。

当输入的模拟电压在正、负范围内变化时,一般要求采用二进制补码(Binary Complement)的形式编码。

3. 取样-保持电路(Sampling-Holding Circuits)

取样-保持电路的基本形式如图 9-9(a)所示。图中 T 为 N 沟道增强型 MOS 管,作为模拟开关使用。当取样控制信号U_I为高电平时 T 导通,输入信号U_I经电阻R_I和 T 向电容C_H充电。若取$R_I=R_F$,并忽略运算放大器的输入电流,则充电结束后$U_O=U_C=-U_I$。这里

U_C 为电容 C_H 上的电压。当 U_L 返回低电平以后，MOS 管 T 截止。由于 C_H 上的电压在一段时间内基本保持不变，所以 U_O 也保持不变，取样结果被保存下来。C_H 的漏电越小，运算放大器的输入阻抗越高，U_O 保持的时间也越长。

图 9-9(b)是一种改进了的由 LF198 构建的单片集成取样-保持电路。图中的 A_1、A_2 是两个运算放大器，S 是模拟开关，L 是控制 S 状态的逻辑单元。二极管 D_1、D_2 组成保护电路。U_L 和 U_{REF} 是逻辑单元的两个输入电压信号，当 $U_L>U_{REF}+U_{TH}$ 时 S 接通，而当 $U_L<U_{REF}+U_{TH}$ 时 S 断开。U_{TH} 称为阈值电压，约为 1.4V。

图 9-9(c)给出了 LF198 的典型接法。由于图中取 $U_{REF}=0$，而且 U_L 设为 TTL 逻辑电平，则 $U_L=1$ 时 S 接通，$U_L=0$ 时 S 断开。当 $U_L=1$ 时电路处于取样工作状态，这时 S 闭合，A_1 和 A_2 均工作在单位增益的电压跟随器状态，所以有 $U_O=U'_O=U_I$。如果在 R_2 的引出端与地之间接入电容 C_H，那么电容电压的稳态值也是 U_L。取样结束时 U_L 回到低电平，电路进入保持状态。这时 S 断开，C_H 上的电压基本保持不变，因而输出电压 U_O 也得以维持原来的数值。

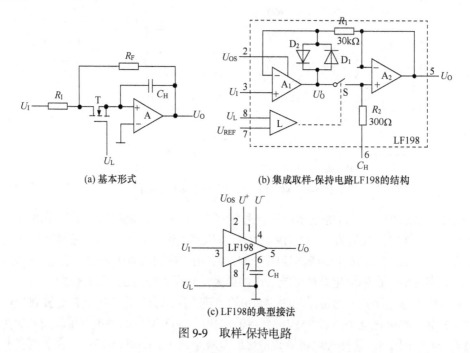

(a) 基本形式　　　　　(b) 集成取样-保持电路LF198的结构

(c) LF198的典型接法

图 9-9　取样-保持电路

取样过程中电容 C_H 上的电压达到稳态值所需要的时间(称为获取时间)和保持阶段输出电压的下降率 $\Delta U_O/\Delta T$ 是衡量取样-保持电路性能的两个最重要的指标。在 LF198 中，采用了双极型与 MOS 型混合工艺。为了提高电路工作速度并降低输入失调电压，输入端运算放大器的输入级采用双极型三极管电路，而在输出端的运算放大器中，输入级使用了场效应三极管，这就有效地提高了放大器的输入阻抗，减小了保持时间内 C_H 上电荷的损失，使输出电压的下降率达到 10^{-3} mV/s 以下(当外接电容 C_H 为 0.01μF 时)。

输出电压下降率与外接电容 C_H 电容量大小和漏电情况有关。C_H 的电容量越大、漏电越小，输出电压下降率越低。然而加大 C_H 的电容量会使获取时间变长，所以在选择 C_H 的电容量大小时应兼顾输出电压下降率和获取时间两方面的要求。

逻辑输入端(U_L)和参考输入端(U_{RFE})都具有较高的输入电阻，可以直接用 TTL 电路或 CMOS 电路驱动。通过失调调整输入端 U_{OS} 可以调整输出电压的零点，使 $U_I=0$ 时 $U_O=0$。U_{OS} 的数值可以用电位器的可动端调节，电位器的一个定端接电源 U^+，另一个定端通过电阻接地。

9.2.2 逐次逼近型模数转换器

模数转换器有很多类型，可分为直接型和间接型两大类。直接型模数转换器通过把采样保持后的模拟信号与量化级电压相比较直接转化为数字代码，主要有并行比较型、逐次逼近型；间接型模数转换器则借助于中间变量，先把待转化的输入模拟信号转换为时间 T 或频率 f，然后对这些中间变量再量化编码得到数字信号，主要有双积分型、V-I 变换型。直接型模数转换器具有工作速度快、调整方便的优点，但精度不高；间接型模数转换器具有精度高的优点，但工作速度较低。

逐次逼近型模数转换器(Gradually Approach ADC)是一款直接型模数转换器，其电路结构如图 9-10 所示。工作过程为：先将寄存器清零，转换控制信号 U_L 变为高电平时转换开始。时钟信号首先将寄存器的最高位(MSB)置成 1，使寄存器的输出为 $100\cdots00$。这个数字量被 DAC 转换成相应的模拟电压 U_O 并送到比较器与输入信号 U_I 进行比较。如果 $U_O>U_I$ 说明数字过大了，则这个 1 应去掉；如果 $U_O<U_I$，说明数字还不够大，这个 1 应予保留。然后，再按同样的方法将次高位置 1，并比较 U_O 与 U_I 的大小以确定这一位的 1 是否应当保留。这样逐位比较下去，直到最低位比较完。这时寄存器里所存的数码就是所求的输出数字量。这一比较过程正如同用天平去称量一个未知质量的物体时所进行的操作一样，所使用的砝码的质量一个比一个少 1/2。

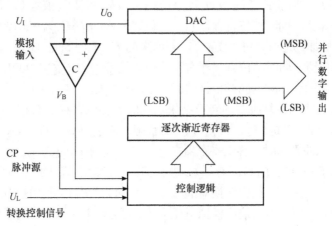

图 9-10 逐次逼近型 ADC 的电路结构框图

图 9-11 是一个输出为 3 位二进制数码的逐次逼近型 ADC 的电路原理图。图中的 C 为电压比较器，当 $U_I \geqslant U_O$ 时比较器的输出 $U_B=0$；当 $U_I<U_O$ 时 $U_B=1$。FF_A、FF_B、FF_C 3 个触发器组成了 3 位数码寄存器，触发器 $FF_1 \sim FF_5$ 和门电路 $G_1 \sim G_9$ 组成控制逻辑电路。

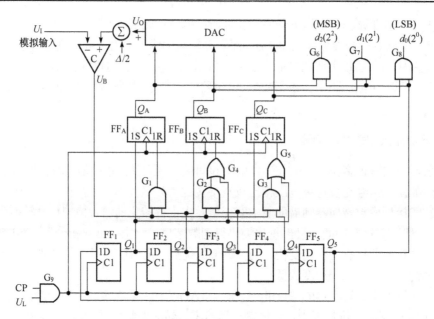

图 9-11　3 位二进制数码的逐次逼近型 ADC 的电路原理图

　　转换开始前，先将 FF_A、FF_B、FF_C 置零，并将 $FF_1 \sim FF_5$ 组成的环形移位寄存器置成 $Q_1 Q_2 Q_3 Q_4 Q_5$ =10000 状态。转换控制信号 V_L 变成高电平以后，转换开始。

　　第 1 个 CP 脉冲到达时，FF_A 被置 1 而 FF_B、FF_C 被置 0。这时寄存器的状态 $Q_A Q_B Q_C$ =100 加到数模转换器的输入端上，并在数模转换器的输出端得到相应的模拟电压 U_O。U_O 和 U_I 在比较器中比较，其结果不外乎两种：若 $U_I \geqslant U_O$，则 U_B =0；若 $U_I < U_O$，则 U_B =1。同时，移位寄存器右移一位，使 $Q_1 Q_2 Q_3 Q_4 Q_5$ =01000。

　　第 2 个 CP 脉冲到达时，FF_B 被置 1。若原来的 U_B =1，FF_A 被置 0；若原来的 U_B =0，则 FF_A 的 1 状态保留。同时移位寄存器右移一位，使 $Q_1 Q_2 Q_3 Q_4 Q_5$ =00100。

　　第 3 个 CP 脉冲到达时，FF_C 被置 1。若原来的 U_B =1，FF_B 被置 0；若原来的 U_B =0，则 FF_B 的 1 状态保留。同时移位寄存器右移一位，使 $Q_1 Q_2 Q_3 Q_4 Q_5$ =00010。

　　第 4 个 CP 脉冲到达时，同样根据这时 U_B 的状态决定 FF_C 的 1 是否应当保留。这时 FF_A、FF_B、FF_C 的状态就是所要的转换结果。同时，移位寄存器右移一位，$Q_1 Q_2 Q_3 Q_4 Q_5$ =00001。由于 Q_5 =1，于是 FF_A、FF_B、FF_C 的状态便通过门 G_6、G_7、G_8 送到了输出端。

　　第 5 个 CP 脉冲到达时，移位寄存器右移一位，使得 $Q_1 Q_2 Q_3 Q_4 Q_5$ =10000，返回初始状态。同时，由于 Q_5 =0，门 G_6、G_7、G_8 被封锁，转换输出信号随之消失。

　　为了减小量化误差，令数模转换器的输出产生 $-\Delta/2$ 的偏移量。这里的 Δ 表示数模转换器最低有效位输入 1 所产生的输出模拟电压大小，它也就是模拟电压的量化单位。由图 9-8 可知，为使量化误差不大于 $\Delta/2$，在划分量化电平等级时应使第一个量化电平为 $\Delta/2$，而不是 Δ。现在与 V_I 比较的量化电平每次由数模转换器的输出给出，所以应将数模转换器输出的所有比较电平同时向负的方向偏移 $\Delta/2$。

　　从以上论述可以看出，3 位输出的模数转换器完成一次转换需要 5 个时钟信号周期的时间。如果是 n 位输出的模数转换器，则完成一次转换所需的时间将为 $n+2$ 个时钟信号周期的时间。逐次逼近型模数转换器是目前集成模数转换器产品中用得多的一种电路。

目前一般使用单片集成 A/D 转换器，其种类很多，如 ADS71，ADC0801，ADC0804，ADC0809 等。下面以 ADC0809 为例，简单介绍其结构和使用。

ADC0809 是 CMOS 八位逐次逼近型 A/D 转换器，它的结构框图如图 9-12 所示。转换时间为 100μs，输入电压范围为 0～5V，片内有 8 通道模拟开关，可接入 8 个模拟量输入。由于芯片内有输出数据寄存器，输出的数字量可直接与计算机 CPU 的数据总线相接，而无需附加接口电路。

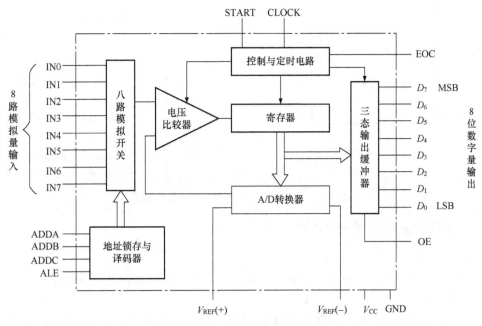

图 9-12　ADC0809 内部结构框图

ADC0809 共有 28 个引脚，各引脚端功能如下：

IN0～IN7 为 8 路模拟信号输入端；

$D_7 \cdots D_0$ 为 8 位数字信号输出端；

CLOCK 为时钟信号输入端；

ADDA、ADDB、ADDC 为地址码输入端，不同的地址码选择不同通道的模拟量输入；

ALE 为地址码锁存输入端，当输入地址码稳定后，ALE 上升沿将地址信号锁存于地址锁存器内；

$U_{REF}(+)$、$U_{REF}(-)$ 分别为参考电压的正、负输入端。一般情况下 $U_{REF}(+)$ 接 U_{CC}，$U_{REF}(-)$ 接 GND；

START 为启动信号输入端。该信号的上升沿到来时片内寄存器被复位，在其下降沿开始 A/D 转换；

EOC 为转换结束信号输出端。当 A/D 转换结束时 EOC 变为高电平，并将转换结果送入三态输出缓冲器，EOC 可作为向 CPU 发出的中断请求信号。

OE 为输出允许控制输入端。当 OE=1 时，三态输出缓冲器的数据送到数据总线。

ADC0809与微处理器组成的单通道数据采集系统如图9-13所示，系统信号采用总线传送方式，它们之间的信号通过数据总线(DBUS)和控制总线(CBIS)连接。详细工作情况不作进一步论述。

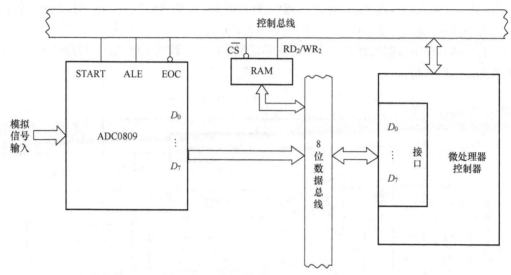

图9-13　单通道微机化数据采集系统示意图

9.2.3　模数转换器的主要技术指标

1. 分辨率

以输出二进制的位数表示分辨率，位数越多，误差越小，转换精度越高。

2. 转换误差

转换误差是指实际输出的数字量与理想输出的数字量的差别，通常用相对误差形式给出，也可以最低有效位的倍数表示。

3. 转换速度

它是指完成一次转换所需要的时间。转换时间是指从接到转换控制信号开始，到输出端得到稳定的数字输出信号所经过的这段时间。采用不同的转换电路，其转换速度是不同的。低速为$1\sim30ms$，中速约为$50\mu s$，高速约为$50ns$。

4. 电源抑制

在输入模拟电压不变的前提下，当转换电路的供电电源电压发生变化时，对输出也会产生影响。这种影响可用输出数字量的绝对变化量来表示。

此外，还有功率消耗、温度系数、输入模拟电压范围以及输出数字信号的逻辑电平等技术指标。

习　题

9-1　如果8位DAC可分辨的最小输出电压为10mV，则输入数字量为10000001时，输出电压有多大？

9-2　如果希望DAC的分辨率优于0.025%，应选几位的DAC？

9-3　某数字系统中有一个 DAC，如果希望该系统 DAC 的转换误差不大于 0.45%，请问至少应选择多少位的 DAC 才能满足要求？

9-4　已知 8 位倒 T 形电阻网络 DAC 如题 9-4 图所示，参考电压 $U_{REF}=-10V$，$R_F=R$。(1) 当输入为 00000001 时，输出模拟电压是多少？(2) 当输入为 11111111 时，输出模拟电压是多少？(3) 该转换器的分辨率是多少？

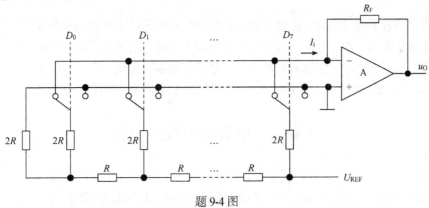

题 9-4 图

9-5　已知 8 位倒 T 形电阻网络 DAC 如题 9-4 图所示，$R_F=R$。(1)试求输出电压的范围。(2)当输入的数字量为 80H 时，对应的模拟输出电压为 3V，则参考电压 U_{REF} 为多少？

9-6　模拟信号的最高工作频率为 10kHz，采样频率的下限是多少？

9-7　已知输入模拟信号的最大幅值为 4.85V，现通过 ADC 将其转换为数字信号，要求最小能分辨出 5mV 输入信号的变化，试选择所用 ADC 的位数。

9-8　已知输入模拟电压 $u_I=4.89V$，参考电压 $U_{REF}=5V$，如果选用 8 位逐次逼近型 ADC，对应的数字量输出为多少？如果选用 10 位逐次逼近型 ADC，对应的数字量输出为多少？

9-9　8 位逐次逼近型 ADC 装置所用时钟频率为 2MHz，则完成一次转换所需时间是多少？应选多大的采样频率？为保证不失真输出，输入信号的频率最高不应超过多大？

9-10　已知 8 位 ADC 的最大输出电压为 10V，现在对输入信号幅值为 0.35V 的电压进行模数转换，请问可以实现正确转换吗？如果使用的是逐次逼近型转换器，要求完成一次转换的时间小于 100μs，应选用多大的时钟频率？

第10章 电子实验

本章介绍若干电子实验,通过实验能加深学生对电子技术理论内容的理解,并培养学生的实践动手能力。本章具体内容为单管共射放大电路、阻容耦合负反馈放大电路、差动放大电路、运放组成的基本运算电路、稳压电源电路参数测试、集成稳压器应用、TTL与非门测试、J-K触发器测试、同步五进制计数器制作及测试、脉冲产生电路。

实验1 单管共射放大电路

1. 实验目的

(1) 测定静态工作点对波形失真及放大器工作状态的影响,加深对工作点意义的理解。

(2) 掌握放大电路动态指标的测试方法。

2. 实验原理

参见本书2.1节~2.3节内容。

3. 实验设备

实验电路板一块、直流稳压电源一台、函数信号发生器一台、双踪示波器一台、晶体管毫伏表一台、万用表一块、导线若干。

4. 实验内容与步骤

本实验电路为一个分压偏置共射极放大电路,如图10-1所示,基极电压由 R_{b1} 和 R_{b2} 分压确定。该电路具有温度稳定性好、电压增益高等特点。为防止调节 R_p 可能造成 I_B 过大情况的出现,在 R_{b1} 中设置了一个固定的 $20\text{k}\Omega$ 电阻;反馈电阻 R_e 串联在发射极电路中,起稳定静态工作点的作用。C_e 为交流旁路电容,放大后的交流信号通过耦合(隔直)电容 C_2 输出。

需要说明,图10-1中用 $u_s(U_s)$ 表明正弦信号 u_s 的有效值为 U_s,该做法全章统一。

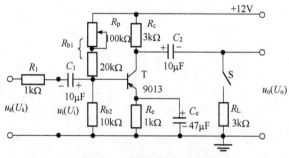

图10-1 单管共射放大电路

1) 静态工作点的测量

调节 R_p,使 $I_c=1.5\text{mA}$(此时 $U_{Rc}=4.5\text{V}$),测量并记录此时的 U_{ce}。

2) 放大倍数的测量

输入电压为 5mV、频率为 1kHz 的信号，用示波器观察 $u_o(U_o)$ 的波形。在 $u_o(U_o)$ 不失真的条件下，分别测量当 $R_L = \infty$ 和 $R_L = 3k\Omega$ 时的电压放大倍数，并记录在表 10-1 中。

表 10-1　测量电压放大倍数

R_L	U_i	U_o	A_u
∞	5mV		
$3k\Omega$	5mV		

3) 输入电阻的测量

测试电路如图 10-2 所示。在信号源输出端与放大器输入端之间，串联一个已知电阻 R(R 的值以接近 R_i 为宜)。在输入波形不失真的情况下用晶体管毫伏表分别测量出 U_s 与 U_i 的值并填入表 10-2，可算出输入电阻为

$$R_i = U_i R / (U_s - U_i)$$

式中，U_s 为信号源输出电压的有效值；U_i 为放大器输入电压的有效值。

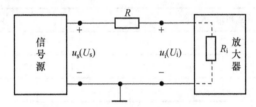

图 10-2　输入电阻测试电路

表 10-2　输入电阻测量

U_s	U_i	R	R_i

放大器的输入电阻可用来反映放大器与信号源的关系。若 $R_i > R_s$(R_s 为信号源内阻)，放大器从信号源获取的电压较大；若 $R_i < R_s$，放大器从信号源获取的电流较大；若 $R_i = R_s$，则放大器从信号源获取的功率最大。

4) 输出电阻的测量

放大器的输出电阻 R_o 可反映其带负载的能力，R_o 越小，带负载的能力越强。当 $R_o \ll R_L$ 时，放大器可等效成一个恒压源。测量放大器输出电阻的电路如图 10-3 所示。

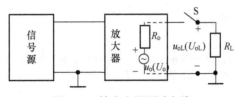

图 10-3　输出电阻测试电路

图 10-3 中，负载电阻 R_L 应选择与 R_o 接近。在输出波形不失真的情况下，首先测量 R_L 未接入时(即放大器负载开路时)的输出电压 U_o 值；然后测量接入 R_L 后放大器负载上的电压 U_{oL}，填入表 10-3。则放大器输出电阻为

$$R_o = (U_o / U_{oL} - 1) R_L$$

表 10-3 输出电阻测量

U_o	U_{oL}	R_L	R_o

5) 观察工作点对输出波形 $u_o(U_o)$ 的影响

按表 10-4 的要求，观察 $u_o(U_o)$ 的波形，在给定条件①的情况下，增加 $u_s(U_s)$(频率 1kHz 信号的电压)直到 $u_o(U_o)$ 波形的正或负峰值刚要出现削波失真，描下此时 $u_o(U_o)$ 的波形，并保持 U_s 的值不变。

表 10-4 给定条件下的 $u_o(U_o)$ 的波形

给定条件	$u_o(U_o)$ 的波形	U_{ce}
①与实验步骤 2)的静态工作点相同，$R_L = \infty$		
②R_p 不变，$R_L = 3k\Omega$		
③R_p 最大，$R_L = \infty$		
④R_p 最小，$R_L = \infty$		

5. 实验报告要求

(1) 整理实验数据，对实验结果进行分析总结。

(2) 简述静态工作点的选择对放大电路性能的影响。

(3) 总结共射极放大电路的特点。

实验 2　阻容耦合负反馈放大电路

1. 实验目的

(1) 了解阻容耦合负反馈放大器的级间联系和前后级的相互影响。

(2) 进一步掌握放大电路动态特性的测试方法，明确负反馈对放大电路性能的影响。

2. 实验原理

参见本书 2.5 节的内容。

3. 实验设备

实验电路板一块、直流稳压电源一台、函数信号发生器一台、万用表一块、双踪示波器一台、晶体管毫伏表一台、导线若干。

4. 实验内容与步骤

阻容耦合交流放大器是多级放大器的一种，它利用电容的隔直作用，将前后级直流电

位隔开，使前后级的静态工作点互不影响。对交流信号来说，后级的输入阻抗相当于前级的负载，因此，它会影响前级的放大倍数。总放大倍数是各级放大倍数的乘积。本实验电路如图 10-4 所示。

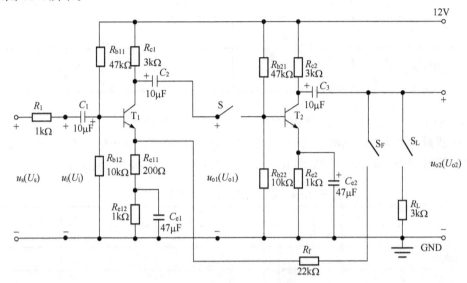

图 10-4　阻容耦合负反馈放大电路

(1) 连接电路并测量工作点。完成电路连接，测量各级静态工作点，并填入表 10-5 中。

表 10-5　静态工作点

	U_b	U_e	U_c
T_1			
T_2			

(2) 观察无负反馈时放大器后级对前级的影响。在放大器输入端接函数信号发生器产生的正弦信号 U_i=10mV，f=1kHz。在 S 闭合和断开情况下，分别测量第一级输出电压 U_{o1} 并记入表 10-6 中。$A_{u1}=U_{o1}/U_i$。

表 10-6　有无负载时的输出电压

	U_i/mV	U_{o1}/V	$A_{u1}=U_{o1}/U_i$
不带负载			
带负载			

(3) 观察负反馈对输出电压的影响。

① 观察无负反馈时，输出电压 $u_{o2}(U_{o2})$ 的波形(S_F 断开)。

调节输入信号 $u_i(U_i)$，使输出电压 $u_{o2}(U_{o2})$ 处于临界失真状态，描下波形并记下 U_{o2} 的值。

② 观察有负反馈时输出电压 $u_{o2}(U_{o2})$ 的波形(S_F 闭合)。

适当增加输入信号以保持输出 U_{o2} 幅值不变，观察输出波形失真的改善情况(描下波形)，并填入表 10-7。

表 10-7 开环、闭环时的输出电压

	U_i/mV	U_{o2}/V	$u_{o2}(U_{o2})$波形
开环(S_F断开)	5		
闭环(S_F闭合)	5		

(4) 使 U_i=5mV、f=1kHz，测定电压放大倍数及其稳定性。

① 测量无负反馈时的输出电压 U_{o2}(S_F断开)和有反馈时的输出电压 U_{o2}(S_F闭合)。

② 将直流稳压电源由+12V 调节到+15V，重复步骤①，将结果记入表 10-8 中。

表 10-8 有无负载时的电压放大倍数

	U_{CC}=12V		U_{CC}=15V		ΔA	$\Delta A/A_{u1}$
	U_{o2}/V	$A_{u1}=U_{o2}/U_i$	U_{o2}/V	$A_{u2}=U_{o2}/U_i$	$A_{u2}-A_{u1}$	
无反馈						
有反馈						

(5) 比较开闭环情况下输入电阻 R_i 及输出电阻 R_o 的变化并填入表 10-9 中。

表 10-9 开环、闭环时的输入电阻和输出电阻

	U_{o2}	U_{o2L}	R_o	U_i	U_s	R_l
开环				1.5mV		
闭环				1.5mV		

(6) 测量幅频特性、通频带宽度。

① 无反馈。按表 10-8 中的数据，测出对应于 $A_u/\sqrt{2}$ (或 $V_{o2}/\sqrt{2}$)数值的上下限频率f_L、f_H，算出通带宽度 $B=f_H-f_L$，结果填入表 10-10 中。

② 负反馈。重复步骤①，将结果填入表 10-10 中。

表 10-10 有无反馈时的频率特性

	U_i/mV	U_{o2}/V (f=1kHz)	$(U_{o2}/\sqrt{2}$)/V	f_H/Hz	f_L/Hz	通频带 $B=f_H-f_L$
无反馈	10					
有反馈	10					

5. 实验报告要求

(1) 整理实验数据，分析实验结果。

(2) 总结负反馈放大电路的特点。

(3) 说明负反馈的引入对放大倍数等主要性能的影响。

实验 3   差动放大电路

1. 实验目的

(1) 了解差动放大器的性能特点，并掌握提高其性能的方法。

(2) 学会差动放大器电压放大倍数的测量方法，计算共模抑制比 CMR。

2. 实验原理

参见本书 2.6 节的内容。

3. 实验设备

实验电路板一块、直流稳压电源一台、函数信号发生器一台、万用表一块、双踪示波器一台、晶体管毫伏表一台、导线若干。

4. 实验内容与步骤

本实验电路如图 10-5 所示。

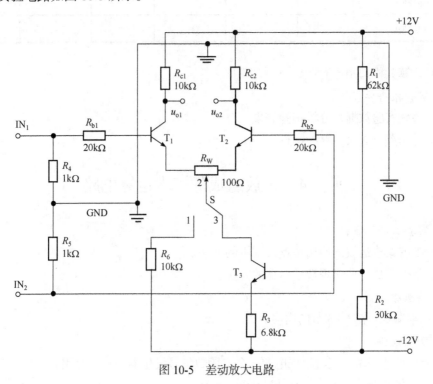

图 10-5   差动放大电路

(1) 测量静态工作点。先调零(调零方法：将 IN$_1$、IN$_2$ 两点短接并接地，调整 R_W 使 $u_o=u_{o1}-u_{o2}=0$V)，然后测量静态工作点，结果填入表 10-11 中。

表 10-11   静态工作点测量

	U_{B1}	U_{C1}	U_{E1}	U_{B2}	U_{C2}	U_{E2}
S 合到 1						

(2) 测量单端输入差模电压放大倍数。将 U_i=30mV、f=1kHz 交流信号加在 IN_1 与地之间，同时将 IN_2 接地，测量 u_{o1}、u_{o2}、u_o 的有效值 U_{o1}、U_{o2}、U_o，并将结果填入表 10-12 中。

表 10-12　差模电压放大倍数测量

	U_{o1}	U_{o2}	U_o	A_{d1}	A_{d2}	A_d
S 合到 1						
S 合到 3						

(3)测量共模电压放大倍数。将 IN_1、IN_2 两点短接，并将 U_i=100mV、f=1kHz 的交流信号接到 $IN_1(IN_2)$ 与地之间，测量 U_{o1}、U_{o2} 的值，并将结果填入表 10-13 中。

表 10-13　共模电压放大倍数测量

	U_{o1}	U_{o2}	U_o	A_{c1}	A_{c2}	A_c
S 合到 1						
S 合到 3						

(4) 计算共模抑制比 CMR。

5. 实验报告要求

(1) 整理实验数据，分析实验结果。

(2) 总结差分放大电路的特点。

实验 4　运放组成的基本运算电路

1. 实验目的

(1) 了解集成运放的使用特点及调零的方法。

(2) 掌握集成运放实现数学运算的方法。

2. 实验原理

参见本书 3.1 节～3.3 节的内容。

3. 实验设备

实验电路板一块、直流稳压电源一台、函数信号发生器一台、万用表一块、双踪示波器一台、晶体管毫伏表一台、导线若干。

4. 实验内容与步骤

实验原理电路如图 10-6 所示。按电路连线，熟悉各元件的位置。调零：S_1、S_2 开，S_3、S_4 合，B 端接地。调 RP_2 使 U_o=0(RP_1 可辅助调零)。

1) 反相运算

将 B 端接地线去掉，其对应电路如图 10-7 所示。在 B 端加入直流电压 U_B=0.5V，测

出 U_o，验证是否满足 $U_o= -U_B$ 的关系。

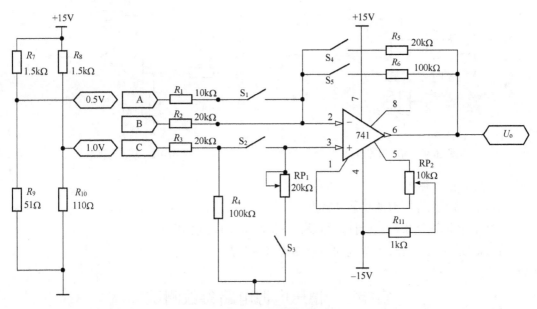

图 10-6　基本运算放大电路

2) 比例运算

断开 S_4、合上 S_5(即 R_6=100kΩ)，其对应电路如图 10-8 所示。取 U_B=0.5V，测量 U_o，验证是否满足 $U_o=(-R_6/R_2)U_B= -5U_B$ 的关系。

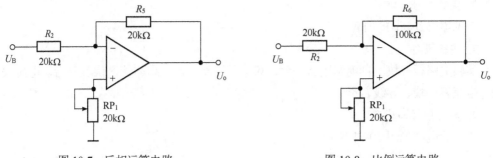

图 10-7　反相运算电路　　　　　　　　　　图 10-8　比例运算电路

3) 加法运算

将 S_1、S_5 合上，其对应电路如图 10-9 所示。取 U_A=0.5V，U_B=1V，验证是否满足

$$U_o = -\left(\frac{R_6}{R_1}U_A + \frac{R_6}{R_2}U_B \right)。$$

4) 差动运算

断开 S_1、S_3，合上 S_2，其对应电路如图 10-10 所示。取 U_B=0.5V，U_C=1V，测出 U_o，验证是否满足 $U_o=\dfrac{R_6}{R_2}(U_C-U_B)$。

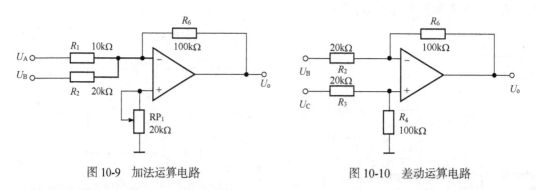

图 10-9 加法运算电路   图 10-10 差动运算电路

5. 实验报告要求

(1) 总结各运算电路的功能和特点。

(2) 比较测试结果与理论计算结果，分析产生误差的原因。

(3) 记录在实验过程中碰到的问题及其解决方法。

实验 5 稳压电源电路参数测试

1. 实验目的

(1) 加深理解串联稳压电源的工作原理。

(2) 学习串联稳压电源技术指标的测量方法。

2. 实验原理

参见本书 5.4 节的内容。

3. 实验设备

实验电路板一块、自耦调压器一台、双踪示波器一台、晶体管毫伏表一台、电压表一块、电流表一块、导线若干。

4. 实验内容与步骤

本实验电路如图 10-11 所示。

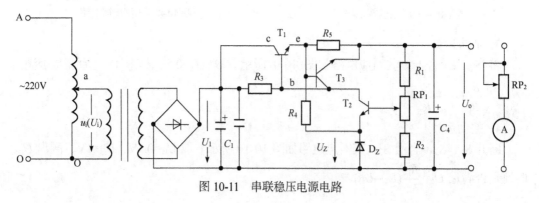

图 10-11 串联稳压电源电路

1) 空载检查

接通电源，调节调压器使 U_i=220V。首先调节 RP_1，观察输出电压 U_o 是否随之改变，若 U_o 不改变，则说明整个系统没有调整作用，应先排除故障。若调节 RP_1，U_o 随之改变则说明整个系统有调整作用。

2) 测量输出电压调节范围

调节 RP_1，测量输出电压 U_o 的最大值和最小值以及稳压电路的输入电压 U_I 和调整管 T_1 的管压降，结果填入表 10-14 中。

表 10-14　输出电压调节范围测量

	U_o	U_I	U_{CE1}
RP_1 右旋到底			
RP_1 左旋到底			

3) 测量稳压电源的输出内阻 r_o

交流电压 U_i=220V，U_o=7V(空载，空载电流为零)；调节 RP_1，在 I_o=100mA 时，测出 U_o 的值。用下列公式计算 r_o：

$$r_o = \frac{\Delta U_o}{\Delta I_o}$$

4) 测量稳压器的稳压系数 S_r

当输出电压 U_o=7V、I_o=100mA 时，调节调压器使交流输入电压变化±10%(即 U_i 为 198～242V)，注意保持 I_o 不变，测出 U_o 填入表 10-15 中。用下列公式计算 S_r：

$$S_r = \frac{\Delta U_o / U_o}{\Delta U_i / U_i}$$

表 10-15　稳压系数的测量

U_i	U_o
220V	7V
198V	
242V	

5) 测量纹波电压

当直流输出电压 U_o=7V、I_o=100mA 时，用示波器观察直流输入电压 U_i 及输出电压 U_o 的波形，并用交流毫伏表测量 U_o 的纹波电压。

5. 实验报告要求

(1) 根据测试数据分析实验结果。

(2) 简述串联稳压电路的工作原理和性能特点。

实验 6　集成稳压器应用

1. 实验目的

了解集成稳压器的使用方法与使用技巧。

2. 实验原理

参见本书 5.4 节的内容。

3. 实验设备

实验电路板一块、自耦调压器一台、双踪示波器一台、晶体管毫伏表一台、电流表一块、直流电压表一块、导线若干。

4. 实验内容与步骤

用 7805 器件构成的+5V 稳压电源如图 10-12 所示。图中，C_1 为滤波电容，其值大致可按输出 0.5A 对应 1000μF 的方式选取；C_3 是当负载电流突变时为改善电源的动态特性而设，一般取 100～470μF；C_1、C_3 均为电解电容。C_2、C_4 是为抑制高频振荡或消除电网中串入的高频干扰而设置的，通常按 0.1～0.33μF 取值。

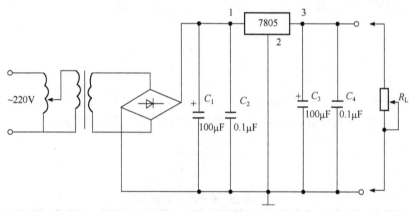

图 10-12　稳压电源电路

按图 10-12 搭接电路，其中 C_1、C_3 均为 100μF，C_2、C_4 均为 0.1μF，完成如下内容。

(1) 负载电流按不大于 100mA 考虑，调节自耦调压器，使 7805 的整流输入电压 U_i 不超过 10V，测量负载电压 U_o。

(2) 保持输入电压不变，用示波器分别测量有负载(100mA)和无负载情况下，负载 R_L 上电压的交流分量的变化情况，用直流电压表测量输出直流电压是否有变化，研究随着负载电流的增加，输出电压交、直流分量的变化趋势。

(3) 在 C_1 接通和断开的情况下，分别用示波器观察负载电压的波形，研究 C_1 在稳压电源中的作用。

实验过程中，应注意防止将稳压器的输入与输出接反，若接反，稳压器容易损坏；还要避免使稳压器浮地运行，即防止稳压器 2 端的接地线断开，以免负载元件损坏。

5. 实验报告要求

(1) 根据测试数据分析实验结果。

(2) 简述集成稳压器电路的工作原理和性能特点。

实验 7 TTL 与非门测试

1. 实验目的

(1) 学会 TTL 与非门电路的参数测试方法。

(2) 学会用示波器观测传输特性曲线。

(3) 加深理解 TTL 与非门电路的外特性及使用条件。

2. 实验原理

参见本书 6.2 节的内容。

数字电路的实验,通常是加入矩形脉冲信号(或其他冲激信号)来研究其瞬态特性响应,因此必须选用能产生各种脉冲波的多用信号源。

为了能观察和测定频域很宽的脉冲信号的幅度、频率、相位及脉冲参数,比较输入与输出信号的相互关系,必须选用触发扫描的双线示波器。

本实验所用 TTL 芯片为 74LS00 与非门,它为双列 14 脚扁平封装集成块,内含四个二输入与非门,其顶视图如图 10-13 所示。

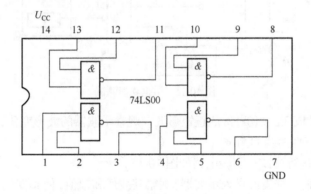

图 10-13 74LS00 顶视图

3. 实验设备

74LS00 一片、数字电路实验板一块、稳压电源一台、信号源一台、示波器一台、晶体管毫伏表一台、数字万用表一台、频率计一台。

4. 实验内容与步骤

1) 与非门逻辑功能的测试

(1) 逻辑功能测试。按图 10-14 接好电路,输入信号用开关输入电路产生,输出电平关系用二极管显示,测试 74LS00 功能表。将测试结果记入表 10-16 中。

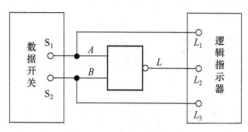

图 10-14　逻辑功能测试

表 10-16　测试结果

A	B	L
0	0	
0	1	
1	0	
1	1	

(2) 数据功能测试。按图 10-15 接好电路，在 74LS00 的一个双连输入端加上一个数字脉冲信号 N，其幅值为 3V、频率为 1kHz，控制信号由手动开关产生，观察手动开关对示波器显示波形的影响，并做出解释。

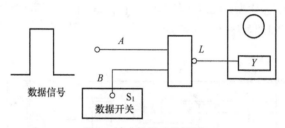

图 10-15　数据功能测试

将 B 输入端换成 3V、10kHz 的正矩形波，观察示波器的波形变化，并做出解释。

2) 电压传输特性曲线的测试

(1) 用示波器进行测试：实验电路如图 10-16 所示。

① 将信号源输出锯齿波送入示波器，观察其波形和幅值，使其变化在 $0 \sim U_{CC}$ 范围内。

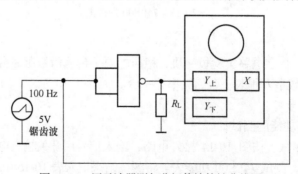

图 10-16　用示波器测与非门传输特性曲线图

② 按图 10-16 接好电路，将锯齿波送入示波器 X 输入端用作横轴扫描信号，同时作为二输入与非门的输入信号，将 74LS00 输出信号送入 Y 输入端，调整示波器，便可观察到传输特性曲线。

③ 试解释以上实验的原理，并测出开门电平 U_{ON} 和关门电平 U_{OFF}。

(2) 用电压表测试：实验电路如图 10-17 所示。

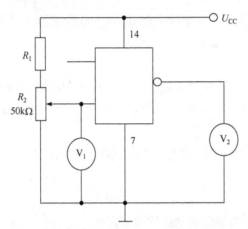

图 10-17 电压表测与非门传输特性曲线

滑动变阻片触头便能获得相应的输入电压，表 V_1 读出输入电压值，表 V_2 读出与之对应的输出电压值。自己设定测点及记录表格，要求在输出电压过渡区间(U_{ON} 和 U_{OFF} 之间)增加测点数密度。根据所得数据作出传输曲线，求出相应关门电平 U_{OFF} 和开门电平 U_{ON}。与示波器所测结果进行比较，对测试结果给出评价，初步分析实验误差。

3) 主要参数的测试

测试 TTL 与非门主要参数的电路如图 10-18 所示。

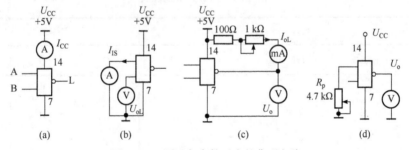

图 10-18 测试各参数对应的典型电路

图 10-18(a)用于测量空载功耗 P_{on}，要求同时测定电源电压 U_{CC} 和任一悬空端对地电压是否满足对应要求，计算 $P_{on}=U_{CC}I_C$。

图 10-18(b)用于测量低电平输入电流 I_{IS} 值，同时要求测定任一悬空输入端对地电压。

图 10-18(c)用于测量最大负载电流 I_{oL}，调整可变电阻器观察并记录 U_o 和 I_L 值的变化情况，当 $U_o≈0.4V$ 时，此时的负载电流值就是允许灌入的最大负载电流值 I_{oL}(切记：要确保所得电流值不得超过 20mA，以免损坏器件)。要求在老师的指导下测出 I_{oL} 值，并计算

扇出系数，对器件带负载能力的有关问题展开讨论。

图 10-18(d)用于测试关门电阻 R_{off} 和开门电阻 R_{on}，改变可变电阻 R_p，观察 U_o 的变化情况，画出 U_o-R_p 的关系曲线，并在曲线上求出 R_{off} 和 R_{on}(输出电压标准值的 0.707 倍所对应的 R_p 值)，理解器件工作过程中下拉电阻(上拉电阻)阻值的制约条件，并就其对输入电平的影响展开讨论。

在以上参数测试完成后，从手册中查出 74LS00 参考值，并与实验值进行比较，判断器件性能的好坏。

5. 实验报告要求

(1) 示波器传输曲线只需定性描述，万用表所测传输曲线应用坐标纸精确描出。

(2) 实验参数测量应注明各多余引脚的处理方案，并描述各参数测量原理。

实验 8　J-K 触发器测试

1. 实验目的

(1) 掌握集成 J-K 触发器逻辑功能的测试方法。

(2) 熟悉用示波器观察脉冲波形的方法。

(3) 了解触发器的动态工作特性。

2. 实验原理

参见本书 7.1 节的内容。

本实验所用 74LS76 芯片是带清除和预置的双 J、K 触发器，其内部逻辑框图和集成块顶视图分别如图 10-19(a)、(b)所示，表 10-17 则列出了其全部的逻辑功能对应关系。

表 10-17　74LS76 功能表

输入					输出		
预置 $\overline{S_D}$	清除 $\overline{R_D}$	时钟	J	K	Q	$\overline{Q}$	
L	H	×	×	×	H	L	
H	L	×	×	×	L	H	
L	L	×	×	×	H*	H*	不稳定
H	H	↓	L	L	Q^n	$\overline{Q}^n$	
H	H	↓	H	L	H	L	
H	H	↓	L	H	L	H	
H	H	↓	H	H	触发		

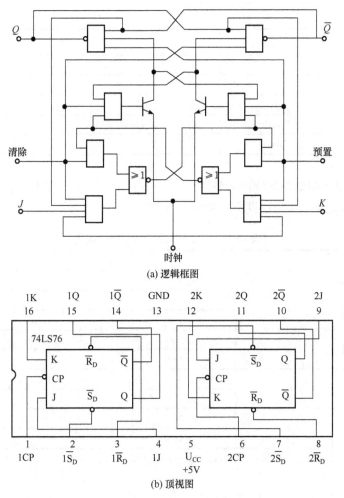

(a) 逻辑框图

(b) 顶视图

图 10-19　74LS76J-K 触发器

3. 实验器件与设备

74LS76 两片、数字逻辑实验台(提供单脉冲输入,高、低电平输入和二极管显示元件及电路)、脉冲信号源一台、双踪示波器一台。

4. 实验内容与步骤

1) 静态测试

(1) $\overline{S}_D$ 、$\overline{R}_D$ 功能测试。输入高电平可以悬空,低电平输入则应严格接地。用发光二极管显示输出电平,用逻辑开关(非机械开关)输入手动单步脉冲,J、K 端悬空,输入不同的 $\overline{S}_D$ 、$\overline{R}_D$ 电平后,记录输出电平并验证时钟脉冲触发的影响,完成表 10-18。

表 10-18　实验记录表

$\overline{S}_D$	$\overline{R}_D$	Q	$\overline{Q}$	CP 有关影响
1	1			
1	1→0			

续表

$\overline{S}_D$	$\overline{R}_D$	Q	$\overline{Q}$	CP 有关影响
1	0→1			
1→0	1			
0→1	1			
1→0	1→0			
0→1	0→1			

(2) J-K 触发器逻辑功能测试。令 $\overline{S}_D$、$\overline{R}_D$ 悬空，CP 用单次脉冲(能控制下降沿和上升沿)，J、K 高低电平产生方法同上，完成表 10-19。

表 10-19　　J-K 触发器逻辑功能测试表

J	K	CP	Q^{n+1}	
			$Q^n=0$	$Q^n=1$
0	0	0→1		
		1→0		
0	1	0→1		
		1→0		
1	0	0→1		
		1→0		
1	1	0→1		
		1→0		

注：0→1 表示一个上升沿，1→0 表示一个下降沿，$Q^n=0,Q^n=1$ 可以由 $\overline{S}_D$、$\overline{R}_D$ 进行预设，之后再经 CP 触发，Q^{n+1} 为触发后状态。

2) 动态测试

(1) 分频功能测试。使 J-K 触发器处于计数状态($J=K=1$；悬空)，将 74LS76 接成如图 10-20 所示电路，在 1 号脚加入一个 $f=1\text{kHz}$ 的方波信号，将 15 脚与 6 脚相连，其他脚悬空，用示波器分别观察 CP、Q_1 和 Q_2 的波形，并回答下列问题：

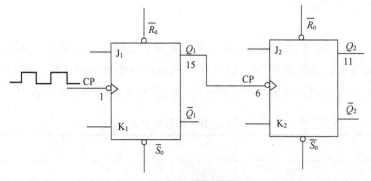

图 10-20　分频功能测试电路

① Q_1 状态在什么时候更新? Q_2 状态在什么时候更新?

② Q_1、Q_2、CP 三信号的周期有何关系?

③ Q_1 和 $\overline{Q_1}$ 的关系如何?

(2) 单步脉冲产生电路测试(开关防抖电路)。将分频电路改成如图 10-21(a)所示电路,这里 S 为机械开关(也可用接线与 U_{CC} 手动搭接产生),按动手动开关,用示波器分别观测 CP、Q_A 和 Q_B 的波形,记录下对应波形关系,并比较。

其对应波形应如图 10-21(b)所示,试分析其工作原理。

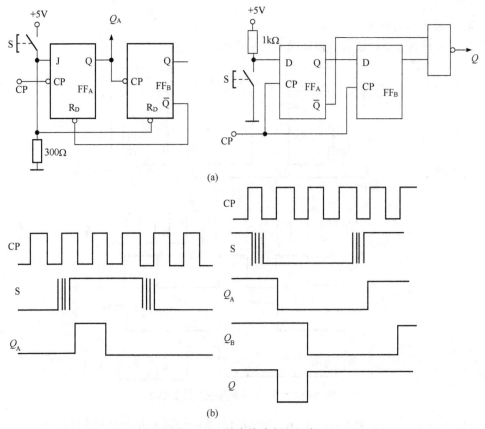

(a)

(b)

图 10-21 单步脉冲产生电路

5. 实验报告要求

(1) 详细记录每一个实验现象,并做出分析。

(2) 写出心得体会。

实验 9 同步五进制计数器制作及测试

1. 实验目的

(1) 理解同步时序逻辑电路的构成原理和工作过程。

(2) 了解由 J-K 触发器构成时序逻辑电路的方法。

(3) 熟悉用示波器观察脉冲波形的方法。

(4) 了解复位信号产生电路。

2. 实验原理

参见本书 7.1 节～7.4 节的内容。

3. 实验器件与设备

74LS76 两块、74LS10(与门)一块、数字逻辑实验台、双踪示波器一台、万用表一块、直流电源一台。

4. 实验内容与步骤

同步五进制加法计数器电路如图 10-22 所示。

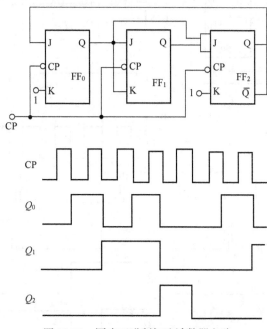

图 10-22　同步五进制加法计数器电路

(1) 电路制作。用两块 74LS76 和一块与门电路制作同步五进制加法计数器。

(2) (选作)给五进制计数器加上复位产生电路，能够进行上电自动复位和手动开关复位(初态为 000)并通过通断电实验，检查触发器输出状态是否能正常复位。

(3) 功能测试。用 LED 显示 $Q_2Q_1Q_0$ 的状态,用手动开关加入 CP 脉冲,必要时通过 $\overline{S}_D$ 、$\overline{R}_D$ 端进行初态测试，完成表 10-20。

表 10-20　实验记录表

CP	$Q_2{}^n$	$Q_1{}^n$	$Q_0{}^n$	$Q_2{}^{n+1}$	$Q_1{}^{n+1}$	$Q_0{}^{n+1}$
1	0	0	0			
1	0	0	1			
1	0	1	0			

续表

CP	$Q_2{}^n$	$Q_1{}^n$	$Q_0{}^n$	$Q_2{}^{n+1}$	$Q_1{}^{n+1}$	$Q_0{}^{n+1}$
1	0	1	1			
1	1	0	0			
1	1	0	1			
1	1	1	0			
1	1	1	1			

(4) 动态观测。在 CP 端加入频率 $f=1$kHz 的脉冲波形，观察 CP、Q_2、Q_1、Q_0 的波形，特别比较各触发器发生状态翻转的时序关系及边沿同步性，理解同步电路的输出同步特性。

5. 实验报告要求

(1) 写出完整的设计步骤。

(2) 写出电路制作过程中所出现的现象和心得体会。

实验 10 脉冲产生电路

1. 实验目的

(1) 掌握使用集成逻辑门、集成功能块脉冲产生电路的方法。

(2) 熟悉脉冲宽度、信号周期的测试方法。

(3) 熟悉脉冲宽度与定时元件参数之间的数字计算方法和关系。

2. 实验原理

参见本书 6.2 节、7.1 节、7.5 节的内容。

3. 实验器件与设备

(1) 组：74LS00 一片、100Ω 电阻一个、0.5～2kΩ 可变电阻箱一台、200pF 电容一个；

(2) 组：74LS121 一片、2kΩ 电阻一个、500pF 电容一个；

(3) 组：100kΩ 电阻一个、330Ω 电阻一个、10μF 电容一个、0.01μF 电容一个、555 集成定时器一片、发光二极管 D 一个、金属片(丝)一段、双踪示波器一台、信号发生器一台。

4.实验内容与步骤

1) 与非门环形振荡器参数测试

实验电路如图 10-23 所示，改变可变电阻，用通用频率计测出输出信号频率，用示波器观察输出波形，寻找电路正常工作的条件，作出频率 f 与 RC 的关系曲线。

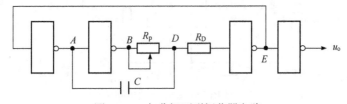

图 10-23 与非门环形振荡器电路

2) 集成单稳态触发器触发条件研究

实验电路如图 10-24 所示,将方波信号分别加入 B、A_1 和 A_2 触发输入端,同时将另两个未加信号端分别设定在下列情况下:①悬空;②0 0;③0 1;④1 0;⑤1 1;观察输出、输入波形的关系,并回答下列问题。

(1) A_1、A_2 在什么条件下才能被触发? 其触发时间在输入脉冲的什么边沿?

(2) B 在什么条件下才能被触发? 它在什么边沿触发?

(3) 在这里悬空与接逻辑高电平是否完全相同(在小规模电路中悬空=1),在中规模电路中,为什么不能用悬空作为逻辑 "1" 输入?

(4) 计算输出频率,并与实测结果比较,分析误差。

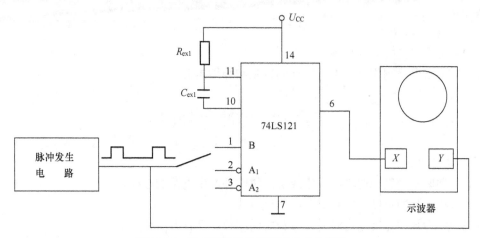

图 10-24　集成单稳态触发器触发条件实验

3) 555 定时器应用研究

电路如图 10-25 所示,实际是一个单稳态触发器。将输入脚 2 接一个金属片,用手摸一次,相当于加入一个逻辑负脉冲,从而触发电路。D 为发光二极管,电路的功能是手摸一次金属片,D 将亮一段时间,然后自行熄灭。由于此电路对电源和参考电位稳定程度要求高,故分别接入了电容 C_1、C_2 以满足要求。

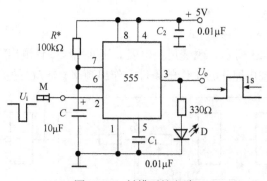

图 10-25　触摸开关电路

(1) 制作并调试电路，检测电路功能，计算脉冲宽度 t_p，并用示波器进行测试。

(2) 若去掉电容 C_1、C_2，比较两电路的工作可靠性。

5. 实验报告要求

(1) 报告要求对每个实验现象电路的工作原理有详细说明。

(2) 对三种方法构成脉冲产生与整形电路的特点进行比较。

部分习题参考答案

第 1 章

1-1 (a) $U_o=0$；　　　(b) $U_o=3V$；　　　(c) $U_o=-3V$；

　　　(d) $U_o=2.3V$；　　　(e) $U_o=2.3V$；　　　(f) $U_o=3V$

1-2 略

1-3 串联使用稳压值有 13V、8.7V、5.7V、1.4V 四种；并联使用稳压值有 0.7V 和 5V 两种

1-4 (1) $I_{DA} = I_R = 1mA$，　$I_{DB} = 0$，　$U_Y = 9V$；

　　(2) $I_{DA} = I_R = 0.6mA$，　$I_{DB} = 0$，　$U_Y = 5.4V$；

　　(3) $I_R \approx 0.526mA$，　$I_{DA} = I_{DB} = \dfrac{I_R}{2} \approx 0.263mA$，　$U_Y = 4.74V$

1-5 略

1-6 (a)为 NPN 管，①-b，②-e，③-c；(b)为 PNP 管，①-b，②-c，③-e

1-7 ①-c，②-b，③-e；PNP 型，$\beta = 40$

1-8 (a) 放大；(b) 饱和；(c) 截止；(d) 放大

1-9 因为三只管子均有开启电压，所以它们均为增强型 MOS 管。T_1 工作在饱和区，T_2 工作在截止区，T_3 工作在可变电阻区

1-10 (a) P 沟道增强型 MOSFET 管，开启电压 $U_{GS(th)}$=-2V，I_{DO}= -1mA，g_m=-1.4 mS；

　　　(b) N 沟道耗尽型 MOSFET 管，夹断电压 $U_{GS(off)}$ = -4V，$I_{DSS} = 4mA$，g_m=1mS

1-11 (a) 恒流区，N 沟道增强型；(b) 截止区；(c) 可变电阻区；(d) 恒流区

1-12 u_{AK}>0 且 u_{GK}>0

1-13、1-14　略

第 2 章

2-1 略

2-2 (a) 不能；(b) 不能；(c) 不能；(d) 能

2-3 (a) 截止失真；(b) 饱和失真

2-4 饱和失真，电位器 R_p 往上移增加上偏流电阻的值，即可消除饱和失真

2-5 (a) 没有放大作用，改正的方法是将供电电源的极性改为负极性；

　　(b) 有放大作用；

　　(c) 没有放大作用，改正的方法是将偏流电阻 R_b 的接地点断开，改接到+U_{CC} 电源上；

　　(d) 没有放大作用，改正的方法是将漏掉的偏流电阻 R_b 接上；

　　(e) 没有放大作用，改正的方法是将输出端改接到三极管的发射极上；

　　(f) 没有放大作用，改正的方法是去掉电容 C_b

2-6 当输入信号 u_i=0V 时，三极管的工作状态为截止，输出电压 U_{CE}=5V；

　　当 u_i=5V 时，三极管的工作状态为饱和导通，输出电压 U_{CE}=0.2V

2-7 略

2-8 (1) 0.95V，0.995V；(2) 0.76V，0.994V

2-9 (1) $I_{BQ} = 30.4\mu A$，$I_{CQ} = 1.52mA$，$U_{CEQ} = 5.92V$；

(2) $A_u = -56.4$；(3) $R_i = 0.995k\Omega$；(4) $R_o \approx R_c = 2k\Omega$

2-10 (1) $I_{BQ} = 22\mu A$，$I_{CQ} = 1.32mA$，$U_{CEQ} = 8.40V$；

(2) $A_u = -60$，$R_i = 1.36k\Omega$，$R_o \approx R_c = 3k\Omega$；(3) $A_{us} = -41.6$

2-11 (1) $I_{BQ} = 17.5\mu A$，$I_{CQ} = 1.75mA$，$U_{CEQ} = 3.0V$；(2) 略；

(3) $R_i = 8.16k\Omega$，$R_o = R_e // \dfrac{r_{be} + R'_s}{1+\beta} = 33\Omega$；(4) $A_u = 0.99$，$A_{us} = 0.795$

2-12 (1) 第一级为共射电路，第二级为共集电路；(2)略；

(3) $R_i = R_{i1} = R_1 // r_{be1}$，$R_o = R_4 // \dfrac{r_{be2} + R_2}{1+\beta_2}$，$\dot{A}_{v1} = \dfrac{\dot{V}_{o1}}{\dot{V}_i} = \dfrac{-\beta_1(R_2//R_{i2})}{r_{be1}}$，

$\dot{A}_{v2} \approx 1$，$\dot{A}_v = \dot{A}_{v1} \cdot \dot{A}_{v2} \approx \dfrac{-\beta_1(R_2//R_{i2})}{r_{be1}}$，其中 $R_{i2} = r_{be2} + (1+\beta_2)(R_4//R_L)$

2-13 第一级为共集电路，第二级为共射放大电路，输入电阻 $R_i = 21.07 k\Omega$

2-14 (1) $I_{B1} = I_{B2} = 10.9\mu A$，$I_{C1} = I_{C2} = 0.54mA$；$U_{CE1} = U_{CE2} \approx 7.70V$；

(2) $\dot{A}_{ud} \approx -22.0$

2-15 (1) $I_{C1Q} = I_{C2Q} = 1mA$，$U_{C1Q} = U_{C2Q} = 7V$；(2) $A_{ud} = -50$；

(3) $R_{id} = 5.1k\Omega$，$R_{od} = 5k\Omega$

2-16 (1) 略；(2) $A_{ud} = -3.5$；(3) $K_{CMR} = 4.2$

2-17 $P_{om} = 9W$，$P_V = 11.46W$

2-18 (1) $U_{CC} = 18V$；(2) $I_{CM} \geqslant 1.125A$，$U_{(BR)CEO} \geqslant 36V$；

(3) $P_V \approx 12.89W$；(4) $U_i = 12.7V$

2-19 (a) 正确，复合管的类型和管脚与 T_1 相同；(b) 不正确；

(c) 正确，复合管的类型和管脚与 T_1 相同；(d) 不正确；

(e) 正确，复合管的类型和管脚与 T_1 相同；

(f) 正确，复合管的类型和管脚与 T_1 相同

2-20 略

2-21 $I_D = 0.46mA$，$U_{GS} = -0.6V$；$A_u = -6.9$，C_s 开路时 $\dot{A}_u = -0.87$

2-22 (1) 略；(2) $\dot{A}_u = -g_m(R_d // R_L)$，$R_i = R_g + (R_{g1} // R_{g2})$，$R_o \approx R_d$；

(3) R_s 的增大，会使 U_{GS} 有所下降，静态工作点的 I_D 下降，g_m 有所减小，A_u 有所下降，对 R_i 和 R_o 没有什么影响；

(4) 对 R_o 没有什么影响，电压增益下降，为 $\dot{A}_u = -\dfrac{g_m(R_d // R_L)}{1 + g_m R_s}$

2-23 (1) 略；(2) $\dot{A}_u \approx 1$，$r_i = R_{g3} + R_{g1}//R_{g2}$，$r_o = \dfrac{U}{I} = \dfrac{R_s}{1 + g_m R_s}$

第 3 章

3-1 $u_o = 2u_i$

3-2 $u_o = 1.8V$

3-3　　$u_o = -\dfrac{R_2 + R_3 + R_2 R_3 / R_4}{R_1} u_i$

3-4　　(1)　$U_o = -2\text{V}$；(2)　$U_o = -4\text{V}$；(3)　$R_i = R_1 = 10\text{k}\Omega$

3-5　　$A_u = 4$

3-6　　$U_o = 5.5\ \text{V}$

3-7　　略

3-8　　$u_o = -\dfrac{1}{RC} \int (u_{i2} + u_{i3} - u_{i1}) \mathrm{d}t$

3-9、3-10　　略

3-11　　(1)　带通滤波器；(2)　低通滤波器；(3)　高通滤波器；(4)　带阻滤波器

3-12　　$A(\mathrm{j}\omega) = \dfrac{1}{1 + \mathrm{j}\omega RC}$，截止角频率 $\omega_0 = \dfrac{1}{RC}$

第 4 章

4-1　　(a) R_e 构成负反馈通路；(b) R_f 构成负反馈通路；

　　　　(c) R_f 和 R_{e2} 构成负反馈通路；(d) R_2 和 R_3 构成负反馈通路；

　　　　(e) R_f 和 R_{e1} 构成负反馈通路；(f) R 构成正反馈通路

4-2　　$\dot{U}_o = 2\text{V}$，$\dot{U}_{f1} = \dot{U}_{f2} = 0.098\text{V}$

4-3　　(1)　$\dot{A}_{uf} = 1 + \dfrac{R_f}{R_{e1}}$；(2)　射极输出器，$\dot{A}_{uf} = 1$

4-4　　$A_{rf} = -R_f$，电压并联负反馈电路，引入负反馈后，输入电阻降低，输出电阻降低

4-5　　(a) 电压串联负反馈；(b) 电压并联负反馈；(c) 电流并联负反馈；

　　　　(d) 电压串联负反馈；(e) 电流串联负反馈

4-6　　$F = \dfrac{R_6}{R_5 + R_6}$，$A_{uf} = 1 + \dfrac{R_5}{R_6}$

4-7　　(a) 电流串联负反馈；(b) 电流并联负反馈

4-8　　(1)　(a) 电压串联负反馈，(b) 电流串联负反馈，(c) 电压并联负反馈，(d) 电流并联负反馈；

　　　　(2)　(a) $\dot{U}_o = \left(1 + \dfrac{R}{R_1}\right) \dot{U}_s$，(b) $\dot{I}_o = \dfrac{\dot{U}_s}{R}$，(c) $\dot{U}_o = -\dot{I}_s R_f$，(d) $\dot{I}_o = -\dfrac{R_1 + R_2}{R_1} \dot{I}_s$，电流放大；

　　　　(3)　(a) 电压放大，(b) 电压电流变换电路，(c) 电流电压变换电路，(d) 电流放大

4-9　　(1)　图(a) A_1 和 A_2 有本级电压串联负反馈，图(b)为级间电压串联负反馈；

　　　　(2)　图(a)电压放大倍数为100；(3)　99kΩ

4-10　　$u_f = -\dfrac{R_3}{R_4} \cdot \dfrac{R_1}{R_1 + R_2} \cdot u_o$，为电压串联负反馈，$A_{uf} = \dfrac{1}{F} = -130$

4-11　　(1)　电压并联负反馈；(2)　-1

4-12　　可产生正弦波振荡，二极管起自动稳幅作用

4-13　　(1)　R'_W 的下限值为 2kΩ；

　　　　(2)　振荡频率最大值 $f_{0\max} \approx 1.6\text{kHz}$，最小值 $f_{0\min} \approx 145\text{Hz}$

4-14　　(a)会产生自激振荡，电路不稳定；(b)不会产生自激振荡，电路稳定

第 5 章

5-1　　略

5-2 (1) $I_D = 0.84A$，$U_{DM} = 79.1V$；(2) 略

5-3 $U_{o(AV)} \approx 6.37V$

5-4 (1) 略；(2) $U_{DR} = 28V$

5-5 (a) $U_{o(AV)} = 9V$；(b) $U_{o(AV)} = 12V$；(c) $U_{o(AV)} = 14V$；(d) $U_{o(AV)} = 4.5V$

5-6 $R_{max} = \dfrac{U_{i\max} - U_Z}{I_{Z\max}} = 0.24k\Omega$，$R_{min} = \dfrac{U_{i\min} - U_Z}{I_{Z\min} + I_{L\max}} = 0.166k\Omega$

5-7 $244\Omega < R < 682\Omega$

5-8 电容极性均为上正下负

5-9 (1) $R_1 = 0.25k\Omega$，$R_2 = 0.75k\Omega$；(2) 1.25~11.25V

5-10 (1) $I_o = \dfrac{U_{32}}{R} + I_W = 1.005A$；(2) $U_o = \left(\dfrac{U_{32}}{R_1} + I_W\right)R_2 + U_{32} = 10.025V$

5-11 $I_o = I_{R_1} = \dfrac{U_{32}}{R_1} = \dfrac{U_{REF}}{R_1} = \dfrac{24}{5} = 4.8(A)$

5-12 (a) $I_{d1} \approx 0.2717I_m$，$I_1 \approx 0.4767I_m$；(b) $I_{d2} \approx 0.5434I_m$，$I_2 \approx 0.6741I_m$

5-13 略

第6章

6-1 (1) $(1011)_2 = (11)_{10}$；(2) $(10101)_2 = (21)_{10}$；

(3) $(11111)_2 = (31)_{10}$；(4) $(100001)_2 = (33)_{10}$

6-2 (1) $(255)_{10} = (11111111)_2 = (FF)_{16} = (001001010101)_{8421BCD}$

(2) $(11010)_2 = (1A)_{16} = (26)_{10} = (00100110)_{8421BCD}$

(3) $(3FF)_{16} = (1111111111)_2 = (1023)_{10} = (0001000000100011)_{8421BCD}$

(4) $(100000110111)_{8421BCD} = (837)_{10} = (1101000101)_2 = (345)_{16}$

6-3 略

6-4 二极管：正偏导通，相当于开关闭合；反偏截止，相当于开关断开；

三极管：$u_{BE} < 0V$ 时，三极管可靠截止，相当于开关断开；

$u_{BE} > u_{D(on)}$ 且 $u_{CE} < u_{BE}$ 时，三极管饱和，相当于开关闭合

6-5 (a) 正确，$Y = \overline{AB \cdot CD}$；(b) 错误；(c) 错误；(d) 正确，$Y = \overline{AB}$；

(e) 正确，$C = 0$ 时，$Y = \overline{A}$；$C = 1$ 时，$Y = \overline{B}$

6-6 是双极型门电路和 MOS 门电路

6-7 (1) $Y = AD$；(2) $Y = A$；(3) $Y = 1$；(4) $Y = A + B + C$

6-8 (1) $Y = \overline{BC} + A\overline{C} + ABC$；(2) $Y = A\overline{B} + C$；(3) $Y = A\overline{B} + AD + BC + C\overline{D}$；

(4) $Y = AB\overline{C} + \overline{ABC} + ACD + \overline{ACD}$；(5) $Y = \overline{A}$；(6) $Y = \overline{AB} + \overline{AC} + \overline{BC} + ABC$；

(7) $Y = \overline{A} + \overline{C}$；(8) $Y = A + \overline{B}C + BD$

6-9 该电路具有多数表决的功能

6-10 (1) $F = A + B$；(2) 略

6-11 $F = W\overline{X}\,\overline{P} + WX\overline{P} + WXP$

6-12 AB 相等时，$F_2 = 1$；$A > B$ 时，$F_1 = 1$；$A < B$ 时，$F_3 = 1$，该电路实现一位数据的比较

6-13 $Y = \overline{A}BC + A\overline{B}\,\overline{C} + A\overline{B}C + ABC$

6-14 $Y = \overline{A}BCD + \overline{A}B\overline{C}\,\overline{D} + A\overline{B}CD + AB\overline{C}D + ABC\overline{D} + ABCD$

6-15　逻辑表达式为 $F = AB = \overline{\overline{AB}}$，电路略

6-16　逻辑表达式为 $F = A\overline{B} + \overline{A}B = \overline{\overline{\overline{A\overline{B}} \cdot \overline{\overline{A}B}}}$，电路略

6-17　逻辑表达式为 $F = \overline{\overline{\overline{BC} \cdot \overline{AB}}}$，电路、真值表略

6-18　逻辑表达式为 $F = A \oplus B \oplus C$，电路略

6-19　逻辑表达式为 $F = AB + AC = \overline{\overline{AB} \cdot \overline{AC}}$，电路略

6-20　逻辑表达式为 $F = \overline{\overline{BC} \cdot \overline{AB}}$，电路略

6-21　逻辑表达式为 $F = \overline{\overline{ABD} \cdot \overline{BCD} \cdot \overline{ACD} \cdot \overline{ABC}}$，电路略

6-22、6-23　略

6-24　逻辑表达式为 $F = \overline{A}\overline{B}C + AB\overline{C} + ABC$，电路略

第 7 章

7-1～7-4　略

7-5　为三进制加法计数器

7-6　为三进制减法计数器

7-7　为三进制减法计数器

7-8、7-9　略

7-10　为具有自启动能力的六进制计数器

7-11　为四进制加法计数器

7-12　为异步八进制加法计数器

7-13　为六进制计数器

7-14　为九进制计数器

7-15～7-17　略

7-18　可以改变 R 和 C 的值，脉冲宽度 $t_\text{w} = 1.1\text{ms}$

7-19　振荡周期 T=4.62μs，频率 f=216kHz，占空比 q=0.833

7-20　回差电压越大，电路的抗干扰能力越强，但灵敏度越低；

　　　当 U_DD=12V 时，$U_\text{T+}$=8V，$U_\text{T-}$=4V，ΔU_T=4V；$U_\text{T+}$=8V，$U_\text{T-}$=4V，ΔU_T=4V

7-21　略

7-22　当光线强时，光敏三极管导通，U_I 的值增大，当大于 ΔU_T 时，输出为低电平，发光二极管 LED 灭

7-23　略

7-24　(1) 555 定时器接成多谐振荡器；(2) 略

第 8 章

8-1～8-7　略

8-8　Y_1=AB+BC+CD+AD，Y_2=$A\overline{A} + B\overline{B} + C\overline{C} + D\overline{D}$，$Y_3$=$\overline{B}D + \overline{A}C$，$Y_4$=$B\overline{D} + \overline{AC}$

8-9　略

第 9 章

9-1　输出电压 $u_\text{o} = 1.29\text{V}$

9-2　12 位

9-3　8 位

9-4 (1) $u_O \approx 0.039\text{V}$; (2) $u_O \approx 9.96\text{V}$; (3) 分辨率 ≈ 0.0039

9-5 (1) $0 \sim -U_{REF}$; (2) $U_{REF} = -6\text{V}$

9-6 20 kHz

9-7 10 位 ADC

9-8 (1) 11111010；(2) 1111101001

9-9 一次转换所需时间为 5μs，采样频率最高为 200kHz，输入信号频率不应超过 100kHz

9-10 不能，可以选用 10 位的 ADC；时钟频率 $f_{CP} > 100\text{kHz}$

参 考 文 献

蔡惟铮, 2010. 电路基础与集成电子技术[M]. 北京: 中国水利水电出版社.

陈利永, 林丹阳, 郑忠楷, 2012. 电路与电子学基础[M]. 北京: 机械工业出版社.

陈新龙, 2018. 数字电子技术基础[M]. 北京: 清华大学出版社.

吉培荣, 2012a. 电工测量与实验技术[M]. 武汉: 华中科技大学出版社.

吉培荣, 2012b. 电工学[M]. 北京: 中国电力出版社.

吉培荣, 2020. 评"也谈理想运放的虚短虚断概念"一文[J]. 电气电子教学学报, 42(2): 81-83.

吉培荣, 陈成, 吉博文, 等, 2017. 理想运算放大器"虚短虚断"描述问题分析[J]. 电气电子教学学报, 39(1): 106-108.

吉培荣, 陈江艳, 郑业爽, 等, 2021. 电路原理学习与考研指导[M]. 北京: 中国电力出版社.

吉培荣, 李海军, 邹红波, 2018. 现代信号处理基础[M]. 北京: 科学出版社.

吉培荣, 佘小莉, 2016. 电路原理[M]. 北京: 中国电力出版社.

吉培荣, 粟世玮, 程杉, 等, 2019. 电工技术[M]. 北京: 科学出版社.

吉培荣, 粟世玮, 邹红波, 2013. 有源电路和无源电路术语的讨论[J]. 电气电子教学学报, 35(4): 24-26.

吉培荣, 邹红波, 粟世玮, 2014. 理想运算放大器"假短真断(虚短实断)"特性与理想变压器传递直流特性分析//电子电气课程报告论坛论文集 2012[C]. 北京: 高等教育出版社/高等教育电子音像出版社.

姜书艳, 2007. 数字逻辑设计及应用[M]. 北京: 清华大学出版社.

康华光, 2013. 电子技术基础 模拟部分[M]. 6 版. 北京: 高等教育出版社.

康华光, 2014. 电子技术基础 数字部分[M]. 6 版. 北京: 高等教育出版社.

雷勇, 2018. 电工学(下册)电子技术[M]. 2 版. 北京: 高等教育出版社.

刘国魏, 2008a. 模拟电子技术基础[M]. 长沙: 国防科技大学出版社.

刘国魏, 2008b. 数字电子技术基础[M]. 长沙: 国防科技大学出版社.

欧阳星明, 2009. 数字逻辑[M]. 4 版. 武汉: 华中科技大学出版社.

秦曾煌, 2009. 电工学(下册)电子技术[M]. 7 版. 北京: 高等教育出版社.

孙肖子, 2012. 模拟电子技术基础[M]. 北京: 高等教育出版社.

孙肖子, 张企民, 2001. 模拟电子技术基础[M]. 西安: 西安电子科技大学出版社.

童诗白, 华成英, 2015. 模拟电子技术[M]. 5 版. 北京: 高等教育出版社.

徐秀平, 2010. 数字电路与逻辑设计[M]. 北京: 电子工业出版社.

阎石, 2016. 数字电子技术基础[M]. 6 版. 北京: 高等教育出版社.

余孟尝, 丁文霞, 齐明, 2018. 数字电子技术基础简明教程[M]. 4 版. 北京: 高等教育出版社.

曾建堂, 蓝波, 2018. 电工电子技术简明教程[M]. 2 版. 北京: 高等教育出版社.